2050

KI und was uns menschlich macht

Marco De Prosperis

Corner Italiano LLC

IMPRESSUM

2050

KI und was uns menschlich macht

Veröffentlicht von Corner Italiano LLC
Springdale, Arkansas, Vereinigte Staaten

ISBN 979-8-9972566-7-8 (Taschenbuch)

ISBN nach Sprache und Format

Sprache	Taschenbuch	EPUB	Hörbuch
Italiano	9798997256609	9798952613003	9798952613072
English	9798997256630	9798952613010	9798952613089
Español	9798997256647	9798952613027	9798952613096
Français	9798997256654	9798952613034	9798952613102
Deutsch	**9798997256678**	9798952613041	9798952613119
Português	9798997256685	9798952613058	9798952613126
日本語	9798997256692	9798952613065	9798952613133

Markierte ISBN: diese Taschenbuchausgabe.

Umschlaggestaltung: Corner Italiano LLC
Satz: Corner Italiano LLC

HINWEIS ZU DEN FIGUREN

Die in diesem Buch genannten Figuren, einschließlich der wiederkehrenden Figuren und der Nebenfiguren, sind fiktiv. Namen, Biografien, Dialoge und Ereignisse sind erfunden; jede Ähnlichkeit mit realen Personen ist zufällig. Die Szenen dienen dazu, kollektive Dilemmata anschaulich zu machen, und beschreiben keine realen Fälle aus der klinischen Praxis, dem Berufsleben oder der Verwaltung.

METHODISCHER HINWEIS

Dieses Buch verwebt drei Ebenen miteinander. Die historischen, technischen und rechtlichen Fakten beziehen sich auf die Gegenwart, in der dieses Buch entstand, und sind in den Endnoten dokumentiert. Die Szenen mit den wiederkehrenden Figuren sind erzählerische Fiktion. Sie spielen in der Zeit um 2050, erstrecken sich über einen Zeitraum von einigen Jahren und sind thematisch, nicht unbedingt chronologisch, angeordnet. Die Vorschläge zu Regulierung und Organisation, darunter der operative Zwilling, sind Hypothesen des Autors: Sie geben weder das geltende Recht wieder noch sollen sie als sichere Vorhersagen verstanden werden. Da sich Technologien, Standards und Rechtsvorschriften weiterentwickeln, nennen die Quellen, soweit relevant, Version und Datum. Der 2050-Test ist ein eigenständiger Rahmen für die Abwägung, kein validiertes Prognoseinstrument und kein Zertifizierungsverfahren. Die nummerierten Anmerkungen benennen die für die sachlichen Passagen relevanten Nachweise und geben deren Grenzen an. Institutionelle Leitlinien, empirische Studien, Preprints und Unternehmensankündigungen haben unterschiedliches Gewicht; eine Quelle, die eine Ankündigung dokumentiert oder eine Schutzmaßnahme empfiehlt, belegt für sich genommen noch kein Ergebnis.

INHALTSVERZEICHNIS

EINLEITUNG

Die Zukunft kommt nicht als Nachricht

Lange Zeit haben wir uns die Zukunft als Schwelle vorgestellt, als ein Datum, jenseits dessen die Welt erkennbar anders sein würde, bevölkert von außergewöhnlichen Maschinen und neuen Arten von Entscheidungen. Doch die Zukunft, die ein Leben wirklich verändert, wirkt nicht immer fern. Sie zieht in unsere Gewohnheiten ein, indem sie uns auffordert, sie noch einmal zu nutzen. Tiefgreifende Veränderungen vollziehen sich durch Anhäufung: eine Funktion, die einem bereits genutzten Dienst hinzugefügt wird, ein Vorschlag, der Zeit spart, eine Prognose, die zum Maßstab wird, ein Verfahren, von dem niemand mehr weiß, wie es von Hand auszuführen ist. Ich möchte diesen Übergang sichtbar machen, solange wir noch Zeit haben zu fragen, was wir im Tausch gegen Bequemlichkeit abgeben.

Stellen Sie sich einen gewöhnlichen Morgen vor. Eine Sachbearbeiterin öffnet eine Liste von Anträgen, die das System bereits geordnet hat. Sie sieht weder einen Befehl noch ein Verbot – nur drei als vorrangig gekennzeichnete Fälle und eine Schaltfläche zum Bestätigen. Der Algorithmus hat formal nicht entschieden, aber die Reihenfolge festgelegt, in der die Menschen in ihren Blick geraten. Diese Reihenfolge bestimmt, wer mehr Zeit erhält. Der Fall eines anderen Menschen wird erst an die Reihe kommen, wenn der Arbeitstag fast vorüber ist. Delegation beginnt mit der stillen Anordnung der Dinge.

Künstliche Intelligenz (KI) erweitert reale Fähigkeiten. Sie macht eine Erklärung zugänglich, erkennt ein klinisches Signal, koordiniert ein komplexes Netzwerk, übersetzt, macht Vorschläge, erzeugt Varianten und verringert den Aufwand für repetitive Aufgaben. Gerade weil sie funktioniert, lautet die entscheidende Frage nicht, ob die Maschine dem Menschen wohlgesinnt oder feindlich gegenübersteht. Ich möchte wissen, wer dieser Fähigkeit Befugnisse zuweist und wer ihren Einsatz kontrolliert. Auf die Antwort kommt es immer dann an, wenn überzeugende Leistung in eine Entscheidung einfließt, die andere betrifft.

Ein System erkennt Muster, die uns entgehen, und bleibt dennoch unfähig, über deren Bedeutung Rechenschaft abzulegen. Unterstützung allein verleiht ihm kein Mandat zum Entscheiden. Es kann einen Nutzen erzeugen und die Kosten anderswo verteilen: auf diejenigen, die arbeiten, auf diejenigen, die vermessen werden, auf eine Region, auf eine Institution, die Kompetenz verliert, oder auf eine Person, die nicht mehr aussteigen kann. Verantwortung beginnt dort, wo diese Unterschiede keine technischen Details mehr sind.

Um diesen Punkt zu untersuchen, hält das Buch drei Ebenen auseinander. Die historischen, technischen und rechtlichen Fakten beziehen sich auf die Gegenwart, in der dieses Buch entstand, und müssen durch Quellen belegt werden. Die Szenen mit wiederkehrenden Figuren sind Fiktionen, die um das Jahr 2050 spielen. Sie machen eine Entscheidung erfahrbar, ohne zu behaupten, dass die Zukunft so verlaufen wird.

Ich schlage den 2050-Test als einen Weg vor, solche Entscheidungen zu prüfen. Auch die Minimierung des Nachweises und der operative Zwilling sind meine Vorschläge, offen für Diskussion und Erprobung. Keiner davon beschreibt einen bereits einheitlich geltenden Rechtsrahmen oder eine Lösung, die wir zwangsläufig übernehmen müssen.

Der Abstand zum Jahr 2050

Ich habe das Jahr 2050 gewählt, weil es uns Abstand gibt: weit genug, um die Folgen von Entscheidungen zu betrachten, die heute klein erscheinen, und nah genug, dass wir sie keiner anderen Menschheit als unserer eigenen zuschreiben können. Die Zukunft dient hier dazu, Entscheidungen unter Druck zu setzen, die bereits anstehen: was automatisiert werden soll, welche Daten erhoben werden, welche Abhängigkeiten hinnehmbar sind und wer ein Ergebnis korrigieren können muss.

Zwischen heute und 2050 werden sich Fähigkeiten und Institutionen verändern, ebenso Regeln und Gewohnheiten. Einige Versprechen werden sich erfüllen, andere zurückgenommen werden oder einen neuen Namen erhalten. Die Szenen legen keine Entwicklung als Schicksal fest. Sie stellen sich einen fortgeschrittenen Zeitpunkt vor, an dem Entscheidungen Zeit hatten, Ablagerungen zu hinterlassen: Kompetenzen sind verloren gegangen oder entwickelt worden, Abhängigkeiten lassen sich inzwischen schwer auflösen. Auch Abhilfen hatten Zeit zu zeigen, ob sie in der Praxis funktionieren oder auf eine Formalität hinauslaufen. Das Jahr weitet den Zeithorizont der Verantwortung über die Einführung hinaus und fragt, was bleibt, wenn die Ausnahme nicht mehr selten ist, die Person, die unterschrieben hat, nicht mehr im Amt ist und aus einer vorläufigen Lösung Infrastruktur geworden ist.

Auch Systeme, die leistungsfähiger sind als die hier beschriebenen, werden noch Fehler machen können, weil sie in Umgebungen handeln, die sich verändern, während sie vermessen werden. Ein Gesundheitssystem erlebt Epidemien und Personalmangel. Eine Stadt verändert sich mit ihrer Bevölkerung und ihren Budgets. Eine Organisation passt ihre Verfahren an die Prognosen an, die sie erhält. Muster zu erkennen, friert den Kontext nicht ein. Je stärker ein System Teil seiner Umgebung wird, desto mehr trägt es dazu bei, sie zu verändern. So kann das verlässliche Signal von gestern zur Zielgröße von morgen werden. Sobald Menschen sich darauf einstellen, beginnt der Anreiz, eine Gewohnheit zu formen.

Auch Daten stammen nicht aus einer neutralen Welt. Institutionen mit unterschiedlichen Ressourcen erfassen diejenigen besser, die sichtbar sind, und übersetzen Situationen, die über das hinausgehen, was Formulare erfassen, in Kategorien. Ein Modell kann die angebotenen Daten präzise verarbeiten und dennoch an den Rand drängen, was nicht gemessen, unzureichend benannt oder von einer

Person nicht angegeben werden konnte. Mehr Leistungsfähigkeit kann Fehler verringern. Menschen müssen weiterhin entscheiden, welche Lücken zählen und wer sie schließen soll, aber auch, wer eine Klassifizierung anfechten darf, die auf einer unvollständigen Datengrundlage beruht. Selbst ein präzises System, das schnell und konsistent arbeitet, legt nicht fest, welche Risiken hinnehmbar sind, welchen Wert das Warten hat, welche Kosten übertragen werden dürfen oder wann ein Recht Vorrang vor Effizienz haben soll. Diese Entscheidungen bleiben anfechtbar, selbst wenn die Optimierung makellos wird. Dasselbe gilt für Ausnahmen: Sie sind kein Rauschen, das beseitigt werden muss, denn manchmal ist eine Regel ungeeignet. Manchmal stehen zwei Dinge, die uns etwas wert sind, im Konflikt, oder der Mensch vor uns unterscheidet sich von den Fällen, die die Regel geprägt haben. Ein leistungsfähigeres System kann mehr davon erkennen, ohne dadurch das Mandat zu erhalten, zu entscheiden, welche Ausnahme Gehör verdient.

Im Jahr 2050 könnten Fehler weniger grob und schwerer zu erkennen sein. Ein absurdes Ergebnis löst Alarm aus; eine plausible Empfehlung hingegen, die mit anderen Diensten übereinstimmt und entlang einer Kette kompetenter Stellen weitergegeben wird, kann gerade wegen der Qualität des Systems unsichtbar werden. Jede Station korrigiert etwas und verwässert die Frage, wer den Fall ausgelegt hat. Der Fehler kann in einem Ziel bestehen, das ohne Diskussion übernommen wurde, in einer Ausnahme, die aus lokal guten Gründen abgelehnt wurde, oder in einer Abhängigkeit, die Rechtsschutz formal verfügbar und praktisch nutzlos macht.

Ich habe den 2050-Test entwickelt, um zu fragen, ob eine Delegation den gewöhnlichen Wandel einer Institution übersteht. Auftragsvergaben bringen neue Anbieter. Beschäftigte gehen, und Aktualisierungen verändern die Arbeitsweise des Systems. Bei all diesen Veränderungen müssen Menschen weiterhin den Zweck der Delegation, die Grenzen ihres Mandats und die Namen der Verantwortlichen ermitteln können.

Nachweise müssen weiterhin erneut geprüft werden können. Wer einen Schaden erleidet, braucht eine verantwortliche Stelle, an die er sich wenden kann; die Institution wiederum braucht genügend Kompetenz, um den Dienst bei Bedarf zu stoppen. Der Test fragt, ob diese Fähigkeit zur Korrektur auch unter Umständen standhält, die niemand vorausgesehen hat.

Die Szenen bilden einen Chor, keine Handlung. Sofia und Amir erleben, wie leicht es ist, Antworten zu erhalten, und wie mühsam, sie zu beurteilen, während Davide und Karim Effizienz aus entgegengesetzten Positionen betrachten, zwischen der Befugnis, einen Vorgang auszusetzen, und den Kosten, die eine Anfechtung verursacht. Elena und Matteo tragen Verantwortung für das, was Städte und Behörden beobachten oder veröffentlichen. Luca und Teresa prüfen die Grenze zwischen Signal, Fürsorge, Gesellschaft und Präsenz. Ihre Geschichten zeigen auf unterschiedlichen Ebenen dieselbe Verantwortung.

Der Weg führt von Schnittstellen zu Institutionen, von der einzelnen Person zu Infrastrukturen. Zunächst macht er Fähigkeiten, Nachweise und Abhängigkeiten sichtbar, und ein erstes Zwischenspiel bündelt sie im 2050-Test. Er führt durch Arbeit, Städte, Universitäten, Gesundheitswesen, Wahrheit, Kreativität, Beziehungen und Profile. Ein zweites Zwischenspiel konfrontiert die Methode mit den Kosten der Kontrolle und dem Schaden, der bleibt. Schließlich tritt das Digitale in der Materie, in Lieferketten, in der Erinnerung und im Kreislauf der Entscheidungen wieder hervor. Die Frage betrifft die Bedingungen, unter denen Menschen und Institutionen die Möglichkeit behalten, zu wählen.

Ich nenne diese Haltung erwachsene Hoffnung. Sie besteht weder in dem Glauben, jede Innovation werde das Leben letztlich verbessern, noch darin, jedes Risiko als Grund zum Stillstand zu behandeln. Sie bedeutet, den bestmöglichen Nutzen aufzuzeigen und zugleich zu messen, was er kostet. Diejenigen mit weniger Macht zu schützen, verlangt manchmal eine langsamere Entscheidung, die weniger elegant oder profitabel ist, als wir gehofft hatten. Erwachsen wird Hoffnung, wenn sie fähig bleibt, sich zu korrigieren, und von den Schwächsten nicht verlangt, im Stillen für das Vertrauen der anderen zu bezahlen.

Daraus ergibt sich die Methode. Bevor einem System Macht anvertraut wird, müssen wir unterscheiden, was es kann, welche Befugnis es erhält und unter welchen Bedingungen Menschen und Institutionen die Entscheidung korrigieren können. Das erste Zwischenspiel überführt diese Haltung in sieben Fragen, die im gesamten Buch herangezogen werden.

Bevor wir einer Maschine Befugnisse übertragen, müssen wir verstehen, was ihr Ergebnis tatsächlich belegt. Eine vertraute Stimme gibt uns Gründe zuzuhören, macht es uns aber auch leichter, eine plausible Antwort mit Verstehen zu verwechseln. Denken Sie noch einmal an die Sachbearbeiterin vor den nach Rang geordneten Anträgen. Die Menschen am unteren Rand ihres Bildschirms hatten noch keine Gelegenheit zu sagen, ob die Reihenfolge sinnvoll ist.

TEIL I

Sichtbar machen

KAPITEL 1

Wenn Maschinen lernen, uns zu erkennen

Eine Maschine, die uns zu verstehen scheint

Das Studium hat gerade erst begonnen. Als Sofia den Laptop öffnet, um sich auf eine schwierige Prüfung vorzubereiten, sucht sie nicht nur nach Informationen. Sie bittet einen Assistenten, zwei Autoren voneinander abzugrenzen, eine Passage verständlicher zu machen und ein Beispiel vorzuschlagen. Die Antwort kommt innerhalb weniger Sekunden, geordnet und selbstsicher. Sofia liest sie bis zum Ende, dann kehrt sie zum Buch zurück: Ein Zitat steht nicht an der angegebenen Stelle, und ein entscheidender Unterschied wurde eingeebnet. Das Werkzeug hat ihr Zeit gespart; damit der Sinn nicht verloren geht, muss sie ihm wieder Reibung entgegensetzen.

Das ist das Neue im Alltag. Systeme, die klassifizieren, übersetzen, erkennen, vorhersagen und generieren können, haben Einzug in Tätigkeiten gehalten, die wir mit dem Denken verbanden. Sie müssen nicht wie wir denken, damit ihre Ergebnisse in unser Denken eingehen. Der Wandel verbirgt sich in der Alltäglichkeit der Geste: Was flüssig klingt, wirkt wie Verstehen. Sobald wir diesem Eindruck vertrauen, beginnen wir, der Antwort Autorität einzuräumen.

Zu sagen, eine Maschine sei „wie wir" geworden, erklärt wenig. Ein System kann ein Gesicht erkennen oder eine Erklärung schreiben, ohne persönliches Erleben oder Absichten nachzuweisen oder Verantwortung für sein Ergebnis zu tragen. Ähnliches Verhalten allein weist kein inneres Erleben nach. Diese Vorsicht lässt die weitergehenden Fragen zum künstlichen Bewusstsein offen. Um diese Systeme zu steuern, müssen wir bei dem beginnen, was sie tun und wo sie versagen, und dann den Wirkungen ihres Einsatzes nachgehen.

Ich treffe diese Unterscheidung, weil sie einen praktischen Fehler verhindert. Ein Thermometer misst genauer als wir, ohne zu wissen, was Fieber ist, und ein Modell kann ein Muster erkennen, ohne nachzuweisen, dass es die Bedeutung des Falls versteht. Zuerst kommt die Fähigkeit: Was kann es? Dann die Zuverlässigkeit: Wie gut bewährt es sich im jeweiligen Kontext? Erst dann geht es um die Befugnis, also darum, was es bestimmen darf und wer es korrigieren kann. Von der Leistung direkt zur letzten Frage zu springen bedeutet, einen Teil der Entscheidung bereits abgegeben zu haben.

Einige Momente in der Geschichte der KI helfen zu erklären, wie wir hierhergelangt sind, vor allem jene, in denen Menschen begannen, eine andere Frage zu stellen. 1950 schlug Alan Turing vor, sie vom unzugänglichen Inneren der Maschine auf ihr Verhalten im Gespräch zu verlagern. Es war ein philosophischer wie theatralischer Zug, der offenließ, ob Verhalten und Verstehen gleichwertig seien, und zeigte, wie verführerisch es ist, Intelligenz nach der öffentlich sichtbaren Oberfläche ihrer Wirkungen zu beurteilen. Diese Vorsicht ist jedes Mal noch aktuell, wenn die Qualität eines Satzes uns vergessen lässt, wie er erzeugt wurde. Wenige Jahre später gab der Vorschlag von Dartmouth der künstlichen Intelligenz einen Namen und schlug vor, dass Aspekte der Intelligenz beschrieben und rechnerisch reproduziert werden könnten.[1]

In seinem Aufsatz über ELIZA von 1966 machte Joseph Weizenbaum diese Verführung greifbar. Das Programm erkannte Schlüsselwörter und wandte Regeln an, um Fragen oder Sätze auszugeben, die sich in ein Gespräch einfügten. In einer seiner bekanntesten Varianten nahm es den Ton eines nichtdirektiven Therapeuten an: Wenn jemand von der eigenen Mutter sprach, konnte ELIZA dazu einladen, mehr über diese Beziehung zu erzählen. Der Mechanismus war eng begrenzt, doch das Hin und Her vermittelte den Nutzern den Eindruck, gehört zu werden. Das Programm wirkte geduldig und wertete nicht, was sie sagten. Die Episode beweist weder, dass die Maschine verstanden hatte, noch, dass

Menschen naiv waren. Sie zeigt vielmehr, dass Sprache eine kooperative Bühne ist, auf der jeder, der eine Antwort erhält, dazu neigt, deren Leerstellen mit Absichten und erinnerten Erfahrungen zu füllen. Eine Antwort wirkt dann aufmerksam, besonders wenn die Benutzeroberfläche eine vertraute Rolle einnimmt. Auch beim Assistenten von Sofia entsteht ein Teil des wahrgenommenen Verstehens aus dieser Zusammenarbeit.[2]

Die erste Phase setzte auf Regeln und Symbole. In klar umrissenen Bereichen verarbeiteten Systeme Repräsentationen und folgten komplexen Verfahren. Weitaus schwieriger war es, das implizite Wissen zu formalisieren, mit dem Menschen einen Kontext erfassen oder einen Scherz verstehen; insbesondere Ausnahmen ließen sich schwer vorhersehen. Auf Phasen der Begeisterung folgten Zeiten, in denen Finanzierung und Erwartungen zurückgefahren wurden. Die „KI-Winter“ erinnern daran, dass sich ein Fachgebiet nicht allein dank Ideen weiterentwickelt, denn es braucht auch Institutionen mit Werkzeugen und geeigneten Problemen sowie Daten und Rechenleistung.[3]

In den folgenden Jahrzehnten blieb ein großer Teil der nützlichen KI spezialisiert. Ein Expertensystem wurde für einen eng umrissenen Bereich entwickelt, in dem Techniker und Fachleute einen Teil ihres Wissens in Regeln überführten, das Programm diese Regeln kombinierte und eine Schlussfolgerung vorschlug. Die Abgrenzung war zugleich ein Vorteil, weil sie zeigte, welche Fragen das System behandelte und welche Daten es erwartete. Außerhalb dieser Grenzen musste man wieder einen Menschen hinzuziehen. Die Grenze wurde sichtbar, wenn eine Ausnahme nicht formalisiert worden war oder sich der Kontext veränderte. Diese Wissenslandkarten waren nicht leicht zu pflegen, und eine geordnete Erklärung konnte eine unvollständige Regelbasis vollständig erscheinen lassen. Die Autorität beruhte daher weniger auf der Rechenfähigkeit als auf der Institution, die entschied, wo das System eingesetzt wurde und wer ihm widersprechen durfte.[3]

Diese stockenden Phasen spiegelten unterschiedliche Kombinationen aus technischen Hindernissen, Finanzierungsentscheidungen und Erwartungen wider, die den Ergebnissen vorauseilten. Verfrühte Ideen kehrten zurück, als sich die materiellen Voraussetzungen änderten. Die Geschichte der KI ähnelt daher einer zerklüfteten Küste und keiner ansteigenden Linie: Sie mahnt, sowohl der Vorstellung von Zwangsläufigkeit als auch der Behauptung zu misstrauen, jede Krise bedeute das Ende.[3]

Neben regelbasierten Ansätzen verfolgte ein anderer Forschungsstrang das Ziel, aus Beispielen zu lernen, statt jede Regel im Voraus zu erhalten. Beim maschinellen Lernen passt ein Modell interne Parameter an, um den Fehler bei beobachteten Fällen zu verringern und auf neue Fälle zu verallgemeinern. Der Vorteil ist enorm, wenn es zu viele Regelmäßigkeiten gibt, um sie von Hand aufzuschreiben. Ebenso wichtig ist die Grenze: Die Beispiele sind eine Auswahl aus der Welt, die jemand zu einem bestimmten Zweck zusammengestellt hat.[4]

Tiefe neuronale Netze erweiterten diese Fähigkeit, indem sie aus großen Datensammlungen nützliche Repräsentationen lernten. Das Ergebnis von AlexNet aus dem Jahr 2012 zeigte, wie verbesserte Algorithmen die Bilderkennung veränderten, als die Verarbeitungskapazität das Arbeiten in größerem Maßstab ermöglichte. Obwohl es weder ein magischer Moment noch die Lösung jedes Problems war, machte es eine Strategie industriell plausibel, bei der mehr Beispiele und mehr Rechenleistung Leistungen ermöglichen konnten, die zuvor unerreichbar gewesen waren.[5]

2017 ersetzte die Transformer-Architektur die rekurrente Verarbeitung von Sequenzen durch einen Aufmerksamkeitsmechanismus, der während des Trainings parallel berechnet werden konnte. Das System „erfasst nicht die gesamte Situation" wie ein Mensch, sondern bildet numerische Abhängigkeiten zwischen Token, Einheiten, die Wörtern, Fragmenten oder Zeichen entsprechen. Auf großen Textsammlungen ermöglichte diese Architektur das Training vielseitiger Modelle, die Sprache auf vielfältige Weise fortsetzen und umformen können.[5]

Als Ende 2022 eine neue Generation allgemein einsetzbarer Dialogassistenten die Öffentlichkeit erreichte, wurde aus einer Fähigkeit im Labor eine alltägliche Benutzeroberfläche. Der Sprung betraf nicht nur die Leistung. Die in Büchern und Handbüchern angesammelte Sprache wurde zum industriellen Rohstoff für Systeme, die sie neu geordnet zurückgeben können. Dasselbe galt für Sprache aus dem Web und aus Gesprächen. Menschen konnten um eine erste Erklärung bitten oder das System etwas entwerfen oder übersetzen lassen. Im selben Vorgang nahm Plausibilität das Erscheinungsbild von Kompetenz an.[6]

Mit allgemein einsetzbaren Sprachmodellen bleibt die Begrenzung bestehen, ist aber schwerer zu erkennen. Dieselbe Benutzeroberfläche kann einen Vertrag zusammenfassen, eine Unterrichtsstunde vorbereiten, Code vorschlagen oder eine Gesundheitsfrage beantworten. Sprache fungiert dann als gemeinsamer Korridor zwischen Bereichen, für die zuvor getrennte Werkzeuge nötig waren.

Das ist der Übergang vom spezialisierten System zur Sprache als Infrastruktur: eine Form des Zugangs, die sich in viele Prozesse einfügt, ohne dass das System deshalb in allen Bereichen gleichermaßen kompetent wäre. Der Vorteil ist enorm, weil die Einstiegshürde sinkt. Zugleich wächst jedoch das Risiko, die bei einer Aufgabe gewonnene Glaubwürdigkeit auf die nächste zu übertragen, bei der andere Nachweise nötig sind und Fehler andere Folgen haben. Auch die Verantwortung verändert sich mit der Aufgabe.

Aus heutiger Sicht trägt die Revolution für Sofia bereits das Gesicht der Normalität. Mit einer Maschine in natürlicher Sprache zu sprechen, wurde binnen weniger Jahre von Science-Fiction zu einem vorbereitenden Schritt: Wir öffnen ein Fenster und formulieren eine Anfrage, bevor wir schreiben, suchen, buchen, übersetzen oder versuchen, etwas zu verstehen. Die Fiktion hatte das emotionale Vokabular der Begegnung vorbereitet, nicht aber die Geschwindigkeit, mit der sie zur Gewohnheit werden würde. Die öffentliche Frage hat sich von „Kann sie uns wirklich antworten?“ zu „Warum sollten wir sie nicht auch hier einsetzen?" verschoben. Eine Technologie beginnt eine Kultur zu verändern, wenn sie keine Aufmerksamkeit mehr verlangt und benutzt wird, als wäre sie schon immer verfügbar gewesen.

Die kulturelle Schwelle zählt ebenso viel wie die technische. Über Jahrhunderte hinweg zeigte eine erste Fassung zumindest, dass jemand einen Gedankengang beginnen und verstreutem Material Form geben konnte. Heute erscheint sie in wenigen Sekunden. Nicht alle Entwürfe werden dadurch gleichwertig, und das Urteilsvermögen, sie zu beurteilen, wird nicht automatisch weiter verbreitet. Eine erste Erklärung scheint zum Dienst dazuzugehören. Was einst die Fähigkeit zum Anfangen belegte, kann heute lediglich den Zugang widerspiegeln. Studierende, Kollegen und Kunden bestimmen so neu, welcher Ausgangspunkt akzeptabel ist und wie viel Zeit sie ihm einzuräumen bereit sind. Der Wert verlagert sich auf die Qualität der Frage und die Arbeit der Überarbeitung, bei der einschlägige Quellen zum Vergleich herangezogen werden und jemand die Verantwortung übernimmt, für das Ergebnis einzustehen. Auch diese Tätigkeiten werden unterstützt, behalten aber einen Aufwand, den eine flüssige Formulierung nicht aufhebt: Jemand muss weiterhin feststellen, ob die Antwort wahr ist und ob sie standhält.

Dieser Wandel hat einen weniger sichtbaren Preis: Ein sofort verfügbarer Entwurf lässt die Zeit, die für seine Überprüfung aufgewandt wird, als Langsamkeit erscheinen, und eine kompetent wirkende Form, die fast nichts kostet, lässt Zweifel ineffizient wirken. Die wachsende Zahl der Varianten bedeutet auch, dass jemand mehr auswählen und verwerfen muss. Sofia muss herausfinden, wo Geschwindigkeit eine Möglichkeit eröffnet und wo sie ihr noch ausstehende Prüfungen aufbürdet.

Institutionen stehen vor demselben Problem. Eine Schule, die gewonnene Zeit feiert, muss weiterhin Zeit für die Überprüfung bereitstellen, ebenso wie ein Unternehmen die Aufsicht, die seine Beschäftigten ausüben, mit Ressourcen ausstatten muss. Menschliche Kompetenz lässt sich an der ersten sichtbaren Fassung weniger gut erkennen; umso anspruchsvoller wird der Weg, auf dem man ihr eine Entscheidung anvertrauen kann.

Wie Maschinen aus Beispielen lernen

Im Vokabular der KI bezeichnet „Lernen" die Fähigkeit, Repräsentationen aufzubauen und über die beobachteten Beispiele hinaus zu verallgemeinern. Ein Mensch lernt auch durch körperliche Erfahrung und Beziehungen zu anderen Menschen, wobei jede neue Erkenntnis Teil einer Geschichte früherer Erfahrungen wird. Dasselbe Wort zu verwenden bleibt sinnvoll, wenn wir bedenken, dass die Einordnung eines Satzes als Versprechen nicht belegt, dass das System über den gelebten Kontext dieses Satzes verfügt.

Diese Grenze steckt bereits in den Daten, denn wer die Beispiele sammelt, wählt ihre Inhalte und Bezeichnungen aus und entscheidet, welche Lücken unsichtbar bleiben. Selbst ein enorm großer Datensatz bietet keine Gewähr für Qualität gerade in dem Fall, auf den es ankommt. Die Automatisierung verlagert menschliches Urteil an verschiedene Stellen des gesamten Prozesses, von der Definition des Problems bis zur Festlegung, wie ein Ergebnis in eine Entscheidung einfließt.

Eine Korrelation kann wertvoll sein, ohne eine Ursache zu erklären. Sie kann zeigen, wo wir hinschauen sollten, und zugleich ein Signal mit dem Phänomen verwechseln, das wir erkennen möchten. Wenn die Vergangenheit Ausschlüsse oder grobe Kategorien enthält, kann das Modell sie mit einer Präzision reproduzieren, die wie Neutralität wirkt. Auch ein genauerer Blick auf das Vergangene lässt die Zukunft offen.

Die Skalierung bringt eine zweite Ambivalenz mit sich. Ein menschlicher Fehler bleibt in seiner Reichweite oft lokal, während eine automatische Klassifizierung tausendfach wiederholt werden kann, bevor jemand ihr Muster erkennt. Die Skalierung macht aber auch Werkzeuge zugänglich, die zuvor wenigen vorbehalten waren, und bringt seltene Fachkenntnisse und übersetzte Inhalte in Reichweite. Die Entscheidung zwischen Begeisterung und Ablehnung zählt weniger als zwei Fragen: Welche Fähigkeit nutzen wir, und welche Kosten vergrößert die Skalierung?

Autoregressive Sprachmodelle sagen aus Kontext und Anweisungen plausible Fortsetzungen voraus und nutzen dabei Fähigkeiten, die durch nachfolgendes Training geformt wurden. Das Endergebnis ist weit mehr als „immer das wahrscheinlichste Wort auszuwählen", doch das macht das Modell nicht zu einem Archiv, das ausschließlich überprüfte Fakten abruft. Es kann stimmige Fragmente mit einem passenden Ton verbinden, selbst wenn die Erklärung nicht mit ihren Quellen übereinstimmt. Bei Sprachmodellen wird diese Abfolge – Fähigkeit, Zuverlässigkeit, Befugnis – konkret. Eine schlüssige Erklärung zu erzeugen ist eine reale Fähigkeit, doch die Zuverlässigkeit muss im jeweiligen Fachgebiet anhand von Quellen und beobachtbaren Fehlschlägen geprüft werden. Eine Antwort, die Sofia beim Lernen hilft, ist deshalb noch keine ausreichende Grundlage, um einen Menschen zu beurteilen oder eine Behandlung zu steuern. Dieser Sprung zur Befugnis geht von Nutzern und Institutionen aus, häufig ohne dass sie ihn benennen, und nicht vom Inneren des Modells.[6]

Wenn Sprache zur Infrastruktur wird

Sofia nutzt den Assistenten, weil er ihr hilft, sich einen schwierigen Text zu erschließen und zu einer Quelle zu gelangen, die sie sonst nicht herangezogen hätte. Der Vergleich der Begriffe lenkt anschließend ihre Lektüre. Der Zugang zu Wissen weitet sich, wenn die erste Hürde nicht mehr stundenlange Arbeit oder einen sofort verfügbaren Gesprächspartner erfordert.

Dieselbe sprachliche Flüssigkeit schafft jedoch eine neue Asymmetrie. Sofia sieht die Antwort, nicht den gesamten Weg ihrer Entstehung. Sie weiß nicht, welche Quellen ins Gewicht gefallen sind oder welche fehlen. Ebenso wenig kann sie erkennen, wie sehr ein Beispiel von der Formulierung ihrer Frage abhängt. Grammatikalische Sicherheit füllt diese Lücken. Die Benutzeroberfläche verringert den Aufwand, dem System eine Frage zu stellen, genau in dem Moment, in dem sein Ergebnis am dringendsten hinterfragt werden müsste.

Beim Lernen bittet Sofia um eine zweite Fassung und fragt dann, auf welche Passagen sie sich stützt. Das Modell nennt plausible Verweise, doch einer bezieht sich auf eine andere Ausgabe und ein anderer stützt eine eingeschränktere These. Das ist weder eine Auflehnung der Maschine noch eine absichtliche Lüge. Es ist ein Fehler, der zu der Art passt, wie das Modell generiert: Eine schlüssige Fortsetzung zu erzeugen garantiert nicht, dass jedes Element auf eine überprüfte Herkunft zurückgeführt werden kann.[6]

Diese Art von Fehler ist tückisch, weil sie mit dem Wunsch der Nutzerin zusammenwirkt. Sofia will ihre Arbeit abgeben und dabei das Gefühl haben, vorankommen zu können. Eine geordnete Antwort verschafft ihr zugleich Informationen und Erleichterung. Wenn die Überprüfung zu einer rituellen Kontrolle am Ende wird, hat die Form der Antwort ihr Denken bereits gelenkt. Die Kompetenz der Zukunft beginnt auch damit, zu erkennen, wann Mühelosigkeit in Hast umschlägt.

Das System aufzufordern, Unsicherheit kenntlich zu machen oder die Antwort zu erklären, kann helfen, macht es aber nicht zuverlässig. Wenn ein Modell sich vorsichtig äußert, belegt das keine größere Genauigkeit, und eine erzeugte Erklärung entspricht nicht unbedingt dem Mechanismus, der das Ergebnis hervorgebracht hat. Ton und Begründung sind weitere Ergebnisse, die geprüft werden müssen. Verantwortliches Handeln erfordert externe Abgleiche anhand von Nachweisen, die für den Kontext relevant sind. Ein Mensch muss dann zwischen dem Vorschlag des Systems und dem unterscheiden, was er selbst zu vertreten bereit ist.[7]

Die bei ELIZA beobachtete Zusammenarbeit kehrt hier in mächtigerer Form zurück. Eine geduldige Stimme und ein Satz, der den Zweifel vorwegnimmt, erwecken den Eindruck von Aufmerksamkeit. Die sprachliche Beziehung weckt Vertrauen und sogar die Angst, dem System zu widersprechen. Diese Reaktion ist beim Nutzer real, ohne Gegenseitigkeit auf der anderen Seite zu belegen.

Das Design zählt ebenso viel wie das Modell. Die Antwort erhält je nach Darstellung ein anderes Gewicht, denn der Nutzer kann sie korrigieren, wenn Quellen und Grenzen sichtbar sind. Hinter einer Schaltfläche ermuntert dieselbe Antwort leichter zur Annahme. Die Benutzeroberfläche weist dem System eine Rolle zu, noch bevor eine Vorschrift dies tut.

Die Vorteile sind unterdessen konkret. Sprachassistenten machen komplexe Texte verständlicher, unterstützen Menschen mit Behinderungen, übersetzen zwischen Sprachen, helfen Menschen mit weniger gefestigten Kenntnissen und setzen Zeit frei, die sonst repetitive Aufgaben beanspruchen. Genau deshalb verbreiten sie sich. Die Aufgabe besteht darin, den Zugang zu erhalten, ohne ihn mit Wahrheit gleichzusetzen. Der Kontext verändert das Gewicht eines Fehlers. Während sich eine unvollkommene Antwort bei einer Aufgabe mit geringen Auswirkungen mit wenig Aufwand korrigieren lässt, kann dieselbe Selbstsicherheit bei einer Aufgabe mit großen Auswirkungen einen Ausschluss, eine Behandlung oder ein Recht beeinflussen. Das Modell bleibt in den verschiedenen Bereichen seiner Natur nach dasselbe, doch die Befugnis, die wir ihm einräumen, verändert die Folgen. Es zu bewerten heißt, sowohl auf die Häufigkeit der Erfolge als auch darauf zu schauen, was geschieht, wenn es versagt.

Durchschnittswerte in Tests allein belegen keine Leistung in den Fällen, auf die es am meisten ankommt. Ein insgesamt sehr genaues Modell kann in einer seltenen Situation oder bei einer bestimmten Sprache oder Kategorie versagen. Bevor wir ihm eine Funktion anvertrauen, müssen wir es im realen Kontext erproben und den schwierigen Fällen besondere Aufmerksamkeit widmen. Außerdem muss jemand die Befugnis behalten, seinen Einsatz auszusetzen. Die dokumentierte Herkunft macht ein Dokument rekonstruierbar, aber nicht automatisch wahr. Menschliche Aufsicht erfordert einschlägige Nachweise, Kompetenz, genügend Zeit, um die Nachweise zu bewerten und zu widersprechen, sowie die Befugnis, das Ergebnis zu ändern.

Sofia nutzt das System weiter, weist ihm aber einen genau umrissenen Platz zu: Alternativen erkunden und Fragen vorbereiten. Wenn eine Antwort entscheidend wird, kehrt sie zur Quelle zurück oder gleicht sie mit anderen Einschätzungen ab, denn die Bequemlichkeit des ersten Schritts entscheidet nicht über das Gewicht des letzten.

Am Ende des Abends liegt sie mit dem Stoff noch immer zurück, weiß aber, welche Quelle die Antwort stützt und was noch ein Vorschlag des Assistenten ist.

Einen Satz zu korrigieren kann lediglich eine wenig aufwendige Prüfung erfordern. Wird ein Werkzeug eingesetzt, um einen Sachverhalt festzustellen, muss die Aufsicht Quellen, Grenzen und eine erreichbare verantwortliche Person einschließen, ebenso wie bei der Beurteilung eines Menschen oder der Stützung einer Schlussfolgerung.

Diese Schwelle kann nicht vollständig auf den einzelnen Nutzer abgewälzt werden. Wenn eine Universität ein Werkzeug einführt, muss sie klarstellen, welche Nutzungen sie unterstützt und welche Quellen diese erfordern. Studierende müssen auch wissen, wie die Universität mit Fehlern umgehen wird. Sofia kann lernen zu überprüfen, sollte sich aber nicht allein mit undurchsichtigen Systemen auseinandersetzen müssen, während sie mit Menschen konkurriert, die sie ohne Vorsicht einsetzen. Persönliche Kompetenz braucht institutionelle Regeln, die den Zeitaufwand für Überprüfung nicht bestrafen.

Sofia schließt die erzeugte Antwort und lässt die Quelle geöffnet. Sie hat noch Arbeit vor sich, bevor sie zur Gruppe aufgeschlossen hat. Zumindest bei dieser Antwort weiß sie, wo sie nachsehen muss.

KAPITEL 2

Genug nachweisen, nicht alles

Als Sofia die Bestätigung für das internationale Stipendium erhält, hält die Freude nur wenige Minuten an, bevor sie in Verwaltungsarbeit übergeht. Die Universität, die sie aufnehmen wird, muss feststellen, wer sie ist, prüfen, ob sie die angegebene Qualifikation tatsächlich erworben hat, und klären, ob der vorgeschriebene Versicherungsschutz besteht. Jede Frage hat ihren Grund. Die Art, wie sie gestellt wird, legt jedoch mehr offen als nötig. Sofia lädt Bescheinigungen herunter, fotografiert Dokumente und gibt erneut Daten an, die andere Stellen bereits geprüft haben, als könne sie nur in dem Format anerkannt werden, das der letzte Bildschirm akzeptiert.

Das Problem zeigt sich in vielen Bereichen, für Sofia aber ist es unmittelbar. Um nachzuweisen, dass sie eine Qualifikation erworben hat, legt sie zugleich ihre Anschrift, ihr Geburtsdatum und Identifikationsnummern vor. Ein irrelevantes Feld fehlt, und die Datei wird abgelehnt. Die Stelle, die die Bescheinigung ausgestellt hat, weiß, dass sie echt ist. Die empfangende Stelle weiß nicht, wie sie das überprüfen soll, ohne von vorn anzufangen. Das Vertrauen ist zersplittert, und die Studentin wird zur Botin zwischen Institutionen, die einander nicht anerkennen.

Wir leben in einer Ökonomie der Nachweise. Studiert zu haben ist nur der Anfang. Wir müssen es noch jemandem nachweisen, der uns nicht kennt. Sobald Vertrauen Institutionen und Grenzen überschreitet, wird es zur Infrastruktur. Es bestimmt, wer eine Tatsache bestätigen darf, welche Informationen zirkulieren müssen, wie lange sie aufbewahrt werden und was ein Mensch tun kann, wenn der Nachweis gültig ist, das System ihn aber ablehnt.

Die verborgenen Kosten des Vertrauens

Über Jahrhunderte lag diese Aufgabe bei erkennbaren Institutionen, von Standesämtern und Gerichten bis zu Universitäten und Berufskammern. Im Digitalen besteht sie in einer wachsenden Zahl von Konten und Archiven fort, die jeweils ein eigenes Berechtigungssystem haben. Jeder Dienst entwickelt sein eigenes Verfahren, um Menschen zu erkennen, und kann andernorts bereits geprüfte Bescheinigungen häufig nicht wiederverwenden.

Ein einziger Zugang erspart Warteschlangen, während ein Archiv Wege verringert und eine Prüfung die Wartezeit verkürzt. Kontrolliert dieselbe Plattform jedoch den Zugang und verwaltet zugleich Verlauf und Reputation, hängt die Verfügbarkeit der Nachweise von der Anerkennung durch das System und der Stabilität seiner Regeln ab. Ein Konto ist eine Tür, die jemand verwaltet. Die Identität ist weder diese Tür noch die Gesamtheit der Attribute, anhand derer sie erkannt wird. Der Verlust des Kontos wird dann zum Verlust der administrativen Existenz: Sofia behält ihre Identität, kann aber dort, wo es darauf ankommt, nicht mehr nachweisen, wer sie ist.

Die Kosten bemessen sich nicht nur nach der Zeit. Jede Kopie vergrößert die Angriffsfläche. Ein Dokument, das eine einzige Tatsache belegen soll, offenbart viele weitere, die in anderen Zusammenhängen nützlich sein mögen, im aktuellen aber überflüssig sind. In der physischen Welt erschiene es uns unverhältnismäßig, die ganze Brieftasche auszuhändigen, um eine Fahrkarte zu zeigen. Im Digitalen macht die Geschwindigkeit dieses Missverhältnis nahezu unsichtbar.

Sofia bemerkt auch die kognitiven Kosten, die entstehen, weil sie sich merken muss, welche Fassung sie wem und mit welchen Daten geschickt hat. Jede Kopie gibt einem Fehler einen weiteren Ort, an dem er fortbestehen kann. Eine Aktualisierung beim Aussteller erreicht die bereits verteilten Kopien nicht.

Um eine Kennung zu berichtigen, schreibt Sofia an drei Stellen. Die erste aktualisiert ihre Unterlagen, die zweite verlangt eine erneute Einreichung aller Dokumente, und die dritte sieht weiterhin die alte Fassung. Das Stipendium bleibt zwei Tage lang ausgesetzt.

Jedes System beanstandet den Nachweis, der ihm vorliegt, statt Sofias Identität, ohne die Unterlagen wieder miteinander in Einklang bringen zu können.

Der verifizierbare digitale Nachweis

Ein anderer Weg beginnt damit, den Menschen von der Tatsache zu trennen, die er nachweisen muss. Ein verifizierbarer digitaler Nachweis enthält Aussagen einer eindeutig erkennbaren ausstellenden Stelle und ist so geschützt, dass die empfangende Stelle ihre Herkunft und Unversehrtheit prüfen kann. In einem solchen Verfahren bescheinigt eine Universität eine Qualifikation. Andernorts bestätigt eine zuständige Stelle eine berufliche Qualifikation, oder eine Behörde bescheinigt ein Merkmal innerhalb ihres Zuständigkeitsbereichs. Geprüft wird der erforderliche Nachweis, nicht die gesamte Biografie. Drei Rollen sind beteiligt: die Stelle, die ausstellt; die Person, die den Nachweis aufbewahrt und vorlegt; und die Stelle, die ihn prüft. Mit einer kryptografischen Signatur lässt sich kontrollieren, ob die Bescheinigung von dem Schlüssel stammt, der dem Aussteller zugeordnet ist, und unverändert geblieben ist, ohne dass dadurch eine falsche Aussage wahr oder die Institution gerecht wird. Ob die bescheinigte Tatsache belastbar ist, hängt weiterhin von den angewandten Regeln sowie davon ab, wie sie überprüft und berichtigt wird.[8]

Identität, Authentifizierung und Autorisierung beantworten unterschiedliche Fragen. Wer wurde erkannt? Verfügt die Person, die jetzt auf das System zugreift, über die erforderlichen Mittel? Was darf sie in diesem Zusammenhang tun? Zu wissen, dass eine Person Sofia ist, weist ihre Qualifikation nicht nach; zu wissen, dass ein Passwort korrekt ist, gewährt nicht jede Berechtigung. Werden die Fragen getrennt, begrenzt das die Zugriffe und macht Fehler leichter verständlich.[9]

Die digitale Identität sollte weder ein vollständiges Abbild der Person sein noch mit einer einzigen digitalen Wallet (digitalen Brieftasche) zusammenfallen. Sie umfasst die Mittel und Attribute, anhand derer eine Person erkannt wird. Der Kontext bestimmt, welcher Nachweis vorgelegt wird, von einer Qualifikation über eine Berechtigung bis zum Überschreiten einer Altersgrenze. Für Sofia würde ein verifizierbarer digitaler Nachweis genügen, um ihre Qualifikation zu belegen, ohne jedes Mal ihre Abschlussurkunde und ein vollständiges Ausweisdokument zu versenden. Offene Standards und gut geregelte konventionelle Infrastrukturen können dieses Modell tragen, bei dem das System wüsste, was für das Stipendium erforderlich ist, nicht alles, was die Datei preisgibt.

Der Ablauf beginnt, bevor Sofia etwas vorlegt. Die ausstellende Universität prüft die Akte, zeigt ihr in lesbarer Form, was sie bestätigen wird, und nennt ihr den Kanal, über den sie einen Fehler melden kann. Der Qualifikationsnachweis nennt die Institution und das Programm, das sie absolviert hat, mit dem maßgeblichen Datum. Ihre Anschrift bleibt außen vor, ebenso ihr Ausweisdokument und der Verlauf ihrer Zugriffe.

Sofia erhält ihn in ihrer digitalen Wallet, doch die Ausstellung ist kein unwiderruflicher Akt: Der Nachweis bleibt an einen Aussteller gebunden. Dieser muss den Status des Nachweises bestätigen können und für seine Bescheinigung einstehen.

Wenn die aufnehmende Hochschule den Nachweis verlangt, sendet Sofia die Originaldatei nicht und öffnet auch nicht ihre gesamte Wallet. Sie wählt die Attribute aus, die für dieses Stipendium nötig sind, und sieht vor der Bestätigung, wer sie zu welchem Zweck erhält. Die prüfende Stelle kontrolliert Signatur, Herkunft und Status des Nachweises und bewahrt anschließend nach ihren eigenen Regeln das Prüfergebnis auf, nicht auf unbestimmte Zeit eine Kopie von allem, was Sofia besitzt. Die Vorlage dauert nur wenige Sekunden. Ob sie verhältnismäßig ist, hängt von der zuvor geleisteten Arbeit ab, mit der begrenzt wurde, was angefordert, zurückgegeben und aufbewahrt wird.

Auch der neue Ablauf beseitigt Fehler nicht. In der Übersicht sieht Sofia, dass der Nachweis ausgestellt wurde, bevor die korrigierte Kennung die Unterlagen zu ihrer Qualifikation erreicht hatte. Die Signatur ist gültig, der Inhalt aber falsch; die technische Ordnung macht es schwerer, den Fehler als beschädigte Datei abzutun. Sofia reicht über ihre Wallet eine Anfrage ein. Sie erhält ein Aktenzeichen und einen vorläufigen Nachweis, den die aufnehmende Hochschule prüfen kann, während der Aussteller seine Unterlagen abgleicht. Das Stipendium sollte nicht allein deshalb ausgesetzt bleiben, weil zwei Systeme unterschiedlich lange brauchen, um dieselbe Berichtigung anzuerkennen.

Die Stelle widerruft den fehlerhaften Nachweis und stellt einen korrigierten aus. Sie macht auch den Status des früheren Nachweises abrufbar, damit Prüfstellen, die dessen aktuellen Status abfragen, sehen können, dass er nicht mehr verwendet werden sollte. Der Widerruf betrifft diese Bescheinigung, nicht die Qualifikation, die Sofia erworben hat, oder ihre Identität. Auch die Begründung zählt, denn ein berichtigter Fehler, die Kompromittierung des Ausstellerschlüssels und der Wegfall einer vorübergehenden Voraussetzung sind nicht dasselbe. Ein System, das lediglich „ungültig" anzeigt, schützt die technische Kontrolle, kann aber einen legitimen Verwaltungsvorgang in einen Verdacht gegen die Person verwandeln.[10]

Einige Monate später verliert Sofia auf einer Reise ihr Telefon. Das Recht, den Nachweis bei sich zu führen, darf nicht davon abhängen, dass sie einen einzigen Gegenstand für immer aufbewahren kann. Sie nutzt den bei der Ausstellung gewählten Wiederherstellungskanal, bestätigt den Antrag mit einem zweiten Mittel und erhält menschliche Unterstützung, als das neue Gerät eine der automatischen Prüfungen nicht besteht. Das alte Gerät wird ausgeschlossen. Die noch gültigen Nachweise werden auf dem neuen verfügbar gemacht, ohne dass sie ihr Studium Dokument für Dokument rekonstruieren muss. Die Wiederherstellung hinterlässt eine Spur und löst eine Benachrichtigung aus, denn ein zu einfaches Verfahren käme denen zugute, die versuchen, ihr die Wallet zu entwenden.

Den Nachweis durch all diese Schritte zu verfolgen verlagert die Bewertung von der erstmaligen Akzeptanz auf den gesamten Lebenszyklus. Entscheidend ist, wer für die betreffende Tatsache einsteht, welche Attribute vorgelegt und aufbewahrt werden, wie ein Fehler berichtigt wird und ob Wiederherstellung und Widerruf erfolgen, ohne die Person selbst zu beeinträchtigen.

Jeder Schritt weist dem Aussteller, der Wallet, der prüfenden Stelle oder dem Unterstützungsdienst Macht zu. Der Ablauf schützt Sofia, wenn diese Befugnisse getrennt und für sie sichtbar bleiben. Außerdem braucht sie eine Möglichkeit, anzufechten, wie jede davon ausgeübt wird.

Nur das Notwendige zeigen

Im europäischen Recht verlangt die Datenminimierung, dass verarbeitete Informationen dem Zweck angemessen und erheblich sowie auf das für diesen Zweck notwendige Maß beschränkt sind. Ich schlage die Minimierung des Nachweises als operative Umsetzung dieses Grundsatzes vor. Wer eine Anfrage stellt, sollte fragen, welcher Nachweis die Frage beantwortet. Sobald dieser Nachweis geprüft ist, bedarf es einer eigenen Begründung, um den Rest der Akte aufzubewahren.

Die selektive Offenlegung ermöglicht es in Systemen, die sie unterstützen, einzelne Attribute eines Nachweises vorzulegen und andere verborgen zu halten. Amir ist sechzehn Jahre alt und sollte nachweisen können, dass er das für ein Labor vorgeschriebene Alter erreicht hat, ohne sein vollständiges Geburtsdatum offenzulegen – mit einer vom Aussteller bescheinigten Altersangabe oder einem geeigneten abgeleiteten Beweis. Die prüfende Stelle erhält eine Antwort auf ihre Frage, keine Einladung, weitere zu stellen. In manchen Fällen erlauben Zero-Knowledge-Beweise den mathematischen Nachweis, dass eine Bedingung erfüllt ist, ohne die Daten offenzulegen, aus denen sich dies ergibt. Obwohl die Technik weder Magie noch ein Allheilmittel ist, veranschaulicht sie das wichtige Prinzip, dass Prüfen nicht zwangsläufig Kopieren bedeuten muss.[11]

Weniger zu zeigen garantiert für sich genommen keine Anonymität, denn eine stabile Kennung verknüpft verschiedene Interaktionen. Wiederholte Anfragen oder Einzelheiten zum jeweiligen Kontext können den Zusammenhang auch dann offenbaren, wenn die Kennung fehlt. Der Schutz hängt von der gesamten Architektur ab: welche Informationen auf dem Gerät verbleiben, was die prüfende Stelle erreicht, was aufgezeichnet wird, wie lange und mit welchen Möglichkeiten zur Verknüpfung.[11]

Nachweise übertragen und wiederherstellen

Nachweise müssen zwischen Prüfstellen weitergegeben werden können, über Grenzen hinweg oder auf ein anderes Gerät oder zu einem anderen Dienst, ohne ihre Bedeutung zu verlieren oder Sofia zu einem Neuanfang zu zwingen. Interoperable Formate ermöglichen die Übertragung, doch Portabilität wird daran gemessen, was geschieht, wenn sich etwas ändert, etwa wenn ein Telefon verloren geht oder ein Anbieter seinen Betrieb einstellt. Manchmal läuft der Dienst weiter, aber seine Benutzeroberfläche schließt jemanden aus. Einem Menschen die Kontrolle zu übergeben bedeutet auch, Hilfe bereitzustellen, wenn es schwierig wird, sie auszuüben. Die Wiederherstellung muss funktionieren, und fehlerhafte oder kompromittierte Nachweise müssen widerrufbar sein. Unterstützung ist insbesondere für Minderjährige und ältere Menschen wichtig, ebenso für Menschen mit Behinderungen und alle, die einen Notfall bewältigen müssen. Verschwindet der einzige gültige Nachweis zusammen mit einem Gegenstand oder einem Dienst, hat das System die Kosten seiner eigenen Abhängigkeit auf den Menschen abgewälzt.

Unterstützung kann eine begrenzte Delegation einschließen, bei der ein Mensch einen anderen für einen festgelegten Zweck und Zeitraum bevollmächtigt, mit sichtbaren Befugnissen, ohne Passwörter oder Geräte aus der Hand zu geben. Im Gesundheitswesen kann beispielsweise ein Notfallzugriff erforderlich sein, wenn ein Patient sich nicht äußern kann; in diesem Fall braucht es einen Grund, Grenzen und eine nachträgliche Prüfung. Auch bei automatischer Ablehnung muss ein Weg zur Berichtigung offenbleiben, ebenso bei Fristablauf oder Fehlern, mit einer verantwortlichen Person, die den Fall wieder aufnehmen kann. Sich helfen zu lassen hebt die Autonomie nicht auf und lässt auch den Menschen, der Hilfe erhält, nicht verschwinden.

Das einfachste Mittel, das ausreichend ist

Das einfachste Mittel zu wählen, das für die Aufgabe ausreichend ist, bedeutet, bei der Verantwortung anzusetzen, nicht bei der Technologie. Oft genügt eine gut konzipierte Datenbank mit Zugriffsprotokollen und Verfahren zur Berichtigung, für die eine legitimierte Institution zuständig ist und bei Fehlern einsteht. Wenn unabhängige Organisationen denselben Datenstand teilen müssen und keine ihn allein verändern sollte, kann ein verteiltes Register sinnvoll sein. Eine Blockchain ist eine mögliche Form davon, nicht das Synonym für digitales Vertrauen. In beiden Fällen entscheidet sich die Machtfrage an den Governance-Regeln, am Kreis der zugelassenen Beteiligten, an der Software und daran, wer nach einem Vorfall eingreifen kann. Dass etwas schwer zu verändern ist, stellt nicht immer einen Vorteil dar. Personenbezogene und berufliche Informationen müssen aktualisiert, widerrufen oder gelöscht werden können. Häufig ist es vorsichtiger, Daten bei der Stelle aufzubewahren, die dafür einsteht, und Bescheinigungen oder Nachweise auszutauschen. Das Problem sollte die Architektur bestimmen; bei dieser Entscheidung müssen auch mögliche Datenberichtigungen und die Institution berücksichtigt werden, die auf Dauer dafür einstehen wird.[12]

Sofia begegnet dieser Regel, als ihr ein neues Verfahren „für mehr Sicherheit“ vorgeschlagen wird, das dieselben Daten in mehreren Systemen dupliziert. Sie fragt, welches Risiko es verringert und wer eine Abweichung berichtigt. Niemand kann sofort antworten. Die Verzögerung zeigt, dass das Mittel gewählt wurde, bevor das Problem bestimmt war.

Register und der Wahrheitsgehalt einer Aussage

Amir erkennt die Grenze in einem Schulprojekt über die Lieferkette eines Produkts. Jeder Schritt hinterlässt eine geordnete Spur: Herkunft, Temperatur, Transport, Kontrollen. Dann taucht eine elementare Frage auf: Woher wissen wir, dass der erste Eintrag wahr ist? Ist der Sensor defekt oder gibt jemand eine falsche Information ein, kann das Register sie mit makelloser Präzision speichern.[12]

Integrität weist nach, dass eine Aufzeichnung nicht unbemerkt verändert wurde. Um festzustellen, ob sie der Wirklichkeit entspricht, braucht es Kontrollen vor Ort und zuverlässige Sensoren; Betreiber müssen zur Verantwortung gezogen und Quellen verglichen werden, während ein Weg zur Berichtigung offenbleibt. Wird ein Eintrag angefochten, muss das Ergebnis dieser Kontrollen auch der Person zugänglich sein, die seine Berichtigung verlangt.[12]

Diese Grenze gilt auch für verifizierbare digitale Nachweise. Eine Signatur authentifiziert zuverlässig eine Qualifikation, die nach mangelhaften Kriterien vergeben wurde; ein System kann präzise die falsche Person erkennen, wenn die ursprüngliche Registrierung unzureichend war. Formale Ordnung erweckt den Anschein von Gewissheit, doch technische Nachweise brauchen eine Institution im Rücken, die dafür einsteht. Ein Mensch braucht weiterhin eine Möglichkeit, das Ergebnis anzufechten.

Öffentliche Garantien für private Nachweise

Im Jahr 2050 könnten viele Prüfungen stattfinden, ohne dass Sofia deren technischen Namen kennt. Die Einfachheit der Benutzeroberfläche darf die politischen Entscheidungen jedoch nicht verbergen. Wer legt die Standards fest? Wer akkreditiert die Aussteller? Wer verhindert, dass eine Wallet für digitale Nachweise zu einem Profiling-System wird? Welche Alternative hat, wer das Werkzeug nicht besitzt oder nicht benutzen kann?

Der europäische Rahmen für die digitale Identität sieht Wallets in der Verantwortung der Mitgliedstaaten, eine freiwillige Nutzung und die selektive Offenlegung von Attributen vor. Die Umsetzung hängt von technischen Rechtsakten und Standards ab und setzt für sich genommen keine Blockchain voraus. Entscheidend ist die institutionelle Regel: Wenn Identität und wesentliche Dienste betroffen sind, muss der öffentliche Sektor Zugänglichkeit, Sicherheit, Datenminimierung, Audits und Rechtsschutz gewährleisten.[13]

Ich würde einer Universität die Aufgabe anvertrauen, eine Qualifikation zu bescheinigen, ohne ihr Zugang zu Sofias Gesundheitsdaten zu geben. Ein Krankenhaus trägt eine andere Verantwortung, wenn es ihre Patientenakte aufbewahrt, und diese Verantwortung erstreckt sich nicht darauf, jede ihrer Entscheidungen zu verfolgen. Vertrauen zu gestalten heißt, es nach Zweck zu begrenzen und genug Befugnis zu geben, um eine Aufgabe zu erfüllen, aber nicht so viel, dass daraus ein dauerhafter Blick auf einen Menschen entsteht.

Doch es gibt eine Grenze. Nicht alles, was Vertrauen verdient, kann zu einem verifizierbaren digitalen Nachweis werden, denn ein Register kann über lange Zeit aufgebaute Verlässlichkeit ebenso wenig vollständig erfassen wie die Fürsorge eines Nachbarn oder den Mut, einen Fehler einzugestehen. Eine von Nachweisen besessene Gesellschaft läuft Gefahr, das Dokumentierbare mit dem zu verwechseln, was einen Wert hat.

Sofias Prüfbogen wird knapp. Was muss ich nachweisen, und wer kann es bestätigen? Welches ist die geringste erforderliche Datenmenge? Sie fragt auch, ob sie den Nachweis mitnehmen und bei Bedarf wiederherstellen oder berichtigen kann. Schließlich muss jemand einstehen, wenn die Bescheinigung falsch ist. Diese Fragen erhalten das Vertrauen und begrenzen zugleich seine Reichweite. Sie benennen eine verantwortliche Stelle und einen Weg zur Abhilfe, ohne ein zu umfassendes Abbild der Person zu verlangen.

Als der Nachweis schließlich angenommen wird, begeistert sich Sofia nicht für die Architektur. Hinter dem Bildschirm mussten sich Anbieter auf Standards und Verfahren einigen, und ihre Netze mussten den Nachweis übertragen. Das Ergebnis dieser Arbeit sieht sie in einer weniger umfangreichen Anfrage der Universität. Ihre Qualifikation ist überprüft worden. Der Rest ihrer Akte gehört weiterhin ihr.

KAPITEL 3

Die unsichtbaren Infrastrukturen

Der Tag, an dem die Welt ohne einen Laut stillsteht

Eine digitale Infrastruktur versteht man am einfachsten, wenn man erlebt, wie sie ausfällt. Eines Morgens steht Sofia kurz davor, eine Onlineprüfung abzulegen, doch das Authentifizierungssystem lehnt den Zugangsnachweis ab, den es am Vortag noch akzeptiert hatte. Es gibt keine gerissenen Kabel und keine Sirenen. Der aufgeräumte Bildschirm zeigt ein kreisendes Symbol und eine Meldung ohne handelndes Subjekt: Dienst vorübergehend nicht verfügbar.

Die Dozentin versucht, den Zugang wieder zu öffnen, ist dazu aber nicht berechtigt. Der Support der Universität sieht, dass der Kurs aktiv ist, aber nicht, warum der Identitätsdienst nicht antwortet. Der Plattformanbieter meldet ein Problem bei einer externen Komponente. Ein scheinbar einziger Vorgang – den digitalen Unterrichtsraum zu betreten – hängt von mehreren Organisationen und den Systemen ab, die sie auf Grundlage getrennter Verträge betreiben. Keine der anwesenden Personen kontrolliert das gesamte Gefüge.

Der Nutzen dieser Kette lag für Sofia bis dahin auf der Hand: Lernen an verschiedenen Orten, synchronisierte Materialien, schnelle Bewertungen und leicht zugängliche Werkzeuge. Der Ausfall offenbart den betrieblichen Preis dieser Vorteile. Wenn die Universität niemanden anrufen kann und keine Alternative zur Aktivierung bereitsteht, wird selbst die Anerkennung bereits erbrachter Nachweise schwierig. Unter diesen Bedingungen wird Bequemlichkeit in dem Augenblick zur Abhängigkeit, in dem es darauf ankommt.

Dank eines örtlichen Verfahrens beginnt die Prüfung – verspätet, aber sie beginnt: eine unterschriebene Liste, eine auf das Nötigste beschränkte Kopie des Zugangsnachweises und ein späterer Upload. Es ist eine unvollkommene Lösung, die verhindert, dass der Systemausfall automatisch der Studentin angelastet wird. Die Menschen, die die Prüfung durch ein örtliches Verfahren ermöglicht haben, sind Teil der Infrastruktur der Universität.

Daten durchlaufen eine Kette

Während sich die Prüfung verzögert, erkennt Sofia, dass das Portal „die Daten" nicht wie einen einzigen Stoff verwendet. Die Immatrikulation stammt aus einem Verzeichnis, die Identität aus einem anderen Dienst, der Kurs und die Sitzung aus der Plattform. Attribute, Dokumente, Signale, Aufzeichnungen und Metadaten folgen unterschiedlichen Wegen und Zeitabläufen. Jeder Übergang kann den Dienst verbessern oder eine Abhängigkeit schaffen. Die hilfreiche Frage folgt dem Weg: welche Daten fließen, welcher Funktion sie dienen und wer sie bei jedem Übergang kontrolliert.

Für die Prüfung braucht es einen Nachweis der Immatrikulation und des Kurszugangs sowie eine gültige Sitzung. Selbst dieser minimale Nachweis scheitert, wenn die Systeme ihn nicht austauschen können oder ein Knoten unverzichtbar wird.

Daten geben bei Diagnosen, Logistik, Lernen und öffentlichen Diensten Orientierung. Der Nutzen wächst, wenn verschiedene Quellen miteinander verbunden werden. Zugleich wächst jedoch die Notwendigkeit, zu wissen, woher die Daten stammen und wie gut sie die betreffende Situation abbilden. Auch die Verbindung braucht eine Autorisierung. Ein korrekter Wert in einem Verzeichnis kann bei der Übertragung fehlerhaft oder in einer Kopie veraltet werden; außerhalb des Kontexts, in dem er erhoben wurde, kann seine Bedeutung mehrdeutig werden. Informationsabhängigkeiten sind auch organisatorischer Natur. Wer berichtigt ein Attribut? Wer benachrichtigt die Systeme, die es bereits erhalten haben? Welche Fassung gilt? Eine Kette ohne Verantwortlichen verwandelt eine

Unstimmigkeit in eine Pilgerreise, bei der jede Stelle die Person an die vorherige zurückverweist und sie erneut nachweisen muss, dass sie noch immer dieselbe ist.

Während sie wartet, beginnt Sofia, die Kette auf einem Blatt zu skizzieren: Universität, Identitätsdienst, Prüfungsplattform, Immatrikulationsverzeichnis, Netz, Support. Sofia muss nicht jedes Protokoll verstehen, um zu erkennen, dass das Wort „System“ eine Kette verdeckte und jeder Pfeil für eine Berechtigung, einen Vertrag oder eine Fehlermöglichkeit stand.

Neben jeden Pfeil schreibt Sofia vier Fragen: Woher stammen die Daten, welchem Zweck dienen sie, welche Fassung liegt vor, wer berichtigt sie? Daten behalten auf ihrem Weg nicht automatisch dieselbe Bedeutung: Indem sie in Schwellenwerte und Klassifizierungen einfließen, werden sie Teil des Kontexts, in dem eine Entscheidung getroffen wird. Deshalb muss die Karte neben demjenigen, der sie verwahrt, auch zeigen, wer sie berichtigen und das Ergebnis anfechten kann.

Wo die Cloud läuft

Die Cloud bietet Kapazitäten, die viele Organisationen nicht allein aufbauen könnten: elastische Ressourcen, Aktualisierungen, Backups, spezialisierte Sicherheit und geografische Verteilung. Sie kann zuverlässiger sein als vernachlässigte lokale Server. Die Metapher der Wolke verbirgt jedoch die entscheidende Tatsache, dass diese Dienste in Rechenzentren und Netzen innerhalb bestimmter Rechtsordnungen beheimatet sind, von Betriebsteams getragen und durch Verträge geregelt werden. Für eine Universität, die einen Dienst in die Cloud verlagert, geht es ebenso wie für ein Krankenhaus oder Unternehmen bei derselben Entscheidung darum, wie der Dienst weiterlaufen wird und was das kostet, aber auch darum, wie viel Autonomie erhalten bleiben soll. Obwohl die Auslagerung die Qualität verbessern kann, wird sie zur Preisgabe von Handlungsfähigkeit, wenn intern keine Person mehr die wesentlichen Abhängigkeiten beschreiben, eine Änderung bewerten oder einen alternativen Betriebsmodus aufrechterhalten kann.

Die Konzentration macht einige Anbieter außerordentlich leistungsfähig und zugleich systemrelevant. Ein Vorfall kann sich von einer scheinbar zweitrangigen Komponente auf viele abhängige Dienste ausbreiten. Zum Namen des Hauptanbieters muss daher das Wissen um die kritischen Teildienste hinzukommen: Identität, Zahlungen, Benachrichtigungen, Analysen, Speicherung, Schlüssel und externe Verbindungen.

Verträge legen Reaktionszeiten fest und enthalten Regelungen zu Protokollen und Audits sowie zu Übertragung und Beendigung. Das Versprechen, Daten exportieren zu können, muss jedoch auch alles erfassen, was den Dienst am Leben hält: Identitäten, Berechtigungen, Konfigurationen, Automatisierungen und Protokolle. Dateien zu verschieben, ohne den Prozess rekonstruieren zu können, lässt die Abhängigkeit unangetastet. Interoperabilität muss im Betrieb erprobt werden. Hier entsteht die Frage nach Souveränität, die später eine geopolitische Dimension annehmen wird. Konkret wird sie, wenn ein Anbieter seine Bedingungen ändert. Die Institution muss wissen, welche Funktionen nicht verloren gehen dürfen und welchen Handlungsspielraum sie behält. Sie braucht genügend Kompetenz und Alternativen, um verhandeln zu können, ohne zu spät festzustellen, dass ihre Wahlmöglichkeit verschwunden ist. Alles selbst zu bauen ist keine Voraussetzung.[14]

Auch der Speicherort der Daten und Bezeichnungen wie „souverän", „vertrauenswürdig", „föderiert" oder „hybrid" beschreiben nur einen Teil des Problems. Man muss wissen, wer Schlüssel und Aktualisierungen verwaltet, welche Akteure zugreifen können, wo Kopien entstehen, welche Rechtsordnungen ineinandergreifen und welche Standards eine Übertragung ermöglichen. Eine hilfreiche Karte verortet die Datenflüsse und benennt Rollen samt ihren Befugnissen.

Das Lesen dieser Karte macht Sofia zu einer weniger passiven Nutzerin, ohne sie zur Ingenieurin zu machen. Sie hat allen Grund zu fragen, warum der Zugang zur Prüfung von einem externen Dienst abhängt. Wer aktiviert die Alternative, wenn dieser Dienst ausfällt? Wird ihr Zugangsnachweis auf einer anderen Plattform weiterhin gültig sein? Infrastrukturelles Bewusstsein beginnt mit Fragen, die ein technisch nicht versierter Mensch mit vollem Recht stellen darf.

APIs, Plattformen und vernetzte Geräte

Eine Programmierschnittstelle (API) legt fest, wie Systeme miteinander kommunizieren. Sie ermöglicht es einem Dienst, von einem anderen eine Karte, eine Überprüfung, eine Zahlung oder eine Autorisierung anzufordern. Diese Modularität beschleunigt die Entwicklung, weil Organisationen spezialisierte Komponenten kombinieren, ohne ein einziges monolithisches System zu bauen. Dieselbe Stärke wird zur Schwachstelle, wenn sich ein Format ändert oder ein Preis oder die Zugangsbedingungen.

Plattformen machen diese Beziehungen leicht nutzbar und schwer sichtbar. Verfahren passen sich ihrer Logik an, und Beziehungen und Kompetenzen entwickeln sich innerhalb dieser Logik. Selbst wenn die Daten exportiert werden können, sind Menschen womöglich nur mit einem einzigen Ökosystem vertraut und Prozesse nur darauf ausgerichtet. Diese kognitive Abhängigkeit wächst durch kleine Bequemlichkeiten: Auszusteigen bedeutet deshalb, die Arbeit neu zu erlernen, nicht nur Dateien zu verschieben.[14]

Vernetzte Geräte fügen eine weitere Ebene hinzu. Ein vernetztes Schloss wird Teil einer Entscheidungskette, indem es meldet, was es erfasst, und Anweisungen empfängt. Es kann die Sicherheit verbessern oder dazu beitragen, dass jemand versorgt wird, und zugleich eine rechtzeitigere Wartung ermöglichen. Nach der Installation tritt es jedoch meist in den Hintergrund. Die Steuerung muss den Anbieter und die Software über die gesamte Lebensdauer des Geräts erfassen, einschließlich der Dauer der Updateversorgung, des Verhaltens ohne Verbindung und des späteren Ersatzes.

Sicherheit ist alltägliche Wartung: ein Bestandsverzeichnis der Komponenten, verwaltete Zugangsdaten, verfügbare Aktualisierungen, Segmentierung des Netzes, verantwortliche Personen und Verfahren für den Fall, dass ein Gerät nicht antwortet. Ein günstiges Gerät kann zum teuersten Punkt der Kette werden, wenn niemand seinen Lebenszyklus verfolgt.[15]

Auch die Verbindung, über die eine Anfrage zur API gelangt, ist ein zusammengesetzter Dienst. Sie kann lokale Netze, landgestützte oder unterseeische Backbone-Netze, Internetknoten, Funkmasten und Satelliten durchlaufen, jeweils mit eigenen Eigentümern, Rechtsordnungen und Reparaturzeiten. Zwei nominell verschiedene Wege können denselben Anlandepunkt, dieselbe Stromversorgung oder denselben Betreiber teilen und für dieselbe Störung anfällig bleiben. Redundanz muss deshalb nach Streckenführung, gemeinsamen Abhängigkeiten und verbleibender Kapazität beurteilt werden, nicht nach der Zahl der angegebenen Verbindungen.[16]

Im Bericht über den Ausfall begnügt sich die Universität nicht mit dem Namen des Hauptanbieters: Sie hält fest, welches System mit welchem kommunizierte, welche Daten ausgetauscht wurden, welcher Teildienst nicht mehr antwortete und wer eingreifen konnte. Die Karte ordnet den Ausfall einem Verantwortlichen zu und zeigt, ob eine technische Abhängigkeit zugleich wirtschaftlicher, vertraglicher oder geografischer Natur ist. Sofia muss das Protokoll nicht lesen. Sie hat jedoch das Recht zu erfahren, welches Glied ihr den Zugang verwehrt hat und welche Alternative besteht.

Was uns trägt, was wir reparieren können

Resilienz beginnt bei der Funktion, die ein Ausfall nicht zunichtemachen darf. Für Sofia bedeutet das, die Prüfung im vorgesehenen Zeitfenster ablegen zu können, ohne wegen eines Fehlers in einem entfernten System ausgeschlossen zu werden.

Kontinuität bewahrt nicht zwangsläufig jede Funktion, denn der eingeschränkte Betriebsmodus ist ein bewusst schmalerer Dienst mit klar ausgewiesenen Grenzen. In einer Klinik wären die wesentliche Funktion und die akzeptable Zeitspanne andere.

Dieser reduzierte Dienst hängt von Menschen vor Ort ab, die ihn aktivieren, das erforderliche Minimum prüfen, Ausnahmen protokollieren und die Daten abgleichen, sobald das System zurückkehrt. Das ist die verbleibende Kompetenz: Sie bewahrt genügend Kontext und Befugnis, ohne den Anbieter nachzubilden, sodass die Organisation nicht blind auf ihn warten muss. Mehrere Personen müssen diese Kompetenz teilen und ihre Anwendung üben; dabei müssen sie ihr Wissen regelmäßig aktualisieren, wenn sich der Dienst verändert.

Portabilität beantwortet eine andere Frage. Daten, Identitäten, Berechtigungen, Konfigurationen und Aufzeichnungen müssen außerhalb der Hauptumgebung nutzbar bleiben, ohne dass damit versprochen wäre, der Dienst werde unverändert weiterlaufen. Ein lesbarer Export ist zwar eine Voraussetzung, beweist aber noch nicht, dass die Organisation weiß, wie sie die Arbeit wieder aufnehmen kann. Der Ausstiegstest verwandelt diese Möglichkeit in eine Handlung: exportieren, die wesentliche Betriebsumgebung rekonstruieren, einen repräsentativen Fall abschließen und anschließend zurückkehren, wobei alle Änderungen abgeglichen werden. Neben der benötigten Zeit und den aufgetretenen Fehlern misst er den personellen Aufwand und ermittelt die weiterhin unverzichtbaren Teildienste. Ein Plan, der nie ausgeführt wurde, bleibt eine vertragliche Hoffnung.

Die verbleibende manuelle Arbeit hat einen Wert und muss mit Ressourcen ausgestattet werden. Örtliche Verfahren hängen von nicht automatisierten Kompetenzen und von Menschen ab, die sich daran erinnern, warum ein Prozess existiert. All das erfordert Schulungen und Zeit sowie verfügbare Vertretungen. Wenn der eingeschränkte Betriebsmodus von der Improvisation der Dozentin und des Supports abhängt, wälzt die Kontinuität die daraus entstehende Last auf sie ab. Der Haushalt muss Schulungen finanzieren und dafür aufkommen, dass Kollegen die Arbeit übernehmen, während andere lernen. Er muss auch die Pflege des örtlichen Verfahrens finanzieren.

Infrastrukturen prägen außerdem die Zeit. Ständige Verfügbarkeit steigert die Erwartung von Unmittelbarkeit. Latenz wirkt wie das Verschulden eines Menschen. Hinter der Benutzeroberfläche müssen Wartungskräfte und Betreiber jedoch entscheiden, wie schnell sie handeln können und dabei den Dienst sicher halten. Ihre Institutionen müssen festlegen, was Kontinuität erfordert, wenn diese Anforderungen im Konflikt stehen.

Plattformen und die Cloud können weiterhin die zuverlässigste und verhältnismäßigste Wahl sein. Die Entscheidung wird steuerbar, wenn kritische Knoten und Verantwortliche bekannt sind, die Wiederherstellung erprobt wird und die Alternative Ressourcen erhält. Eine Institution versteht eine Abhängigkeit, wenn sie weiß, welchen Nutzen diese bietet, wie sie versagen kann, wer dann eingreift, wie lange die Wiederherstellung dauert und wer die Kosten trägt.

Nach der Störung ändert die Universität ihr Verfahren. Sie verspricht nicht, dass die Authentifizierung nie ausfallen wird. Sie benennt eine verantwortliche Person, erprobt den Betriebsmodus vor Ort und legt fest, dass ein externer Ausfall nicht automatisch zur Absage der Prüfungssitzung führt. Sofia erhält eine Mitteilung, die weniger beruhigend ist als sonst, weil sie nennt, was ausfallen kann und was in diesem Fall geschehen wird.

Während der Erprobung antwortet der Identitätsdienst nicht. Der Support öffnet das örtliche Protokoll, die Dozentin prüft die Liste, und die Kontaktperson des Anbieters erhält eine Meldung mit genauem Zeitstempel. Innerhalb von sechs Minuten wird die Prüfungssitzung wieder aufgenommen. Niemand hat das Netz repariert. Die Universität hat verhindert, dass ein entfernter Knoten allein über den Ausgang der Prüfung entscheidet.

Um die Sitzung zu retten, genügt es jedoch nicht, dass der Prüfungsraum geöffnet bleibt. Der eingeschränkte Betriebsmodus verteilt die Kosten neu. Ein Student, der den letzten Bus nach Hause erreichen muss, gibt die Prüfung ab, ohne sie noch einmal durchzusehen. Eine Berufstätige hat sich in ihrem Schichtplan ein Zeitfenster von zwei Stunden sichern können, nicht einen ganzen Nachmittag. Jemand, der Hilfsmittel für Barrierefreiheit nutzt, stellt fest, dass die örtliche Kopie zwar die Fragen, aber nicht alle erforderlichen Einstellungen enthält.

Währenddessen hört die Dozentin auf zu bewerten und rekonstruiert Identitäten und Zeitabläufe, während der Support jede Person einzeln anruft. Formal wird niemand ausgeschlossen, und doch begünstigt die Kontinuität Menschen mit Ersatzgeräten, wenn sie zugleich über genügend Zeit und Spielraum verfügen.

In ihrem Bericht erfasst die Universität die Verzögerungen und die zusätzliche Arbeit, einschließlich der Barrierefreiheitsfunktionen, die während des Testlaufs verloren gingen. Sie öffnet die Prüfung für alle erneut, die sie nicht abschließen konnten, ohne zu verlangen, dass sie ihre Schwierigkeiten noch einmal begründen. Bereits bewilligte Nachteilsausgleiche werden in die örtliche Kopie übernommen, und das Personal erhält eine Vergütung für die zusätzliche Zeit. Dass die Prüfung stattgefunden hatte, war allein kein ausreichender Erfolgsnachweis. Der eingeschränkte Betriebsmodus muss die wesentliche Funktion schützen und zugleich sichtbar machen, wer die Kosten dafür getragen hat, sie aufrechtzuerhalten.

Für Sofia ist der Unterschied greifbar. Zuvor sah sie ein Portal. Jetzt sieht sie eine Kette aus Daten, Anbietern, Berechtigungen und Menschen. Sie kennt nur einen Teil der Einzelheiten und weiß, wo sie für die nächste Frage ansetzen muss. Eine gute Benutzeroberfläche bleibt einfach, ohne vorzutäuschen, dass die darunterliegende Welt es ebenfalls ist.

Drei Monate später zeigt der zweite Probelauf, dass sich Kontinuität nicht von selbst erhält. Die örtliche Liste enthält aufgehobene Einschreibungen und lässt Raumwechsel aus. Die Dozentin, die das Verfahren kannte, ist abwesend, und der neue Mitarbeiter findet zwei Fassungen, ohne zu wissen, welche gilt. Die Sitzung wird wieder aufgenommen, doch der Bericht an den Rektor weist jedem Probelauf einen Datenverantwortlichen und eine zweite Person zu, die an der vorherigen Übung nicht beteiligt war. Bei den folgenden Probeläufen wechseln die Störungen. Die Pflicht bleibt, die Verschlechterung zu messen und Berechtigungen zu korrigieren und dabei das Mandat einzuschränken, wenn sich die Wiederherstellung verlangsamt.

Bei der nächsten Übung wird der zweite Mitarbeiter mit der aktuellen Liste arbeiten müssen, statt sich auf die Erinnerung eines Kollegen zu verlassen. Der Bericht hält diese Verantwortung nun ausdrücklich fest. Ob die Regelung Bestand hat, wird sich bei den nächsten aufgehobenen Einschreibungen und Raumwechseln zeigen, wenn jemand sie abgleichen muss, bevor die Prüfung beginnt.

ZWISCHENSPIEL I

Der 2050-Test

Sieben Fragen vor der Delegation

Eines Morgens im Jahr 2050 autorisiert ein Mensch mit einer Geste die Nutzung eines Dienstes – schneller, als sich eine Frage stellen ließe. Die Benutzeroberfläche ist klar und verspricht Bequemlichkeit. Das System kann jedoch etwas vorschlagen oder handeln, einen digitalen Nachweis verwenden oder eine Biografie rekonstruieren, einen korrigierbaren Fehler machen oder Schaden anrichten, bevor ihn jemand bemerkt. Die Einfachheit der Geste lässt nicht erkennen, welche Form der Delegation damit beginnt.

Ich schlage den 2050-Test vor, um eine Delegation zu beurteilen, solange ihre Bedingungen verständlich bleiben und angefochten werden können und solange ein Ausstieg noch möglich ist. Gesetze und Folgenabschätzungen gelten weiterhin, neben Audits und Fachkompetenz. Der Test entlehnt seine Fragen bereits bestehenden Instrumenten – algorithmischen Folgenabschätzungen, dem NIST AI Risk Management Framework, ISO/IEC 42001 und den Pflichten zur menschlichen Aufsicht aus der KI-Verordnung (AI Act) – und ergänzt sie um vier eigene Regeln. Er berechnet keine Punktzahl, sodass eine als Blockierend eingestufte Bedingung niemals durch einen Durchschnittswert verschwindet. Er hält den Modus der Delegation schriftlich fest, damit „Unterstützung" nicht stillschweigend entscheidet. Er behandelt den Ausstieg als eine Frage ersten Ranges und beurteilt Abhängigkeit, bevor sie entsteht. Und er setzt bei einer einzelnen Entscheidung an: Eine Station, ein Hafen oder ein Büro kann ihn ohne Compliance-Abteilung nutzen. Der Test bescheinigt nicht, dass eine Technologie „ethisch" sei. Ich nutze ihn, um Bedingungen zusammenzuführen, die ein Effizienzversprechen gewöhnlich voneinander trennt.[17]

Der vollständige Test verwendet die sieben Bezeichnungen mit großem Anfangsbuchstaben und in fester Reihenfolge: Zweck, Mandat, Nachweis, Verteilung, Schaden, Rechtsschutz, Ausstieg. Wendet ein Kapitel nur einen Teil der Fragen an, leitet es sie mit „Unter den Fragen des Tests ...“ ein, denn diese Teilanwendung ist nicht gleichbedeutend mit dem vollständigen Test.

Der Test erstreckt sich auf den gesamten Lebenszyklus, nicht nur auf die Autorisierung. Er ist zu wiederholen, wenn sich Modell, Daten, Anbieter, Nutzungsumfang oder verantwortliche Personen ändern, in jedem Fall aber spätestens zum festgelegten Termin. Die Überprüfung vergleicht die bisherigen Antworten mit beobachteten Vorteilen, Ausnahmen, den Zeiten bis zum Eingreifen, Rechtsschutzgesuchen und dem Ausstiegstest. Eine als Ausreichend eingestufte Antwort kann sich durch Abhängigkeit, Arbeitsbelastung oder Intransparenz verschlechtern. Deshalb muss es möglich bleiben, das Mandat einzuschränken, das Verfahren zu korrigieren oder den Einsatz zu stoppen, bevor aus einer widerrufbaren Entscheidung eine unausweichliche wird.[17]

1. Zweck — Welches reale Problem löst das System, und für wen?

Der Zweck benennt einen beobachtbaren Bedarf, die Menschen, die von seiner Deckung profitieren, und ein Kriterium, an dem sich eine Verbesserung messen lässt. Allein „KI einzusetzen“ oder Kosten zu senken, reicht nicht, vor allem dann nicht, wenn diese Kosten auf diejenigen abgewälzt werden, die sich nicht wehren können. Die am wenigsten eingreifende Alternative und die Kosten des Nichthandelns müssen miteinander verglichen werden. Eine Fähigkeit, für die erst nach einer Rechtfertigung gesucht wird, definiert kein Problem.

2. Mandat — Unterstützt, Schlägt vor, Entscheidet oder Führt aus?

Die Modi beschreiben zunehmende Befugnis: Im Modus Unterstützt ordnet das System Informationen; im Modus Schlägt vor bietet es eine Option an; im Modus Entscheidet wählt es ein Ergebnis aus; im Modus Führt aus wirkt es auf die Welt oder auf Rechte ein. Jeder Übergang verlangt angemessene Grenzen, eine verantwortliche Person und ein Eskalationsverfahren. Ein als „Unterstützung" bezeichnetes System, dessen Ergebnis ein Mensch ohne ausreichend Zeit, Fachwissen oder Befugnis lediglich abzeichnet, arbeitet faktisch im Modus Entscheidet. Das Mandat umfasst neben dem Handeln auch die Daten: was das System erheben, aufbewahren und erschließen darf, wie lange und auf welcher Rechtsgrundlage. Ein Modus, der Daten benötigt, deren Weitergabe die Person nicht zugestimmt hat, bedeutet ein weiter reichendes Mandat als das schriftlich festgelegte. Bei einer persönlichen Delegation – an einen Begleiter, ein Gedenkarchiv oder eine Gesundheits-App – erteilt die Person einem Anbieter das Mandat. Dann stellt sich die Frage, was der Anbieter ohne erneute Rückfrage tun darf, etwa das Modell, die Stimme, den Preis oder die Bedingungen ändern, und was die Person widerrufen kann.

3. Nachweis — Auf welche Nachweise stützt sich die Entscheidung?

Die Sicherheit, mit der eine Antwort gegeben wird, genügt nicht. Erforderlich sind relevante Daten oder Quellen, im jeweiligen Kontext gemessene Leistungswerte, bekannte Grenzen und Informationen, die für die vom Ergebnis Betroffenen nachvollziehbar sind.

Die Antwort auf die Frage Nachweis hält fest, ob die Nachvollziehbarkeit in der verfügbaren Zeit überprüft wurde, und vergleicht in besonders intransparenten Fällen das Ergebnis mit dem eines tatsächlich unabhängigen Systems. Die Erklärung muss einem Menschen genug an die Hand geben, um das Ergebnis zu prüfen und darauf zu reagieren, auch mit dem Verlangen nach einer Berichtigung. Geheimhaltung und Komplexität entziehen die Entscheidung nicht der Kontrolle.

4. Verteilung — Wer profitiert, wer zahlt, und wer kann widersprechen?

Jedes System verteilt Zeit und Arbeit ebenso wie Macht und Risiko. Wir müssen sehen, wer den Nutzen erhält und wer ausgeschlossen oder unzureichend repräsentiert wird. Wir müssen auch wissen, wessen Einwand voraussichtlich ungehört bleibt. Die Rechnung muss zusätzliche Arbeit und verbrauchte Ressourcen erfassen und zugleich soziale Auswirkungen und die Kosten der Steuerung berücksichtigen. Effizienz, die Risiken auf die am wenigsten Geschützten verlagert, ist nicht neutral. Widerspruch setzt voraus, dass man vom Einsatz eines Systems weiß: Wer nicht informiert wird, kann nicht widersprechen.

5. Schaden — Was geschieht, wenn das System einen Fehler macht?

Beim Schaden geht es um ein plausibles Versagen: Schwere, Ausmaß, Reversibilität und vor allem die Zeit bis zum Schaden, also das Intervall zwischen dem Fehler und einer Folge, die sich nur schwer korrigieren lässt. Warnsignale, Abschaltung und Eindämmung müssen greifen, bevor Schaden entsteht. Handelt das System schneller, als Menschen es verstehen oder stoppen können – ist also die Zeit bis zum Eingreifen länger als die Zeit bis zum Schaden –, gilt das Mandat bei dieser Betriebsgeschwindigkeit als Blockierend und muss so weit eingeschränkt werden, bis die Zeit bis zum Eingreifen kürzer ist als die Zeit bis zum Schaden.

6. Rechtsschutz — Kann ein Mensch die Entscheidung anfechten und eine wirksame Überprüfung erwirken?

Rechtsschutz ist weder ein Kontrollkästchen noch eine automatische Antwort, die das Ergebnis bloß wiederholt. Die betroffene Person muss erfahren, was geschehen ist, auf die maßgeblichen Gründe zugreifen und rechtzeitig jemanden erreichen können, der den Fall fachkundig prüft und befugt ist, das Ergebnis zu ändern. Wo nötig, muss sich die Berichtigung neben dem Einzelfall auch auf die vorgelagerten Daten oder das vorgelagerte Verfahren erstrecken.

7. Ausstieg — Lässt sich das System stoppen, ohne wesentliche Rechte zu verlieren?

Aussteigen heißt, das System stoppen, zu einem früheren Zustand zurückkehren, den Anbieter wechseln oder eine praktikable Alternative wählen zu können. Dafür sind Portabilität, Interoperabilität, Reversibilität und eine regelmäßige praktische Erprobung des Ausstiegsplans erforderlich. Wenn die Weigerung, das System zu nutzen, dazu führt, dass jemand ohne verhältnismäßige Alternative Arbeit, medizinische Versorgung, Bildung oder einen wesentlichen Dienst verliert, ist die Einwilligung rein formal. Der Ausstieg umfasst auch die Daten: was gelöscht wird, was in einem verwendbaren Format zurückgegeben wird und was der Anbieter aufbewahren darf. Drei Messgrößen machen den Ausstieg überprüfbar: die Wechselkosten in Zeit und Geld, ein tatsächlich durchgeführter Portabilitätstest samt Datum und der Anteil der Aufgabe, den die Organisation weiterhin von Hand ausführen kann.

Die drei Einstufungen der Antwort

Jede Antwort erhält eine Einstufung. Ausreichend bedeutet, dass Nachweise und Bedingungen eine Entscheidung innerhalb des schriftlich festgelegten Rahmens tragen. Ungeklärt verlangt eine verantwortliche Person, eine Prüfung und eine Frist. Blockierend verhindert die Delegation, bis sich die Bedingung ändert. Diese Einstufungen gelten der Antwort, nicht dem Produkt: Sie sagen, ob die Delegation erfolgen darf, nicht, wie wünschenswert das System ist.

Es wird kein Durchschnitt berechnet. Jede als Blockierend eingestufte Antwort bedeutet vor der Nutzung Nicht delegieren und während der Nutzung Stoppen. Ist keine Antwort Blockierend und mindestens eine Ungeklärt, lautet das Ergebnis Begrenzen und erproben; reversible Auswirkungen, eine verantwortliche Person, Nachweise, eine Frist und ein Stoppmechanismus müssen dafür bereits schriftlich festgelegt sein. Sind alle Antworten Ausreichend, ist Fortfahren mit Bedingungen und einem Überprüfungstermin erlaubt; es ist nicht vorgeschrieben, und eine begründete Entscheidung Nicht delegieren bleibt möglich. Wenn Gesundheit, Freiheit, Einkommen, Bildung, Identität, wesentliche Dienste oder Sicherheit auf dem Spiel stehen, zählt eine als Ungeklärt eingestufte Antwort bei Mandat, Schaden, Rechtsschutz oder Ausstieg als Blockierend.

Auch die Entscheidung Nicht delegieren kann Schaden verursachen. Wird die Einführung eines Systems hinausgeschoben, das eine Wartezeit verkürzen könnte, kann das gerade denjenigen diesen Nutzen vorenthalten, die am wenigsten Alternativen haben. Der Schaden des Handelns ist oft sichtbar und zuordenbar. Der Schaden des Wartens verteilt sich über Warteschlangen und verpasste Gelegenheiten und trifft Menschen, die in keiner Entscheidung genannt werden. Ich hielte den Test für unvollständig, wenn er Untätigkeit als neutrale Position behandelte.

Deshalb müssen die Kosten der Nicht-Einführung mit derselben Disziplin geschätzt werden wie der durch die Einführung verursachte Schaden. Zweck, Verteilung und Schaden prüfen beide Wege: wer profitiert oder wartet, wer die Kosten trägt, wie lang die Zeit bis zum Schaden ist, welche Nachweise die Schätzung tragen und welche Abhilfe noch zur Verfügung steht. Karim zeigt in Kapitel 5, wie die Vorsicht anderer ihm Lebenszeit nimmt. Die Nachweise für die beiden Alternativen sind nicht immer symmetrisch, und Eile kann versprochene Vorteile aufblähen. Die Unsicherheit bleibt Ungeklärt, schwächt jedoch eine als Blockierend eingestufte Bedingung nicht ab und schafft weder Rechtsschutz noch Ausstieg noch eine Befugnis zum Stoppen.

Auch Fortfahren ist an Bedingungen und einen Überprüfungstermin gebunden. Die übrigen Ergebnisse setzen die erforderlichen Grenzen, ohne sie als Scheitern der Innovation darzustellen.

Der Prüfbogen mit den Mindestangaben

Vor der Nutzung benennt ein kurzer Prüfbogen System und Kontext und hält für jede Frage die Nachweise und die Einstufung fest. Er erfasst außerdem die Kosten der Nicht-Einführung – wer wartet, wie lange und mit welchem Schaden – mit einer eigenen Einstufung, die in Zweck, Verteilung und Schaden eingeht, und stellt die geschätzte Zeit bis zum Schaden der gemessenen Zeit bis zum Eingreifen gegenüber. Er nennt die verantwortliche Person, die Grenzen, den Stoppmechanismus und den Überprüfungstermin und dokumentiert die Entscheidung samt Begründung.

Er ergänzt die technische Dokumentation. Jede der sieben Fragen behält ihre eigene Antwort. So erkennt, wer den Prüfbogen heranzieht, wer für die jeweilige Antwort einsteht und welche Nachweise diese Person verwendet hat.

Der Test ist ein Vorschlag. Er wird auf die einzige Weise validiert werden, die solchen Instrumenten offensteht: indem man ihn ausfüllt, fallübergreifend vergleicht und korrigiert. Dafür gibt es die Prüfbögen im Ressourcenzentrum, und ich werde veröffentlichen, was sie zeigen.

TEIL II

Delegation steuern

KAPITEL 4

Die Arbeit, die menschlich bleibt

Produktivität und ihre Grenzen

Davide kommt vor den anderen ins Büro, wie schon zehn Jahre zuvor. Doch die Stille, die ihn im Jahr 2050 empfängt, ist nicht mehr die eines Ortes, der noch leer ist. In der Nacht haben die Systeme Prioritäten neu geordnet, die Nachfrage simuliert, Angebotsentwürfe umgeschrieben, auf Vertragsrisiken hingewiesen und Preisänderungen vorgeschlagen. Sie haben außerdem eine Neuordnung der Arbeit angeregt: weniger Stunden für diejenigen, die langsam antworten, mehr Aufgaben für diejenigen, die Vorgänge rasch abschließen. Das Dashboard weist den Plan als Nettonutzen aus. Davide erkennt jedoch einige Namen. Er weiß, dass eine schnelle Antwort nicht immer eine gute Antwort ist und dass die schwierigsten Fälle gerade deshalb schlechtere Spuren hinterlassen, weil sie mehr Zeit erfordern. Die Vorarbeit ist geleistet. Nun muss Davide entscheiden, ob er sich darauf verlässt, an welchen Stellen er das Tempo drosselt und wer die Kosten einer falsch berechneten Effizienz tragen würde.

Jahrelang wurde die Zukunft der Arbeit als Wettlauf zwischen Menschen und Maschinen erzählt. Der tatsächliche Wandel ist weniger theatralisch. Ein Beruf verliert einige Aufgaben und gewinnt andere hinzu. Arbeitgeber beginnen, die Arbeit anders zu organisieren und zu vergüten, und damit verändert sich auch die Grundlage, auf der ein Mensch Anerkennung erhält. In den Blick rückt, wie Tätigkeiten verteilt werden und bei wem Befugnisse und Risiken liegen – nicht die Stelle als unteilbares Ganzes. Arbeit bleibt zentral, weil die Möglichkeit, ein abgesichertes Leben zu planen, von dem Einkommen und dem Ansehen abhängt, die sie verschafft. Wenn eine über Jahre aufgebaute Kompetenz durch Systeme unterstützt wird oder allgemein verfügbar ist, gewinnt jemand Zeit und Einfluss. Anderswo am selben Arbeitsplatz kann eine Kollegin Handlungsspielraum oder Lernmöglichkeiten verlieren und weniger Macht haben, die neue Regelung anzufechten. Die Frage dieses Kapitels ist konkret: Wenn sich die Tätigkeiten verändern, wer übernimmt dann die Verantwortung, und wer trägt die Folgen des Fehlers?[18]

Die große Verschiebung: von Tätigkeiten zu Verantwortung

Lange Zeit wurden viele Berufe über die Summe der einzelnen Arbeitsschritte definiert: Berichte schreiben, Rechnungen prüfen, Dokumente lesen, Anfragen beantworten, Termine organisieren, Schichten planen, Fristen überwachen. Diese Zwischenschritte waren nicht nur Bürokratie. An ihnen bildete sich auch Kompetenz: zu wissen, wo man suchen, was man ordnen, welche Ausnahme man erkennen und wen man warnen musste, bevor aus einem Fehler ein Schaden wurde.

Fortgeschrittene Automatisierung verlagert den Schwerpunkt. Viele Zwischenschritte werden von Systemen so gut und so schnell ausgeführt, dass sie die Organisation verändern, auch wenn die Systeme insgesamt nicht besser sind. Der menschliche Beitrag verschiebt sich damit von einzelnen Tätigkeiten hin zur übergreifenden Verantwortung: die richtige Frage zu formulieren, den Kontext zu verstehen, eine Ausnahme zu deuten, eine Beziehung zu schützen, das Risiko einer Entscheidung zu übernehmen und innezuhalten, wenn alles zum Eilen drängt.

Es ist das eine, zehn Berichte am Tag zu erstellen, und etwas anderes, zu erkennen, welche davon Vertrauen verdienen, welche eine Entscheidung tatsächlich verändern würden und welche einen Fehler verbergen, den das Modell nicht sieht.

In Davides Unternehmen erhält eine junge Kollegin innerhalb weniger Minuten das Gerüst eines Dossiers, das sie früher selbst aufzubauen gelernt hätte, indem sie Entwürfe anhand der Quellen korrigierte. Das Ergebnis ist besser als viele erste Fassungen, und der Kunde könnte es früher erhalten. Davide fragt sich jedoch, welche Gedankengänge unsichtbar bleiben, wenn eine Person nur das Ergebnis sieht.

Am folgenden Freitag gibt Davide ihr ein bereits abgeschlossenes Dossier und hält die automatische Zusammenfassung eine Stunde lang zurück. Er verlangt nicht von ihr, die Arbeit von vor zehn Jahren nachzuahmen. Er bittet sie, die entscheidenden Quellen zu bestimmen, die schwächste Annahme zu kennzeichnen und zu erklären, welche Information die Empfehlung verändern würde. Als sie die Zusammenfassung wieder öffnen, stimmen zwei Schlussfolgerungen überein, die dritte nicht. Das System hat eine seltene Vertragsbedingung wie eine gewöhnliche behandelt. Die Kollegin hat nicht mehr Seiten produziert, wohl aber gelernt, an welcher Stelle eine plausible Antwort nicht mehr trägt.

Die Übung erhält einen festen Platz im Kalender, ebenso der Austausch mit einer erfahrenen Person und die Möglichkeit, schrittweise Teile der Arbeit selbst verantwortlich abzuzeichnen. Einen Fehler zu finden, braucht geschützte Zeit. Das gilt auch dafür, ihn jemand anderem zu erklären und die Korrektur bis zum Ende zu verfolgen. Diese Zeit wird Teil des Produkts, auch wenn der Kunde sie nie sieht. Nicht jede Verzögerung verdient Schutz. Diese schon, denn sie bildet die Fähigkeit aus, die Ergebnisse des Systems anzufechten.

Die Verschiebung betrifft auch Führungskräfte. Wenn Planung und Zusammenfassung unterstützt werden, darf sich Führung nicht darauf beschränken, abzunicken, was das Dashboard vorgibt. Davide muss die Zeit schützen, in der die Kollegin lernt, und zugleich erklären, warum diese Zeit die Marge des Quartals schmälert. Je besser die automatische Koordination funktioniert, desto mehr kommt es darauf an, wer befugt ist, sie zu unterbrechen und eine Ausnahme zu begründen. Jemand muss auch die Kosten dieser Entscheidung tragen.

In dem Lager, in dem Karim arbeitet, teilt das System Verladebuchten zu und legt Ladereihenfolgen samt voraussichtlichen Zeiten fest. Wer dort gerade erst angefangen hat, sieht auf dem Handgerät die richtige Reihenfolge und könnte die Schicht beenden, ohne zu wissen, warum bestimmte Packstücke nicht nebeneinanderstehen dürfen oder warum ein scheinbar straff gespannter Zurrgurt nach wenigen Kilometern erneut kontrolliert werden muss. Karim unterbricht den Ablauf, zeigt das zur Seite verlagerte Gewicht und lässt die Reihenfolge neu aufbauen. Das Dashboard registriert sieben Minuten über der Vorgabe, ohne die Kompetenz zu erfassen, die in diesen Minuten entsteht.

Aufgaben schrumpfen, Urteilskraft wird neu verteilt

Der Wandel teilt Berufe nicht in solche, die verschwinden, und solche, die bestehen bleiben. Innerhalb ein und desselben Berufs schrumpfen manche Aufgaben, während andere an Gewicht gewinnen. Manche Aufgaben lassen sich leicht standardisieren, andere hängen stark von Beziehungen und Kontext ab oder haben Folgen, die einen Fehler schwer verkraftbar machen. Über diese Unterschiede hinweg hat einen entscheidenden Vorteil, wer Zugang zu den Gründen und die Befugnis behält, über Ausnahmen zu entscheiden.

In Büros schrumpft der Aufwand für Standardentwürfe ebenso wie für Dateneingaben und Abgleiche. In technischen und beziehungsorientierten Berufen können Systeme Bürokratie verringern, während sie Signale ordnen und Diagnosen vorschlagen. In all diesen Fällen gewinnt die Arbeit an Gewicht, die sich weniger leicht katalogisieren lässt. Verhandeln und Zuhören treten neben die Arbeit, eine Ausnahme zu rekonstruieren. Wenn eine Organisation die Automatisierung einzelner Funktionen mit der Bedeutungslosigkeit der gesamten Rolle verwechselt, verliert sie die Menschen, die erkennen können, wo ein Fall dem Modell nicht mehr entspricht. Zwischen Ausführung und endgültiger Entscheidung liegen außerdem Zwischenrollen, die leicht als bloße Durchgangsstationen erscheinen: Menschen, die eine Schicht koordinieren, eine Akte vorbereiten, eine technische Anfrage übersetzen, eine Lieferung prüfen oder zwei Abteilungen miteinander verbinden. Übernimmt das System den

Informationstransfer, muss die Rolle nicht zwangsläufig verschwinden. Sie kann jemandem die Verantwortung für Ausnahmen übertragen und dafür, die Abhängigkeiten zu prüfen, auf denen die Arbeit beruht. Eine weitere Verantwortung dieser Rolle besteht darin, den Verlauf der Korrekturen zu bewahren, der sonst verloren ginge. Dafür braucht die Rolle allerdings Befugnis und Anerkennung – nicht eine neue Liste von Alarmmeldungen, die abgearbeitet werden muss.

Wird diese Ebene allein deshalb gestrichen, weil sie kein Endergebnis produziert, gelangen Probleme schneller zu Menschen, denen weniger Kontext zur Verfügung steht, um sie zu verstehen. Die Führungskraft erhält eine saubere Zusammenfassung, während die Person im Kundenkontakt eine Ausnahme ohne Vorgeschichte erhält. Die Einsparung erscheint in einer Spalte, während die Rekonstruktionsarbeit als Wartezeit und Telefonate wiederkehrt. Entscheidungen werden vertagt, während jemand die Vorgeschichte wieder zusammensetzt. Eine Zwischenrolle zu verändern heißt deshalb zu fragen, welches Wissen sie transportiert hat und wo dieses Wissen nach der Automatisierung weiterleben soll.

Auch Willkür verdient keinen Schutz. Sachkundiges Ermessen verlangt dokumentierte Gründe, die sich mit ähnlichen Fällen vergleichen lassen, und die Befugnis, ein Ergebnis zu korrigieren. Launen und wiederkehrende Fehler durch Automatisierung zu verringern, erfordert nicht, Zuhören und Ausnahmen zu beseitigen. Die Schwelle richtet sich nach den Folgen: Ein interner Entwurf lässt sich korrigieren, während eine berufliche Beurteilung oder die Zuteilung einer Schicht Einkommen entziehen kann, noch bevor eine Überprüfung stattfindet. Je schneller die Wirkung eintritt, desto mehr braucht es Zeit zur Prüfung und tatsächliche Befugnis, das Ergebnis zu ändern.

Die unsichtbare Kluft: Wer aufsteigt und wer abrutscht

Automatisierung verspricht weniger Fehler und mehr Zeit für Arbeit, die zuvor unerreichbar schien. Die Kluft entsteht, wenn Nutzen und Kosten in entgegengesetzte Richtungen wandern. Manche Menschen gewinnen Einfluss und Einkommen und können selbstständiger über ihre Arbeit bestimmen. Andere werden in unsicherere und stärker überwachte Rollen gedrängt. Die Trennlinie folgt nicht einfach dem Bildungsabschluss. Sie verläuft auch zwischen denen, die den Prozess verändern können, und denen, die sich lediglich an Entscheidungen anpassen dürfen, die anderswo getroffen wurden. Weiterbildung darf keine Anweisung sein, die an den Einzelnen ergeht. Lernzeit während der Arbeitszeit, der Zugang zu fachlicher Begleitung und realen Fällen, die Anerkennung von Erfahrung und praktikable Wege für Menschen, die arbeiten oder Familienangehörige betreuen, gehören zu den Kosten des Übergangs. Wenn das Unternehmen heute Produktivität gewinnt und diese Kosten auf die Beschäftigten abwälzt, wird ein kollektiver Wandel als persönliches Defizit dargestellt.[19]

Karim erkennt den Unterschied, als das Unternehmen ein neues Planungssystem einführt. Der erste Kurs wird nach Schichtende und ohne Vergütung angeboten; die Plätze werden an diejenigen vergeben, die noch am selben Abend zusagen. Die meisten Teilnehmenden haben stabile Arbeitszeiten. Wer den Dienstplan von Tag zu Tag erhält, muss zwischen der Weiterbildung und einer möglichen Schicht wählen. Nach einem Monat zählt der Abschluss des Kurses zu den Kriterien für die besten Einsätze. Eine formal allen offenstehende Gelegenheit hat bereits diejenigen, die über ihre Zeit verfügen, von denen getrennt, die sie Stunde für Stunde verkaufen müssen.

Das Programm ändert sich, als die Beschäftigten diese Auswahlwirkung nachweisen. Die Übungen werden in bezahlte Schichten verlegt, Vertretungen werden eingeplant und dasselbe Modul wird zu mehreren Zeiten angeboten. Die praktische Erfahrung gilt als Ausgangspunkt, nicht als Vorwand, das Lernen zu überspringen. Karim bringt zwei Fälle ein, in denen die vorgeschlagene Route die Ladung einem vermeidbaren Risiko ausgesetzt hätte. Statt einer Belohnung dafür, recht gehabt zu haben, erhält er Zeit, sein Urteilsvermögen auch für andere nutzbar zu machen. Die Weiterbildung hört damit auf, private Verfügbarkeit zu messen, und beginnt, gemeinsame Kompetenz aufzubauen.

Produktivitätsgewinne können Menschen Zeit oder Einkommen verschaffen und Weiterbildung und Sicherheit fördern. Sie können auch vollständig den Eigentümern des Systems zufließen. Ein Vertrag bestimmt mit, wem diese Gewinne zugutekommen. „Produktivität" bezeichnet noch keinen Nutzen, denn wir müssen sagen, für wen, über welchen Zeitraum und mit welchen abgewälzten Kosten. Wenn sich Vorteile und Anpassung voneinander lösen, verlieren Beschäftigte Aufgaben und laufen Gefahr, auch ihre Autonomie und die Erzählung zu verlieren, mit der sie ihren Platz in der Welt zu erklären gelernt haben. Keine Organisation kann ewige Stabilität versprechen. Sie sollte Veränderungen so früh ankündigen, dass Menschen sich darauf vorbereiten können, und Wege in neue Rollen anbieten, die anerkennen, wie viel ihrer Erfahrung weiterhin nützlich bleibt. Die Verantwortung für den Übergang liegt bei denen, die die Rolle neu gestalten, und darf nicht auf diejenigen abgewälzt werden, die sie zu verlieren drohen.

Die Leistung des Systems messen

Viele Technologien unterstützen die Arbeit nicht nur, sondern machen sie in einer zuvor unvorstellbaren Detailtiefe lesbar. Um mit dieser Sichtbarkeit umzugehen, müssen drei Vorgänge unterschieden werden. Die Überwachung der Beschäftigten rekonstruiert Lieferungen und Abweichungen ebenso wie Bewegungen und Pausen; die Prüfung des Systems fragt, ob Daten und Vorschläge die Arbeit unter den erklärten Bedingungen tatsächlich verbessern; professionelles Vertrauen erlaubt einer fachkundigen Person, mit einer Begründung von einer Empfehlung abzuweichen und eine erneute

Prüfung zu erwirken, ohne für jede Abweichung bestraft zu werden. Wer diese Vorgänge verwechselt, macht aus der Prüfung des Instruments die dauernde Überwachung der Menschen, die es benutzen.

Ein Kundenservicezentrum kann die Dauer von Anrufen verkürzen und dabei Probleme ungelöst lassen. Ein Team kann die Zahl der Lieferungen erhöhen und Risiken verbergen. In beiden Fällen erfasst die Kennzahl, wie genau sich die Menschen nach den Vorgaben richten. Die Überprüfung verlangt dagegen, nach beobachtbaren Folgewirkungen und Gegenbeispielen zu suchen. Jemand muss auch befugt sein, die Kennzahl auszusetzen, wenn diese Prüfungen sie infrage stellen.

In Davides Büro belohnt die Zahl der abgeschlossenen Vorgänge zunächst diejenigen, die den Entwurf annehmen, ohne ihn noch einmal zu öffnen. Eine Mitarbeiterin, die drei Anlagen prüft und den Kunden anruft, wirkt weniger produktiv als jemand, der den Fall in wenigen Minuten abschließt. Als die Gruppe die Fälle erneut betrachtet, stellt sie fest, dass die Vorgänge dieser Mitarbeiterin weniger Korrekturen erfordern und weniger Beanstandungen auslösen. Die erste Kennzahl log nicht, denn sie zählte tatsächlich die Abschlüsse. Erst die Entscheidung, diese als Maß guter Arbeit zu verwenden, verwandelte eine Teilinformation in ein Urteil über den Menschen.

Davide ersetzt die Zählung nicht durch ein noch stärker eingreifendes Profil. Er ergänzt das Dashboard um vermiedene Schäden und Lernzeit neben Qualitätsstichproben und wiederaufgenommenen Fällen, um zu prüfen, ob das System dem erklärten Zweck dient. Wer bewertet wird, kann den Fall, den der Durchschnitt verbirgt, jemandem vorlegen, der befugt ist, die Kennzahl zu ändern, bevor sie die Schichtzuteilung beeinflusst. So wird das Instrument auf den Prüfstand gestellt, ohne von einem Menschen zu verlangen, jede Minute offenzulegen.

Wer von einer Kennzahl betroffen ist, muss wissen, dass das System das Ergebnis beeinflusst hat, unzutreffende Angaben korrigieren und rechtzeitig jemanden erreichen können, der das Ergebnis ändern kann. Die geltenden Garantien unterscheiden sich je nach

Sektor und Rechtsordnung. Die hier angesetzte Schwelle ist enger gefasst. Unter professionellem Vertrauen verstehe ich, einem Menschen den Raum zu geben, eine Abweichung zu erklären und den Grund zu dokumentieren. Jemand mit tatsächlicher Befugnis prüft ihn anschließend, statt schon die Abweichung selbst als Versagen zu behandeln.[20]

Wer eine Aufgabe ausführt, sieht Ausnahmen und gefährliche Abkürzungen, die in den ursprünglichen Daten fehlen. Die Ausführenden an der Gestaltung zu beteiligen, bringt dieses Wissen in die Regeln und in die Register ein, mit denen sie angewandt werden. Es hilft auch zu bestimmen, wann ein Fall wiederaufgenommen werden sollte, ohne den Beteiligten ein Vetorecht gegen Innovation zu geben. Die Organisation kann dann aus dem lernen, was die Kennzahl nicht vorhergesehen hatte, statt jede Abweichung als Fehlverhalten zu verzeichnen.

Wo die Verantwortung liegt

Das Unternehmen muss diesen Praktiken eine konkrete Form geben. Die Überprüfung betrachtet erwarteten Nutzen und vermiedene Schäden, fragt nach den Auswirkungen auf Einkommen und Qualität sowie nach den Veränderungen für das Lernen und benennt, wer eine Kennzahl aussetzen darf und wer gegenüber der vom Ergebnis betroffenen Person dafür einsteht. Fachliche Begleitung und Analyse finden innerhalb der Arbeitszeit statt, ebenso wie die Instandhaltung, die das System nützlich hält. So erscheinen die Kosten der Umsicht in den Stunden, für die das Unternehmen tatsächlich bezahlt.

Davide kehrt zu dem Vorschlag vom Morgen zurück. Die versprochene Einsparung beruht auf Faktoren, die die Beschäftigten nicht kennen können, und darauf, dass komplexe Fälle wie bloße Langsamkeit behandelt werden. Er setzt den Plan aus und ruft die Gruppe zusammen, um ihn zu überprüfen, bevor Arbeitszeiten und

Bewertungen geändert werden. Die Quartalsmarge wird sinken, und er wird diese Entscheidung denen erklären müssen, die den Gewinn erwartet haben. Für die Beschäftigten bestimmt die Überprüfung, wie ihre Zeit bewertet wird, wenn der nächste schwierige Fall eintrifft. Im Kalender bleibt die Stelle leer, an der das Dashboard den Gewinn bereits eingetragen hatte.

KAPITEL 5

Die Stadt regieren, die beobachtet

Das Mandat des öffentlichen Blicks

Um sieben Uhr zwanzig betritt Elena den Sitzungssaal des Rathauses. Auf dem Bildschirm erscheint der Entwurf für das neue Logistikzentrum wie ein geordnetes Versprechen: weniger Lastwagen in den Wohnstraßen, koordinierte Lieferungen, geringerer Energieverbrauch und kürzere Reaktionszeiten der Rettungsdienste. Gegen Ende der Präsentation nennt ein technischer Hinweis die Bedingung, die das Paket zusammenhält. Die Kameras des Zentrums, der Zufahrten und der umliegenden Straßen werden Gesichter, Bewegungen und Zutrittsdaten miteinander verknüpfen müssen, um Risikoprofile zu erstellen. „Wenn wir die Identifizierung von den übrigen Funktionen trennen, berechnet der Anbieter Zeitplan und Preis neu", sagt die Leiterin der Beschaffung. Elena betrachtet die Karte von Karims Viertel und bittet darum, noch nicht zu unterschreiben.

Kommunen haben schon immer Volkszählungsdaten, Register, Katasterkarten, Gesundheitsstatistiken und Verbrauchsdaten erhoben. Im Jahr 2050 verwandeln Sensoren und Netze die Erfassung jedoch in nahezu unmittelbares Handeln: Eine Ampel ändert ihren Takt, eine Linie passt ihre Frequenz an, ein Team rückt noch vor einem Ausfall aus, ein Viertel wird einer Risikokategorie zugeordnet. Kürzere Wartezeiten und verhinderte Schäden sind konkrete Vorteile. Diese Fähigkeit kann Dienste und deren Prioritäten verlagern, ehe die Menschen im Viertel bemerken, was sich verändert hat. Werden dieselben Signale für Kontrollen eingesetzt, steht noch mehr auf dem

Spiel. Das Mandat darf deshalb nicht aus der technischen Fähigkeit abgeleitet werden.

Jedes städtische System erfasst das, wofür es gebaut wurde. Ein und dasselbe Instrument erfasst den Verkehr, ohne die Angst vor dem Überqueren einer Straße wahrzunehmen, oder zählt, wie viele Menschen einen Park betreten, ohne zu erklären, warum manche ihn nicht mehr besuchen. Auch eine Fahrzeit sagt nichts über die Demütigung derjenigen, die dreimal umsteigen müssen. Ich beginne beim Mandat des öffentlichen Blicks: Was darf eine Verwaltung beobachten, um zu dienen, und was muss sie bewusst nicht in ein Profil verwandeln?

Öffentliche Dienste koordinieren

Der entscheidende Schritt besteht darin, zuvor getrennte Infrastrukturen miteinander zu verbinden. Sensoren und Apps zu installieren oder ein Dashboard hinzuzufügen, stellt diese Verbindungen für sich genommen noch nicht her. Wenn Verkehr und kommunale Dienste mit dem Stromnetz und den Wassersystemen kommunizieren und mit der Klimaplanung verbunden sind, kann Koordination Zeit zurückgeben und Ausfälle verhindern. Sie kann aber auch Daten, die für einen engeren Zweck erhoben wurden, für viele weitere Nutzungen verfügbar machen. Bei jedem Übergang muss jemand den Beschluss vorlegen können, der die Weiterverwendung erlaubt, und angeben, wann er ausläuft. Dieser Beschluss muss auch benennen, wer befugt ist, die Nutzung zu stoppen.

Wer integriert, entscheidet sich auch für Abhängigkeiten. Eine Plattform, die Mobilität und Dienste mit Zahlungen und Identität zusammenführt, erleichtert das Leben. Stützt sie sich auf geschlossene Formate oder undurchsichtige Verträge, wird ein Kurswechsel teuer; dasselbe gilt bei widerrufbaren Schnittstellen. Offene Standards und interne Fachkompetenz helfen der Verwaltung, Portabilität zu bewahren und das Mandat durchzusetzen, das die Gemeinschaft autorisiert hat.

Keine dieser Fähigkeiten erfordert ein allwissendes Stadtgehirn. Die Vorstellung einer Leitstelle, die alles sieht und alles korrigiert, verwechselt Koordination mit Gehorsam. Das städtische Leben ist konfliktreich und unregelmäßig. Ein zentrales Modell bildet zwangsläufig einen Teil davon nur verkürzt ab. Eine Verwaltung lernt, indem sie ihre Kriterien an sichtbaren Ausnahmen überprüft und anschließend ändert, was Ausgrenzung erzeugt. Im städtischen Kontext lässt sich so die Einstufung eines Viertels korrigieren, bevor sie Dienste und Kontrollen verändert, ohne dass eine nachvollziehbare Entscheidung vorliegt.

Karim erlebt den Unterschied während einer Schicht. Das Liefersystem weist ihm eine schnellere Route zu und bestraft ihn anschließend für einen Halt, den das Modell als Untätigkeit erfasst. Er hatte angehalten, weil ein Junge auf dem Fahrrad die Zufahrt gekreuzt hatte. Der Weg zum Rechtsschutz kostet Zeit, und die Sanktion senkt für einige Tage seine Priorität bei der Schichteinteilung, doch der Eintrag wird schließlich korrigiert. Der Fehler des Algorithmus ist nicht außergewöhnlich. Entscheidend ist hier die Regel, nach der Stadt und Unternehmen festlegen müssen, ob eine Messgröße zum Urteil werden darf, bevor die betroffene Person antworten kann.

Vier Wochen nach der Korrektur führt eine weitere Unterbrechung zum Blick in das Ladungsprotokoll. Der Vorgesetzte erkennt eine mangelhafte Ladungssicherung, ruft das Lager an und schließt den Fall, ohne Karim die Schicht zu entziehen. So werden die elf Minuten als Kontrolle gewertet, nicht als Untätigkeit. Als der Anbieter vorschlägt, die Auswahl der zulässigen Gründe einzuschränken, weil die Zahl der erfassten Stopps zunimmt, weisen die Fahrer auf drei Schäden hin, die durch diesen Schritt verhindert wurden. Das Unternehmen trennt daraufhin Lieferzeit und vermiedenen Schaden, erkennt vierzig bezahlte Minuten für die Erörterung der Fälle an und erlaubt der für Sicherheit zuständigen Person, die Verwendung der Kennzahl auszusetzen, wenn die Dokumentation fehlt.

Ein Quartal lang sinkt die ausgewiesene Produktivität. Karim erhält das bereits verlorene Einkommen nicht zurück. Sein Einspruch wird Teil der institutionellen Arbeitsweise, indem er die Kennzahl und die für Überprüfungen bezahlte Zeit verändert. Andere haben nun ebenfalls die Befugnis, die Kennzahl infrage zu stellen.

Wesentliche Dienste, verteilte Kosten

An der Mobilität wird die Verteilung des Nutzens sichtbar. Dynamische Planung und öffentlicher Verkehr können Wartezeiten und Verkehr verringern. Wenn sich jedoch diejenigen, die zahlen, stets kürzere Fahrzeiten erkaufen, während eine Linie am Stadtrand, eine Haltestelle, die nur wenige ältere Menschen nutzen, oder eine langsamere barrierefreie Verbindung als ineffizient gelten, macht die Optimierung die Dienstleistungsqualität von Einkommen und Adresse ebenso abhängig wie von Alter und Behinderung. Das öffentliche Mandat muss alltägliche Ziele wie die Schule erreichbar halten, auch wenn der Dienst unrentabel ist. Es muss offenlegen, wer die eingesparten Minuten erhält und wer weiterhin mehr davon aufwenden muss.

Beim Wohnen können Sensoren und vorausschauende Wartung eine Störung melden. Für einen schutzbedürftigen Menschen sind sie Verbündete, doch sie werden zum Mittel der ständigen Beobachtung, wenn Eigentümer, Eigentümergemeinschaft, Versicherung und Dienstleister aus denselben Signalen unterschiedliche Nutzungen ableiten können. Die politische Grenze verläuft nicht beim Sensor selbst, sondern bei der Frage, wer die Daten erhält und ob ein Mensch eine weitere Nutzung tatsächlich ablehnen kann, ohne einen Dienst zu verlieren, der ihn schützt, oder seine Wohnung aufs Spiel zu setzen.

Der Zugang zu Schatten zeigt dieselbe Kluft. Sensoren und Klimamodelle können frühzeitig Maßnahmen anstoßen, bevor Hitze oder anfällige Netze schwerere Schäden verursachen. Erreicht der Schutz stets zuerst die Viertel mit mehr Einfluss und Ressourcen, vergrößert die Prognose die Kluft, die sie eigentlich verringern sollte. Auch ein Viertel mit hervorragender Umweltbilanz verfehlt sein Mandat, wenn steigende Immobilienwerte die Menschen verdrängen, die dort lebten. Zu den zu messenden Ergebnissen muss daher auch gehören, wer Schutz erhält und wer bleiben kann.

Die Anlaufstelle hinter dem Bildschirm

Ein entscheidender Teil städtischer Verwaltung findet fern spektakulärer Bilder statt. Kommunale Systeme verteilen Anfragen, schätzen Prioritäten ein, führen Register zusammen und schlagen Maßnahmen vor. Für die Bürgerinnen und Bürger können sie kürzere Warteschlangen und einfachere Formulare bedeuten, weil Ämter endlich die Informationen austauschen, die sie brauchen. Ob die Vereinfachung tatsächlich wertvoll ist, zeigt sich jedoch, wenn eine Geburt, ein Wohnsitzwechsel oder ein Antrag auf Unterstützung vom vorgesehenen Weg abweicht, denn der Fall muss weiterhin einen Menschen erreichen, der ihn versteht, und ein Amt, das ihn berichtigen darf.

Vieles wird entschieden, bevor ein System aktiviert wird: durch Beschaffungskriterien, Leistungsverzeichnisse und Verträge. Kauft die Kommune eine Lösung, ohne die Herkunft der relevanten Daten kennen, die Leistung überprüfen, ihre Register exportieren oder den Anbieter wechseln zu können, vertraut sie ihre Zukunft Klauseln an, die kaum jemand aus der Bevölkerung jemals lesen wird. Die Frage nach dem Ausstieg gehört deshalb bereits zur Gestaltung: Können wir den Dienst fortführen, wenn der Anbieter seine Bedingungen ändert, ausfällt oder eine Korrektur verweigert?

Im Sitzungssaal kehrt Elena zur Karte zurück und lässt die Datenebenen einzeln ausschalten. Die Zählung der Ströme bleibt nützlich; die Alarme aus den Betriebsbereichen ebenfalls. Als die Gesichtsverfolgung ausgeblendet wird, markiert der Berater den Genauigkeitsverlust rot. Elena setzt zu einer Antwort an und hält dann inne, weil ihr der vorbereitete Satz zu glatt vorkommt. Sie lässt die Liste der Zutritte anzeigen und fragt, welcher Beschluss diese

Aufgabe außerhalb der Zugänge genehmigt habe. Niemand antwortet. „Dann ist das noch keine Funktion des Projekts."

Für Bürgerinnen und Bürger beginnt wirksamer Rechtsschutz mit einer verständlichen Mitteilung darüber, welche Entscheidung getroffen wurde und welche relevanten Elemente sie gestützt haben. Die Mitteilung muss auch das Amt benennen, das befugt ist, den Fall wiederaufzunehmen. Die persönliche Anlaufstelle muss für Menschen erreichbar bleiben, die mit der Fachsprache nicht vertraut sind, auch ohne App oder lückenlose digitale Nachweise. Sie muss das einschlägige Register einsehen, unrichtige Angaben korrigieren, die Folge aussetzen können, wenn eine Verzögerung die Überprüfung wirkungslos machen würde, und ein begründetes Ergebnis mitteilen. Sie kann kleiner und besser informiert werden, darf aber bei wesentlichen Diensten nicht verschwinden.

Vorbeugen, überwachen, steuern

Sicherheit macht den Konflikt schwieriger, weil viele Technologien tatsächlich Leben retten. Damit das Mandat nicht mit einem einzigen Wort ausgeweitet wird, müssen drei Vorgänge unterschieden werden. Vorbeugen heißt, einen Brand, ein Versagen einer Brücke oder eine Störung zu erkennen und eine Reaktion auszulösen. Überwachen heißt, Ereignisse über die Zeit mit Identitäten und Bewegungen zu verknüpfen. Steuern beginnt, wenn ein Signal einen Zugang verweigert, eine Risikokategorie anhebt, eine Kontrolle veranlasst oder einen Dienst verändert. Ein Übergang von einer Funktion zur anderen bleibt folgenreich, auch wenn dieselbe Infrastruktur beiden dient.

Das Mandat muss sich ändern, wenn sich die Funktion ändert. Mit einem Sensor den Zustand einer Brücke zu erfassen und ihre Sperrung auszulösen, erfordert nicht, die Identität aller Menschen zu rekonstruieren, die sie überqueren. Eine biometrische Zugangskontrolle an den internen Zugängen kann auf den vorgesehenen Zutritt beschränkt bleiben. Ihre Ausweitung auf die Straßen des Viertels ist nicht schon deshalb autorisiert, weil die Systeme bereits miteinander verbunden sind. Wenn ein Signal eine Verweigerung, eine Priorisierung oder eine Kontrolle bewirkt, müssen die Menschen das verwendete Kriterium erkennen und das verantwortliche Amt benennen können. Sie müssen auch wissen, wer befugt ist, die Wirkung auszusetzen, bevor sich der Fehler fortpflanzt.

Die Unterscheidung wird im Logistikzentrum konkret. Die Verbindung der Alarme mit den Rettungsdiensten erfordert ebenso wenig wie die versprochenen Arbeitsplätze zwangsläufig einen biometrisch überwachten Bereich. Diesen Bereich aus dem Vorhaben zu streichen, verlangt jedoch eine neue Planung; der anfängliche Preisnachlass entfällt, und die Eröffnung verzögert sich. Einige Menschen im Viertel verlangen mehr Kontrollen, andere befürchten, dass das Viertel zu einem überwachten Gebiet wird. Keine der beiden Sorgen ist erfunden.

Die öffentliche Anhörung beginnt am Nachmittag. Irene wartet, bis der Berater die Karte schließt, und legt dann den Bauzeitenplan auf den Tisch, dicht mit gestrichenen Terminen. Sie befürwortet das Zentrum, weil sie sich an die Unfälle an den Zufahrten, die Lieferwagen vor der Schule und die auf dem Ladeplatz aufgehaltenen Krankenwagen erinnert. Das Biometriepaket verteidigt sie nicht. Sie zeigt jedoch auf die noch leere Spalte für Neueinstellungen und fragt, wie lange Vorsicht die Eröffnung aufschieben darf, bevor sie selbst zur Entscheidung wird. „Künftige Sicherheit kann als Alibi dienen", sagt sie. Mit einem Finger fährt sie über die verlorenen Wochen. „Aber auch gegenwärtige Vorsicht kann dazu werden."

Elena bestreitet die Kosten des Aufschubs nicht, darunter unsichere Schichten, die vor allem diejenigen belasten, die nicht warten können. Sie fragt jedoch, warum dieser Preis dadurch bezahlt werden soll, dass die Sicherheit an den Zugängen auf das Viertel ausgeweitet wird. Irene antwortet, die Funktionen ließen sich nur dann trennen, wenn die Stadt Zeitplan, Finanzierung und vorläufige Schutzvorkehrungen offenlege. Elena fürchtet, die Dringlichkeit könnte eine Ausnahme in dauerhafte Infrastruktur verwandeln; Irene fürchtet, eine Schwelle ohne Zeitplan lege die Last der Vorsicht denen auf, die den Prozess nicht beschleunigen können. Deshalb verlangt Irene Termine und Zahlen, verbunden mit den Menschen, die für ihre Einhaltung verantwortlich sind. Sie weigert sich, das Arbeitsplatzversprechen als garantiert zu behandeln.

Karim sitzt hinten und meldet sich zu Wort, als er kann. Er dankt Irene nicht dafür, dass sie die Arbeit erwähnt hat, und liefert Elena auch keine Bestätigung. Er sagt, eine feste Schicht würde zu Hause finanziell einen spürbaren Unterschied machen und der provisorische Ladeplatz sei bei Regen gefährlich. Er sagt auch, dass er den Weg zwischen Haltestelle, Straße und Lager nicht preisgeben will, nur um im Gegenzug Zugang zu erhalten. „Das Einkommen brauche ich jetzt", sagt er abschließend, „und jetzt muss ich wissen, wer diese Daten gegen mich verwenden wird." Er bittet keine der beiden, an seiner Stelle zu entscheiden.

Nach Karims Wortmeldung sucht Irene keine versöhnliche Formel. Sie fragt ihn, wie viele Stunden er in dieser Woche verloren habe. „Neun", antwortet er und reibt sich das schmerzende Handgelenk; die geteilte Schicht vom Vortag hat ihm eine Pause gelassen, die zu kurz war, um nach Hause zu fahren, und zu lang, um bezahlt zu werden. Elena macht sich eine Notiz, verspricht aber weiterhin keinen Eröffnungstermin. Irene schlägt vor, die Abstimmung über das Zentrum von der Genehmigung der biometrischen Identifizierung zu trennen und binnen dreißig Tagen Angaben zu Kosten, Zeitplan und Verantwortlichen für die begrenzte Variante einzufordern. Kein Datum gibt diese neun Stunden zurück. Irene schließt das Dokument: „Wenn wir anderen Zeit abverlangen, muss diese Zeit in unserer Rechnung auftauchen."

Unter den Fragen des Tests verhindern vier, dass die Diskussion bei den Absichten stehen bleibt. Ist der Zweck, das Zentrum zu schützen oder das Viertel identifizierbar zu machen? Betrifft das Mandat Unterstützung, Vorbeugung oder die Einstufung von Menschen? Die Verteilung zeigt, wer den Nutzen erhält und wer das Risiko eines Fehlers trägt. Der Rechtsschutz fragt, ob ein Mensch im Viertel rechtzeitig erfährt, dass er einem Profil zugeordnet wurde, um dies anfechten zu können. Eine Korrektur muss erfolgen, bevor die Zuordnung erneut genutzt wird. Solange die Antworten vage bleiben, setzt Elena die Vergabe aus. Damit bleibt das Projekt zur Prüfung offen, während das Leistungsverzeichnis vor der Autorisierung Grenzen festlegen muss.

Ich schlage hier eine enge Schwelle vor: Eine Stadt sollte nicht alle identifizieren, um wenige Menschen zu finden.[21]

Anonym zu zählen, wie viele Menschen einen Platz überqueren, ist etwas anderes, als die identifizierbare Geschichte jedes Einzelnen zu erstellen. Einen medizinischen Notfall zu erkennen ist etwas anderes, als ein Viertel vorsorglich einzustufen. Sich freiwillig zu authentifizieren, um auf einen Dienst zuzugreifen, ist etwas anderes, als überall erkannt zu werden. Vorbeugung bleibt nur dann mit Freiheit vereinbar, wenn Zweck, Dauer, Datenzugriff und die Möglichkeit, Rechtsschutz in Anspruch zu nehmen, klar begrenzt bleiben.

Lesbare Viertel, sichtbare Ungleichheiten

Städte verändern sich nicht überall gleich. Daten können zeigen, wo das Verkehrsangebot lückenhaft, die Luft schlechter, die Reaktionszeiten länger und Grünflächen seltener sind. Sie können helfen, historische Ungleichgewichte zu korrigieren. Dieselbe Karte kann Investoren und Versicherern als Orientierung dienen, wenn sie Verwundbarkeit in Kosten oder Auswahlentscheidungen übersetzen. Ein Viertel wird lesbarer und läuft im selben Augenblick Gefahr, nur noch über das beschrieben zu werden, was ihm fehlt.

Nähe behält ihren Wert. Bibliotheken, Schulen, Märkte, Gesundheitszentren, öffentliche Begegnungsräume, Plätze und barrierefreier Nahverkehr halten die Stadt schon vor jeder Optimierung zusammen. Auch der lokale Handel kann Daten über Bewegungen, koordinierte Lieferungen und digitale Instrumente nutzen. Läuft jede Bestellung über eine einzige Plattform, bleiben die Schaufenster bestehen, während die Kontrolle über den Zugang zur Kundschaft anderswohin wandert. Die Plattform gewinnt Einfluss auf die Gewinnspannen und behält die Informationen, die jede Bestellung erzeugt.

Weitere fünf Wochen lang fahren die Lastwagen weiter an der Schule vorbei, die Buslinie behält ihre vorläufige Umleitung bei, und zwei Geschäfte verschieben Neueinstellungen. In der Versammlung wird denjenigen, die eine Begrenzung der biometrischen Identifizierung verlangt haben, vorgeworfen, alles gestoppt zu haben, während die Befürworter des Projekts erklären müssen, warum Arbeitsplätze und Überwachung im selben Paket verkauft worden waren. Elena veröffentlicht jeden Freitag eine öffentliche Abrechnung mit den gemeldeten Vorfällen, den noch nicht eingeplanten Arbeitsstunden, den Kosten der Neuplanung und den noch offenen Entscheidungen. Sie verhindert, dass das Warten kostenlos erscheint oder vollständig Karim angelastet wird. Neben den Kosten des Aufschubs erfasst sie diejenigen, die die ursprüngliche Fassung dem Viertel aufgebürdet hätte.

Das überarbeitete Leistungsverzeichnis behält anonyme Sensoren zur Verteilung des Fahrzeugverkehrs, Alarme für die Betriebsbereiche und eine auf die internen Zugänge beschränkte Identifizierung bei. Es schreibt Speicherfristen und eine unabhängige Prüfung vor. Der Weg zum Rechtsschutz führt zu einer kommunalen Anlaufstelle, die ohne App erreichbar ist. Dort kann das Amt die angefochtene Zuordnung offenlegen, sie korrigieren, ihre weitere Nutzung aussetzen und das Ergebnis dokumentieren. Außerdem bleiben Lieferkanäle erhalten, die die Geschäfte im Viertel nicht dazu zwingen, von einer einzigen Plattform abhängig zu sein. Die Lösung verspricht weniger Integration und erfordert mehr kommunale Fachkompetenz. Ihre Bestandteile lassen sich auch leichter voneinander trennen, sodass eine Korrektur oder ein Austausch den übrigen Dienst weniger beeinträchtigt.

Die Stadt als bürgerschaftlicher Pakt

Als das Projekt in den Rat zurückkehrt, kann Elena weder beweisen, dass die begrenzte Fassung jeden Missbrauch verhindern wird, noch dass die ursprüngliche mit Sicherheit einen Schaden verursacht hätte. Die Nachweise zeigen, wer Zugang zu den Daten gehabt hätte, wie lange dieser Zugang bestanden hätte, welche Möglichkeiten zur Weiterverwendung es gegeben hätte und welcher Rechtsschutz den Menschen im Viertel offengestanden hätte. Die Opposition macht sie für die Verzögerung und die zusätzlichen Kosten verantwortlich. Einige Befürworter größerer Sicherheit halten das neue System für unzureichend.

Das Logistikzentrum öffnet später. Karim erhält die Schicht, doch die verlorenen Wochen werden ihm nicht zurückgegeben. Elena bewahrt das Projekt und verliert einen Teil des politischen Rückhalts, den sie mit dem Versprechen von Schnelligkeit aufgebaut hatte. Der Rat verzichtet auf eine Genauigkeit, die bei künftigen Ermittlungen möglicherweise nützlich wäre; im Gegenzug vermeidet er es, heute ein flächendeckendes biometrisches Archiv anzulegen. Weder das eingegangene noch das vermiedene Risiko wird sich jemals vollkommen beziffern lassen.

Ein Bürger ist mehr als ein gut bedienter Nutzer. Wer in der Stadt lebt, muss verstehen, anfechten, mitwirken und einen Platz überqueren können, ohne ständig in ein identifizierbares Signal übersetzt zu werden. Ein gewisses Maß an Undurchsichtigkeit lässt Raum für gewöhnliche Anonymität und Spontaneität. Menschen können den öffentlichen Raum auf Weisen nutzen, die kein System vorgesehen hat, und bleiben zugleich für das verantwortlich, was sie dort tun. Das öffentliche Mandat muss deshalb auch festlegen, wann und wo die Verwaltung diese Fähigkeit zur Beobachtung nicht nutzen wird und unter welchen Umständen.

Beteiligung ist nicht dasselbe wie eine Dauerumfrage. Plattformen und Simulationen können mehr Menschen Gehör verschaffen. Regieren erfordert weiterhin Vermittlung und eine langfristige Perspektive sowie den Schutz derjenigen, die weniger Zeit haben, sich einzubringen, oder deren Vertrauen oder Fachwissen begrenzter ist. Bäume, Schatten, Innenhöfe, Bibliotheken, Märkte, Kunst im öffentlichen Raum und Orte zum Verweilen sind keine unproduktiven Dekorationen. Sie ermöglichen Begegnungen zwischen Menschen, die das System sonst nur als Ströme kennen würde.

Das Stadtoberhaupt des Jahres 2050 wird daher auch Mandate verwalten: welche Systeme unterstützen, welche Vorschläge machen, welche entscheiden dürfen und welche ohne einen erneuten öffentlichen Verfahrensschritt nichts ausführen dürfen. Technische Kompetenz zählt ebenso wie die Fähigkeit, eine Entscheidung zu verantworten, die langsamer, teurer und umstritten sein kann.

Der bürgerschaftliche Pakt hängt davon ab, dass die Menschen in der Stadt Zeit und Zugang gewinnen und zugleich ein gewöhnliches Privatleben behalten. Am Logistikzentrum muss jemand für die Beobachtungen einstehen, die die Stadt autorisiert hat. Ist ein Eintrag falsch, muss eine betroffene Person ihn einsehen und eine Amtsperson erreichen können, die befugt ist, seine Nutzung auszusetzen, ihn zu korrigieren und die Entscheidung erneut aufzugreifen. Das überarbeitete Leistungsverzeichnis gibt dieser Arbeit eine Adresse. Karim hat Zugang zur kommunalen Anlaufstelle, ohne erst eine App davon überzeugen zu müssen, dass seine Frage auf ihren Bildschirm gehört.

KAPITEL 6

Die Universität, die Urteilskraft bildet

Ein Unterricht, der nicht mehr mit dem Klingeln endet

Seit der Prüfung, die der Ausfall verzögert hatte, sind einige Semester vergangen. Als Sofia den Seminarraum ein paar Minuten vor Beginn betritt, läuft die Lehrveranstaltung bereits seit Stunden. Der Professor hat nicht früher angefangen, denn der Kurs reicht inzwischen über vier Wände und zwei Stunden im Stundenplan hinaus. Auf ihrem Laptop findet sie Materialien, die an ihre Fehler angepasst sind, Fragen aus der Diskussion des Vortags, Simulationen und Quellen zum Vergleichen. Dann klappt sie den Bildschirm zu. Der wichtigste Teil beginnt, wenn die Antworten nicht mehr der Reihe nach eintreffen und dreißig Menschen gemeinsam herausfinden müssen, welche Frage es tatsächlich wert war, gestellt zu werden.

Die Gruppe öffnet vier Dossiers, die vor dem Treffen erstellt wurden. Keines enthält einen offensichtlichen Fehler; jedes grenzt jedoch einen anderen Bereich ab. Sofia schlägt vor, das umfassendste zu wählen. Eine Kommilitonin fragt: „Umfassend für wen?“ Auf dem Tisch liegen nun die ausgeschlossenen Quellen, die Datumsangaben, die Menschen, die in keine der Kategorien fallen, und die Folgen jeder einzelnen Fragestellung.

Es braucht kein fünftes Dossier. Die Gruppe muss entscheiden, welche Leerstelle zählt. Sie muss auch Belege finden, die den Gedankengang widerlegen könnten, selbst wenn die Antwort plausibel bleibt. Solange diese Fragen nicht geklärt sind, bietet Plausibilität den Studierenden zu wenig Grund, ihrer Wahl zu vertrauen. Der

Unterricht nutzt die Zeit, die das Werkzeug freigesetzt hat, um die Wahl zur Diskussion zu stellen.

Das zu bewahrende Lernziel ist eine konkrete Fähigkeit: die Frage zu formulieren, eine Behauptung bis zu ihrer Quelle zurückzuverfolgen, nach dem zu suchen, was die Antwort widerlegen könnte, und die Folgen der Entscheidung zu tragen. Die Universität bietet die nötige Zeit und den nötigen Austausch, damit Fülle nicht mit Autorität verwechselt wird.

Von der Wissensvermittlung zur Bildung der Urteilskraft

Viele Studierende werden nach Jahren mit intelligenten Assistenten, die Formeln erklären können, an die Universität kommen. Manche werden sie genutzt haben, um ihr Verständnis zu vertiefen. Andere werden sie als so reibungslose Abkürzungen genutzt haben, dass der Abstand zwischen dem Erzielen eines Ergebnisses und dem Lernen unsichtbar blieb. Die Universität wird diesen Unterschied erkennen müssen, ohne daraus einen Generationenkrieg oder eine Schuldigenjagd zu machen. Entscheidend wird weniger die Anwesenheit des Werkzeugs sein als die Qualität des Verhältnisses zu ihm.

Lehren wird bedeuten, Situationen zu gestalten, in denen Studierende ihr Denken sichtbar machen, indem sie Hypothesen vergleichen, eine Wahl begründen, eine Grenze erkennen und angesichts überzeugenderer Belege ihre Meinung ändern. Dossiers und Überarbeitungen zählen ebenso wie Labore und Diskussionen dann, wenn sie diese Handlungen beobachtbar machen, nicht weil sie moderner erscheinen.

Bei der nächsten Durchsicht bittet der Dozent Sofia nicht, ein anderes Dossier zu wählen. Stattdessen muss sie der Gruppe erklären, warum ihre erste Wahl nicht mehr genügt. Sie projiziert die entscheidende Quelle, benennt die übergangene Gruppe und sagt, wer die Kosten des Fehlers getragen hätte. Als eine Kommilitonin anmerkt, dass die Quelle, die mehr Gruppen einbezieht, inzwischen veraltet ist, fasst Sofia ihre Schlussfolgerung enger und benennt die

Unsicherheit. Sie rekonstruiert mit Worten, die der Gruppe einleuchten, was sie zum Umdenken gebracht hat, ohne ihren Positionswechsel hinter einer unpersönlichen Formel zu verbergen.

Andere können ihren Gedankengang nun hinterfragen und verfügen über genügend Informationen, um an der Korrektur der verbliebenen Fehler mitzuwirken. Die Universität belohnt nicht, wer die erste Antwort am längsten verteidigt, sondern wer erklärt, warum sie nicht mehr genügt.

Sofia versteht das, als sie zwei Erfahrungen miteinander vergleicht. In einem stark personalisierten Kurs passt der Assistent das Tempo an, schlägt Lektüre vor und nimmt Zweifel vorweg. Das ist nützlich und bisweilen bemerkenswert. In einem Seminar hingegen muss sie eine Interpretation gegenüber jemandem verteidigen, der denselben Text auf gegensätzliche Weise gelesen hat. Kein System bewahrt sie vor der Verlegenheit einer schwachen Prämisse oder vor der Notwendigkeit zuzuhören. So entdeckt sie, dass tiefes Lernen aus dem Zusammenspiel von Personalisierung und Reibung entsteht. Ein Werkzeug kann sich uns vollkommen anpassen und uns dennoch weniger wachsen lassen als eine Gemeinschaft, die uns mit echten Unterschieden konfrontiert.

Auch die Bewertung wird sich ändern müssen. Eine ausgefeilte Arbeit beweist wenig, wenn sie ohne Verständnis ausgelagert werden kann. Prüfungen werden Dialog und aufeinanderfolgende Überarbeitungen brauchen, durch die der Prozess sichtbar wird. Ein Dozent sollte erkennen können, welche Quellen die Studierenden überprüft haben und warum sie eine Entscheidung verteidigen. Auch Streitpunkte verdienen eine Prüfung; der Einsatz von KI gilt dabei als Ausgangspunkt. Das wird die Universität nicht dazu berechtigen, alle Studierenden in Verdächtige unter Überwachung zu verwandeln. Den Arbeitsprozess eines Studierenden bis zu jedem Zögern zu verfolgen, könnte ihn sichtbarer machen, allerdings auf Kosten der Freiheit zum Ausprobieren. Eine reife Bewertung wird Transparenz über den Einsatz der Werkzeuge verlangen, ohne eine vollständige Aufzeichnung des geistigen Lebens zu fordern. Urteilskraft entsteht auch in Erprobungsräumen, in denen man suchen und Fehler machen und dann neu beginnen kann, ohne dass jede Abweichung zu einem dauerhaften Profil wird.

Der Dozent begleitet die Entwicklung, ohne sie für sich zu beanspruchen. Ein guter Lehrer weiß, wann er beschleunigen muss und wann eine Antwort schwieriger werden sollte. Manchmal brauchen Studierende Zeit, um diese Schwierigkeit zu bewältigen. Technologie kann zwar Verwaltung und Korrekturarbeit entlasten, doch ihr didaktischer Wert bemisst sich daran, in welche Richtung sich die Abhängigkeit entwickelt. Gute Unterstützung macht neben Schritten und Alternativen auch Fehler sichtbar, damit Studierende Urteilskraft gewinnen und dem Werkzeug immer weniger davon überlassen müssen.[22]

Wo Urteilskraft zugänglich wird

Am späten Nachmittag macht die Bibliothek diese Aufgabe konkret. An den Tischen sitzen Studierende, Berufstätige, die wieder lernen, und Menschen, die einen Vertrag oder eine kommunale Entscheidung verstehen oder aus einem medizinischen Befund schlau werden müssen. Eine Bibliothekarin liefert nicht einfach die Antwort, sondern hilft, einer Quellenangabe nachzugehen, unterscheidet die aktualisierte Fassung von der noch kursierenden und zeigt, wo die automatische Suche die Quelle durch eine Zusammenfassung ersetzt hat. Die Bibliothek eröffnet den Menschen den Zugang zu Sammlungen über Netzzugänge und Werkzeuge, die sonst teuer wären. Aus einer Recherche muss kein kommerzielles Profil werden.

Hinge die Möglichkeit zur Überprüfung allein von individuellen Abonnements und Plattformen des Arbeitgebers ab, wäre auch sie vom Einkommen abhängig. Die Bibliothek ermöglicht diese Überprüfung auch denjenigen, die sie nicht allein finanzieren können.

Der Campus wird für Erfahrungen sinnvoll bleiben, die nur in persönlicher Anwesenheit an Tiefe gewinnen: ein gemeinsam genutztes Labor, eine schwierige Diskussion, ein Projekt mit Menschen, die demselben Risiko unterschiedliches Gewicht beimessen.

Wer von weit her oder aus einer Familie ohne Hochschultradition kommt, erlebt durch einen offenen, zugänglichen Ort zudem Zugehörigkeit: Wissen ist kein Club, in den man versehentlich geraten ist, sondern ein Raum, in dem man das Recht hat, das Wort zu ergreifen. Anwesenheit wird so zu einem knappen Gut, das gut genutzt werden muss, nicht zu einem Ritual, das es zu verteidigen gilt.

Sofia erlebt das in einem interdisziplinären Labor. Die Assistenten haben für jede Gruppe genaue Karten vorbereitet, doch Informatik, Design, Medizin und Recht messen denselben Risiken unterschiedliches Gewicht bei. Keine Zusammenfassung entscheidet, was wünschenswert ist. Die Studierenden müssen ihre Maßstäbe offenlegen und zuhören, wenn eine andere Gruppe Folgen beschreibt, die sie übersehen haben. Erst dann haben sie eine ausreichende gemeinsame Grundlage, um eine gemeinsame Entscheidung zu treffen.

Die kulturelle Autorität der Universität kann nicht als selbstverständlich vorausgesetzt werden. Ich würde sie daran messen, ob ihre Methoden transparent genug für eine belastbare Überprüfung sind und ob sie sich korrigiert, wenn diese Überprüfung ein Problem aufdeckt. In ihren öffentlichen Erklärungen sollte sie unterscheiden, was sie weiß und was sie abschätzt, und deutlich machen, welche Schlussfolgerungen sie noch nicht ziehen kann.

In einer Krise machen widersprüchliche Erklärungen diese Disziplin besonders notwendig. Wer sie liest, sollte die Belege für eine Schlussfolgerung finden und verstehen können, welche fehlenden Daten sie verändern könnten. Vorgetäuschte Gewissheit hilft wenig, wenn der nächste Beleg hinzukommt.

Zeit zum Überprüfen ist eine Form des Zugangs

Verlässliche Forschung braucht eine ungleich verteilte Ressource: Zeit, um ein vielversprechendes Ergebnis anzuzweifeln. Ausgefeilte Kennzahlen weisen auf Kooperationen und vernachlässigte Themen hin. Werden sie selbst zum angestrebten Wert, belohnen sie jedoch nur, was rechtzeitig sichtbar wird, um gezählt zu werden. Negative

Ergebnisse, Replikationen, Archive, Wartung und kollektive Arbeit bewahren die Grundlage des Wissens auch ohne einen vorhersehbaren unmittelbaren Ertrag. Forschende, deren Verträge keine Kontinuität bieten, zahlen für jede Überprüfung, die eine Ankündigung verzögert, einen höheren Preis.

Eine Forschungsgruppe erkennt das, als ein Analysesystem in Tausenden von Beobachtungen einen vielversprechenden Zusammenhang meldet. Die Visualisierung ist sauber, und die Bekanntgabe könnte Fördermittel anziehen. Eine Forscherin am Anfang ihrer Laufbahn bemerkt jedoch, dass Lücken infolge von Geräteausfällen in den Daten als gewöhnliche fehlende Werte erscheinen. Die Gruppe verschiebt die Präsentation, öffnet die Protokolle erneut, spricht mit den Menschen, die die Instrumente gewartet haben, und wiederholt die Analyse unter Einbeziehung dieser Unterbrechungen. Der Zusammenhang wird schwächer. In den Dashboards des Projekts erscheint dieser Monat als Verzögerung. In der wissenschaftlichen Arbeit bezeichnet er den Augenblick, in dem die Gruppe verhindert, dass ein verführerisches Ergebnis zu einer voreiligen Schlussfolgerung wird. Im Bericht erfasst die Gruppe auch die Arbeit derjenigen, die die Instrumente gewartet haben, denn diese Kontrolle bleibt unsichtbare Sorgfaltsarbeit, wenn bei Laufbahnen und Förderentscheidungen nur die Bekanntgabe zählt.

Die Entscheidung der Gruppe, die Bekanntgabe zu verschieben, setzt voraus, dass jemand einen Monat ohne sichtbares Ergebnis auffangen kann. Wohlhabendere Universitäten werden über bessere Infrastrukturen und Partnerschaften verfügen. Andere werden von externen Werkzeugen abhängen. Dieselbe Kluft durchzieht die Lebenslagen von Studierenden und Forschenden: Zugang zu Geräten und wirtschaftliche Sicherheit erzeugen ebenso wie Sprache und Zeit kumulative Vorteile. Formeller Zugang genügt nicht, wenn die zur Überprüfung nötige Zeit ein Privileg bleibt. Menschen brauchen auch genügend Spielraum, um einen Fehler machen und es erneut versuchen zu können, ohne ihren Platz zu verlieren. Ein personalisiertes System kann neutral wirken und diejenigen belohnen, die sich bereits zurechtfinden. Wer berufliche oder betreuende Verpflichtungen, eine Behinderung oder eine unzuverlässige Verbindung hat, begegnet demselben Anspruch möglicherweise mit weniger Spielraum, um einen Rückschlag aufzufangen. Bibliotheken, Tutorien, Labore, barrierefreie Materialien und praktikable Zeiten erhalten das Anforderungsniveau, indem sie verhindern, dass eine organisatorische Schwierigkeit mit Unfähigkeit verwechselt wird, vor allem wenn ein einziger Fehler zum Studienabbruch führen kann.

Wieder studieren

Im Jahr 2050 wird sich die Universität nicht nur an junge Menschen richten können, die sie einmal betreten und wenige Jahre später wieder verlassen. Automatisierung wird viele Erwachsene zur Rückkehr bewegen, ebenso ökologische Transformationen und Veränderungen in ihren Berufen. Nicht immer, um einen zweiten vollständigen Abschluss zu erwerben. Manchmal wird es darum gehen, ein Fachgebiet zu vertiefen, eine Praxis zu aktualisieren, sich eine neue Disziplin zu erschließen oder Vertrauen neu aufzubauen, nachdem eine Kompetenz an Wert verloren hat. Zurückzukehren sollte weder bedeuten, bei null anzufangen, noch für die Berufsjahre automatisch Studienleistungen gutgeschrieben zu bekommen. Früher erworbene Kompetenzen anzuerkennen heißt, Erfahrung in überprüfbare Nachweise zu übersetzen: was die Person belegt, unter welchen Bedingungen, welche Schritte unsicher bleiben und was das Studium noch auf die Probe stellen muss. Ein erwachsener Mensch bringt Verantwortung und gefestigte Gewohnheiten mit, manchmal auch die Sorge, bei der Rückkehr nicht mehr mithalten zu können. Die Rückkehr wird glaubwürdig, wenn die Institution diesen Ausgangspunkt anerkennt, ohne die Person herabzustufen oder bei den Anforderungen Abstriche zu machen.

Bei einer berufstätigen Frau, die später in Sofias Gruppe sitzt, zeigt sich der Unterschied im Stundenplan. Ein Tutor rekonstruiert mit ihr, was sie belegen kann, welche Schritte fehlen und welches Tempo tragfähig ist. Kürzere Lerneinheiten finden in der Nähe ihres

Arbeitsplatzes statt. Das Labor bietet einen Abendtermin an, die Bibliothek verlängert ihre Zugangszeiten, und ihr Arbeitgeber finanziert mehrere Lernstunden, statt nur die Studiengebühren zu bezahlen. Als eine Woche familiärer Sorgearbeit ihren Weg unterbricht, ermöglicht ihr das Programm, die Leistungsüberprüfung wieder aufzunehmen.

Im Labor gilt ihre Erfahrung nicht als Befreiung, sondern wird zu einem Einwand, der die Gruppe vor einer eleganten, aber unpraktikablen Lösung bewahrt. Das sind organisatorische Einzelheiten, doch sie entscheiden darüber, wer tatsächlich zurückkehren kann und ob das bereits vorhandene Wissen erneut geprüft werden kann.

Hier sind Microcredentials und modulare Lernwege nützlich, weil sie Menschen, die arbeiten oder Angehörige betreuen, ermöglichen werden, das Studium über einen längeren Zeitraum zu verteilen. Bestimmte Lernergebnisse werden bei jedem Schritt sichtbar, sodass aufeinanderfolgende Module einen umfassenderen Bildungsweg aufbauen können. Die Universität wird jedoch der Versuchung widerstehen müssen, jede Bildung auf vermarktbare Fragmente zu reduzieren. Eine Sammlung von Bescheinigungen ergibt nicht automatisch einen Bildungsweg. Manche Kompetenzen werden in kurzen Modulen erworben. Andere brauchen Dauer, einen schrittweisen Aufbau, Austausch und Vertiefung.

Auch die Verbindung mit der Region wird zählen. Labore und reale Probleme mit öffentlichen Institutionen, Unternehmen und Kultureinrichtungen zu teilen verlangt nicht, die Agenda den dringenden Forderungen des mächtigsten Auftraggebers auszuliefern. Eine Universität, die der Gesellschaft nützt, kann auf gegenwärtige Bedürfnisse antworten und zugleich die nötige Distanz wahren, um Fragen zu stellen, deren Klärung Zeit braucht, die unpopulär sind oder sich nicht unmittelbar vermarkten lassen. Dank dieser Autonomie kann die Universität die für Überprüfungen nötige Zeit finanzieren, die Studierende und Forschende mit geringeren Mitteln nicht allein tragen könnten.

Anspruch und Fürsorge

In einer ständig vermessenen Umgebung kann jedes Zögern wie die Abweichung von einem unsichtbaren Standard erscheinen. Die Universität wird anspruchsvoll und fürsorglich zugleich sein müssen, weil Studierende klare Erwartungen und Möglichkeiten brauchen, ihre Arbeit zu korrigieren. Unterstützung muss ihre wachsende Selbstständigkeit achten. Beratungsangebote sind notwendig, doch ebenso wichtig ist eine Pädagogik der Zeit, denn die Arbeitsbelastung muss sinnvoll sein und Raum lassen, einen Fehler zu korrigieren. Institutionelle Verfahren müssen es Studierenden ermöglichen, sich von einer vorübergehenden Krise zu erholen, statt sie still hinauszudrängen. Fürsorge zeigt sich auch darin, wie die Institution mit Scheitern und Möglichkeiten zur Wiederaufnahme umgeht.

Ein vollkommen angepasster Lernweg vermeidet Frustrationen und kann einem die Begegnung mit Menschen vorenthalten, die anders vorankommen; deshalb darf Personalisierung nicht zu Isolation werden. Mentoren erinnern uns ebenso wie Lerngruppen und Räume ohne Bewertung daran, dass eine Schwierigkeit nicht immer ein individueller Mangel ist, der behoben werden muss.

Labororientierte Lehre verbindet Analyse, praktisches Handeln, Zusammenarbeit und Verantwortung. Modelle helfen bei der Vorbereitung und beim Simulieren von Situationen. Wer eine Entscheidung vor anderen erklärt, muss bereit sein, sich anzupassen, wenn ein unerwartetes Ereignis sie infrage stellt. Einen realen Fehler zu korrigieren prüft dann, wie verlässlich diese Kompetenz trägt.

Die Geisteswissenschaften tragen neben den technischen Disziplinen zur Urteilskraft bei. Sprachen und Geschichten zu deuten hilft, die in einem Problem verankerten Wertehierarchien zu erkennen; ebenso hilft es, Konflikte zu deuten. Gesellschaften verrechnen sich und erzählen sich falsche Geschichten. Urteilskraft muss beides hinterfragen.

Urteilskraft jenseits des Werkzeugs

Die Zukunft offen zu halten erfordert Erfahrungen ohne garantierten Ertrag und die Macht, Abkürzungen abzulehnen: eine Plattform, die zu viele Spuren des Denkens verlangt, eine Kennzahl, die Forschung verengt, einen Vertrag, der einen Anbieterwechsel unmöglich macht.

Abschlüsse und Microcredentials bescheinigen einen Bildungsweg, sind aber keine automatischen Schlüssel, die zu jeder Handlung berechtigen. Die Universität muss gewissenhaft zertifizieren, was ein Mensch gelernt hat, und ihm die Grenzen seiner Rolle vermitteln. Ein Qualifikationsnachweis eröffnet eine Möglichkeit. Der Kontext entscheidet, welche Verantwortung er trägt.

Als Sofia den Campus verlässt, erinnert sie sich an die richtige Antwort ebenso wie an den Einwand, den sie nicht erwartet hatte. Die Quelle, die glaubwürdig erschien, sieht sie nun anders. Vor allem nimmt sie eine Gewohnheit mit: zu fragen, woher eine Behauptung stammt, wer außerhalb der Kategorie bleibt, was sie widerlegen könnte und welche Folgen es hätte, sie zu vertreten.

Diese Gewohnheit wird Sofia in die Arbeitswelt begleiten. Damit sie erhalten bleibt, muss die Unterstützung Sofia eine Hypothese formulieren lassen, bevor sie ihr Schritte und Alternativen anbietet, und sich dann zurücknehmen, wenn ihre Urteilskraft wächst. Eine bessere Antwort ist von begrenztem pädagogischem Nutzen, wenn Sofia danach weniger in der Lage ist, die nächste zu überprüfen. Das Seminar hat ihr einen Weg gezeigt, diesen Verlust zu bemerken. Wenn sie zu der Quelle zurückkehrt, die die Gruppe hinterfragt hat, kann sie erklären, warum sie ihrer ersten Lesart nicht mehr vertraut.

KAPITEL 7

Was der Zwilling nicht kann

Davide unterschreibt ein Angebot, das er nicht vollständig versteht. Das elegante und plausible Dokument kommt fertig ausgearbeitet, mit Klauseln, die er früher mit einer fachkundigen Person erörtert hätte. Das System bestätigt die Einhaltung des Unternehmensstandards, weist jedoch nicht darauf hin, dass eine Bestimmung ein neues Risiko auf den Kunden verlagert. Weil er den vertrauten Ton erkennt, genehmigt Davide das Angebot und erhält die Zusage des Kunden. Gerade dieser Erfolg beunruhigt ihn: Wenn er den Gedankengang nicht mehr selbst durchläuft, wie lange wird er dann noch eine fehlerhafte Klausel erkennen, sie erklären und dafür einstehen können, wenn etwas schiefgeht?

Das Problem verlangt eine nachvollziehbare Delegation. Mit dem Begriff operativer Zwilling bezeichne ich ein System, das mit einer beruflichen Identität oder dem Mandat einer Rolle verknüpft und dazu autorisiert ist, innerhalb eines ausgewiesenen Rahmens zu unterstützen, vorzuschlagen, zu entscheiden oder auszuführen. Der Begriff beschreibt eine Regelung der Zusammenarbeit und keine digitale Nachbildung eines Menschen. Einem Assistenten einen einprägsamen Namen oder eine Persönlichkeit zu geben, schafft diese Regelung noch nicht. Als Architektur der Delegation macht sie sichtbar, wer was welchem System anvertraut, für wie lange, auf Grundlage welcher Nachweise und mit welchen Möglichkeiten zum Stoppen, zum Rechtsschutz und zum Widerruf.

Womit man beginnt

Am nächsten Tag öffnet Davide das Angebot erneut, gemeinsam mit der Leiterin der Rechtsabteilung und der Kollegin, die die Angebote vorbereiten wird. Der Anbieter möchte sofort Berechtigungen und Schwellenwerte konfigurieren. Sie beginnen dagegen mit dem angenommenen Vertrag und dem Schaden, den eine fehlerhafte Klausel verlagern könnte. Ein Nachtrag weist dem Unternehmen das Risiko und die Kosten der Berichtigung der Klausel zu, und der Kunde nimmt ihn an. Fehler und Behebung bleiben in der Fallakte. Erst dann legen sie die Delegation und ihre Grenzen fest. Der 2050-Test fragt, ob Nachweise, Verantwortung, Anfechtungsmöglichkeiten und Ausstieg ausreichen, um diese Befugnis zu übertragen. Die Benutzeroberfläche kommt danach.

Der Test liefert keinen Punktwert, den die Software selbstständig in eine Freigabe übersetzen könnte. Der automatische Entwurf verspricht Schnelligkeit, doch eine Haftungsbestimmung kann die Einnahmen des Unternehmens berühren und nach der Unterschrift nur schwer rückgängig zu machen sein. Davide legt deshalb die Schwelle fest, bevor er die Benutzeroberfläche öffnet: Vergleiche und Vorschläge gehören zum Aufgabenbereich des Systems, Versenden und Unterschreiben liegen außerhalb. Fehlt ein einschlägiger Präzedenzfall oder lässt sich der Unterschied nicht innerhalb der für die Verhandlung verfügbaren Zeit erklären, muss der Vorgang eine fachkundige Person erreichen.

Erst dann kommt der operative Zwilling ins Spiel. Seine Aufgabe besteht darin, bereits akzeptierte Bedingungen in ein beobachtbares Mandat zu übersetzen. Die Delegation muss schon vor dieser Übersetzung begründet sein. Er bereitet eine Alternative vor, bewahrt dabei die Quelle auf und vergleicht die Klausel mit der genehmigten Fassung, um zu zeigen, an welcher Stelle sich das Risiko verändert. Er kann weder auf die Unterschrift zugreifen noch das Dokument an den Kunden senden oder seine Berechtigung auf ähnliche Verträge ausdehnen. Der Test bestimmt die Bedingungen, die vor Beginn des Ablaufs erfüllt sein müssen. Der Zwilling macht diese Bedingungen während der Arbeit sichtbar, und die Instrumente des Lebenszyklus überprüfen sie erneut, wenn sich die Arbeit oder ihr Kontext verändert. Wird der anfängliche Test nicht bestanden, entsteht keine Autorisierung. Widerlegen spätere Nachweise die Delegation, rettet sie auch eine gute frühere Leistung nicht.

Die Schwelle kann jedoch erodieren. Ein Modell wird aktualisiert, Klauseln ändern sich, die fachkundige Person verlässt das Unternehmen oder die Arbeitsbelastung macht Bestätigungen zur bloßen Formalität. Die Instrumente des Lebenszyklus machen diesen Abstand sichtbar, indem sie dem Mandat eine verantwortliche Person zuweisen, Anforderungen an Nachweise und Überprüfungen festlegen, Abweichungen und Vorfälle erfassen, einen eingeschränkten Betriebsmodus aufrechterhalten und den Ausstieg erproben. Sie sind kein dritter Weg, dieselben Fragen zu stellen, sondern prüfen, ob die zu Beginn gegebenen Antworten noch hinreichend zutreffen, um die Autorisierung aufrechtzuerhalten.

Fünf Elemente müssen voneinander getrennt bleiben. Die Fähigkeit bezeichnet, was das System tun kann. Ein Qualifikationsnachweis bescheinigt den Studienverlauf oder eine Qualifikation der Person, ohne für sich allein ihre gegenwärtige Kompetenz zu gewährleisten. Die Autorisierung legt fest, welche Handlung in diesem Kontext zulässig ist. Die Aufsicht bestimmt, ob die Handlung für jemanden sichtbar und verständlich ist, der noch Zeit hat, sie zu ändern. Die Verantwortung weist die Pflicht zu, die Folgen zu erklären und für sie einzustehen. Werden diese Elemente verwechselt, erscheint die Person verantwortlich, die einen Qualifikationsnachweis oder einen Platz in der Benutzeroberfläche behält, während die tatsächliche Befugnis anderswo ausgeübt wird.

Vier Modi der Delegation

Der Modus beantwortet eine Frage: Welche Befugnis übt der Zwilling bei dieser Aufgabe aus? Im Modus Unterstützt ordnet er Informationen, übersetzt, sucht nach Unstimmigkeiten, simuliert oder bereitet Materialien vor; er wählt jedoch weder das Ergebnis aus, das jemanden binden wird, noch erzeugt er externe Wirkungen. Auch wenn er mehr Präzedenzfälle abrufen kann als eine Fachkraft, liegt die Grenze darin, dass die verantwortliche Person bei der Definition des Problems die Initiative ergreift und die Kontrolle über das Handeln behält.

Im Modus Schlägt vor ordnet das System die Alternativen und empfiehlt eine davon. Es muss die entscheidenden Daten und Kriterien, verworfene Alternativen, Unsicherheit und die Bedingungen sichtbar machen, die die Empfehlung widerlegen könnten. Die menschliche Bestätigung hat dann einen Wert, wenn die Person, die entscheidet, das Ergebnis ändern oder ablehnen kann und dafür genügend Zeit hat, ohne manipulative Benutzeroberflächen oder Verfahren, die jeden Widerspruch als Anomalie behandeln.

Im Modus Entscheidet wählt der Zwilling innerhalb autorisierter Regeln ein Ergebnis aus; im Modus Führt aus bewirkt er die Folge, indem er beispielsweise einen Auftrag versendet, einen Zugang ändert oder ein Gerät aktiviert. Beide Funktionen können getrennt bleiben, denn ein System kann entscheiden und auf eine Bestätigung warten oder eine von einem Menschen gewählte Handlung ausführen. Entscheidet es und führt es ohne einen weiteren Kontrollpunkt aus, ist seine Befugnis am größten. Alle Modi als „Unterstützung" zu bezeichnen, verbirgt genau den Unterschied, der geregelt werden muss.

Autorisierungsstufen

Der Modus sagt, welche Befugnis ausgeübt wird. Die Stufe legt fest, wie häufig und in welchem Umfang diese Befugnis ausgeübt werden darf. Auf Stufe null beobachtet das System und erklärt, was es sieht. Auch Simulation gehört zu seinem Aufgabenbereich, doch es erzeugt keine externen Wirkungen. Auf Stufe eins erhält es eine Autorisierung für einen einzigen Fall, die mit diesem Fall endet und keinen Präzedenzfall schafft.

Auf Stufe zwei umfasst die Autorisierung einen wiederkehrenden Rahmen: Aufgabenklasse, Dauer, Zugangsbedingungen und

Schwellen zum Stoppen. Auf Stufe drei überträgt das anpassungsfähige Mandat dem System innerhalb eines abgegrenzten Zwecks die Wahl der Reihenfolge oder der Mittel. Dies erfordert Rückverfolgbarkeit, Unterbrechung, Kontrolle der Arbeitsbelastung und eine Wiederherstellung, die dem möglichen Schaden angemessen ist. Daraus folgt keine allgemeine Übertragung der Befugnis, über die Person zu entscheiden.

Die Stufen beschreiben den Umfang der Autorisierung. Derselbe Zwilling kann auf Stufe zwei Termine ordnen, auf Stufe eins einen Vertrag ändern und auf Stufe null vor einer Entscheidung stehen, die er nicht treffen darf. Eine gute Leistung autorisiert keine verwandten Aufgaben, denn jede Erweiterung verlangt Nachweise, und Änderungen an Modell oder Daten ebenso wie an Verfahren oder Kontext können den Rahmen verengen. Ich betrachte Autonomie als widerruflich, weil Fähigkeit allein ihren Umfang nicht bestimmen kann und das Mandat dem Risiko angemessen bleiben muss.

Der Tutor-Zwilling wird immer weniger gebraucht

Aufbauend auf der bereits begonnenen Arbeit mit der jüngeren Kollegin macht Davide die Begleitung zu einer Regel des Mandats. Bevor sie Hilfe erhält, formuliert sie eine Hypothese und nennt die Quelle, die sie stützt. Sie benennt ihren Zweifel, bevor der Zwilling Abweichungen zeigt. Entgegenstehende Präzedenzfälle und Alternativen werden erst verfügbar, nachdem sie selbst versucht hat, diesen Gedankengang zu entwickeln. Bleibt die Begründung unsicher, greift die Expertin ein. Die Ausbildungsakte enthält keinen persönlichen Punktwert, sondern nur die wesentliche Spur: Fehler, Quelle, Korrektur und Erklärung.

Nach zwölf Fällen erprobt Davide eine Abkürzung, bei der das System sofort die kritische Passage hervorhebt und die genehmigte Formulierung vorschlägt. Der Zeitaufwand sinkt. Doch als eine Klausel eine neue Formulierung verwendet, folgt die Kollegin dem grafischen Signal und übersieht die Ausnahme. Das Ergebnis ist schneller und weniger verlässlich. Davide stellt die ursprüngliche Reihenfolge wieder her: zuerst die Hypothese der Person, dann die Hilfe. Der Zwilling muss Urteilskraft sichtbar und überprüfbar machen, ohne ihr vorzugreifen.

Der Abbau der Abhängigkeit wird nun Teil des Mandats. Anfangs begleitet der Zwilling jeden Fall. Später greift er nur noch bei neuen Formulierungen oder ausdrücklich benannten Zweifeln ein. Jede Woche rekonstruiert die Kollegin einen Vorgang von Grund auf und ohne das System, um zu prüfen, ob sie noch die Quelle finden, Fassungen vergleichen, ihre Wahl erklären und vor einer Grenze innehalten kann. Lassen diese Fähigkeiten nach, wird der Rahmen nicht erweitert. Begleitung und Erprobung werden wieder aufgenommen. Auch die Organisation braucht einen Weg, um weiterzuarbeiten. Quellen und Gründe für Ausnahmen bleiben exportierbar, ebenso gescheiterte Fälle, die zeigen, wo der Ablauf versagt. Mehrere Personen wechseln sich bei der Überprüfung ab, und die Weiterbildung wird bei der Arbeitsbelastung berücksichtigt. Ein Produkt, das pro Anfrage bezahlt wird, hat einen Anreiz, die Abhängigkeit aufrechtzuerhalten; dieser Anreiz muss im Mandat offengelegt werden. Ein Ausfall prüft, was die Organisation bewahrt hat. Gewöhnliche Fälle werden weiterbearbeitet, Fälle, die niemand steuern kann, werden angehalten.

Nach einigen Wochen erkennt die Kollegin eine Ausnahme, bevor der Zwilling sie markiert. Die anschließende Kontrolle bestätigt das Problem. Davide erweitert das Mandat nicht automatisch, sondern ergänzt bei der Überprüfung die eingesparten Minuten um eine neue Kennzahl und zählt die Gelegenheiten, bei denen das System schweigen konnte. Der Tutor-Zwilling ist erfolgreich, wenn die Person ihre Urteilskraft zurückgewinnt und weniger Unterstützung braucht.

Ein lebendiges Mandat

Karim erkennt diese Logik in der Logistik wieder. Seine Qualifikationen bilden keinen einzelnen Titel, sondern betreffen bestimmte

Waren, die Kühlkette, Gefahrstoffe und die Koordination einer Flotte. Jede kann dem Zwilling einen genau bestimmten Teil der Arbeit öffnen. Läuft eine Qualifikation ab, ändert sich ein Verfahren, überschreitet eine Schicht die Grenzen dessen, was noch sicher ist, oder gerät eine Anlage in einen Notfall, verengt sich der Rahmen. Derselbe Qualifikationsnachweis führt in einem gewöhnlichen Lager, in einem Hafen und während einer Störung zu unterschiedlichen Autorisierungen.

Das Mandat des operativen Zwillings sollte daher wie eine lebendige Übersicht lesbar sein, die den zulässigen Zweck, die Aufgaben, den Modus und die Stufe nennt und zeigt, wer autorisiert, welche Daten verwendet werden dürfen, wie lange das Mandat gilt und unter welchen Bedingungen es ausgesetzt wird.

Es erfasst Handlungen und Ausnahmen, einschließlich der Momente, in denen ein Mensch eingreift. Die Übersicht benennt, wer einen Alarm erhält und wer dazu befugt ist, das System zu stoppen, und beauftragt jemanden, das Geschehen anschließend zu rekonstruieren. Fehlende Angaben verdecken die Komplexität der Delegation, statt die Regelung einfacher zu machen.

Menschen müssen ein Mandat lesen und seine Bedingungen anfechten können. Zudem müssen sie seine Bestandteile voneinander trennen können, statt sämtliche Funktionen als Paket annehmen zu müssen. Qualifikationsnachweise und Register müssen zwischen Anbietern übertragbar bleiben, damit Menschen verschiedene Aufgaben verschiedenen Systemen zuweisen und weiterhin Aussetzungen und Widerrufe anfechten können. Der Entwickler steht für verschwiegene Grenzen ein; die Organisation für Arbeitsbelastung, Verfahren und Weiterbildung; die entscheidende Person nur für Entscheidungen, die sie verstehen und ändern konnte. Verantwortung muss der tatsächlichen Befugnis folgen, ohne dem Kunden die Kosten der Aufsicht aufzubürden.

Die Risikomatrix

Die Matrix beantwortet eine andere Frage als Modus und Stufe: Wie schwer wiegt der Fehler, und wie viel Zeit bleibt, um ihn zu erkennen und seine Wirkungen zu stoppen, sodass noch genügend Zeit zur Behebung bleibt? Die erste Achse betrifft die Folgen für Rechte, Gesundheit, Einkommen, Freiheit, Sicherheit oder wesentliche Dienste; die zweite das Kontrollfenster. Die betroffene Bevölkerung, die Qualität der Daten, Intransparenz und Kaskadeneffekte bestimmen die Einordnung genauer.

Ist die Wirkung begrenzt und rückgängig zu machen, kann der Zwilling im Modus Führt aus innerhalb eines stabilen Rahmens arbeiten, mit lesbaren Registern und Stichprobenkontrollen. Eine interne Warteschlange neu zu ordnen oder veränderbare Termine vorzuschlagen, gehört häufig in diesen Bereich. Rückgängig zu machen bedeutet nicht kostenlos, sondern nur, dass noch Zeit zum Stoppen und Wiederherstellen bleibt. Nehmen die Fehler zu oder verringert der Kontext die Möglichkeit zur Wiederherstellung, wird der Modus eingeschränkt.

Ist die Wirkung schwerwiegend, aber rückgängig zu machen, arbeitet der Zwilling im Modus Unterstützt oder Schlägt vor; die Modi Entscheidet und Führt aus verlangen eine vorherige Bestätigung und angemessene Kompetenz. Ist die Wirkung begrenzt, aber nur schwer rückgängig zu machen, kann Wiederholung sie unumkehrbar machen. Deshalb erfordern eine öffentliche Mitteilung oder ein weitreichender Ausschluss ein begrenztes Volumen, eine Erprobung im Schattenbetrieb und einen Stopp bei der ersten Abweichung.

Ist die Wirkung schwerwiegend und innerhalb des verfügbaren Fensters nicht rückgängig zu machen, darf der Zwilling die Situation erklären oder simulieren und auf Bedenken hinweisen. Er darf nicht im Modus Entscheidet oder Führt aus arbeiten. Eine hohe Gesamtleistung gleicht es nicht aus, wenn ein Fehler nicht erkannt oder nicht gestoppt wird, solange eine Wiederherstellung noch möglich ist; deshalb ist Schlägt vor der höchstzulässige Modus.

Das Aufsichtsbudget

Das Aufsichtsbudget vergleicht die vom System erzeugte Belastung mit der tatsächlichen Kapazität derjenigen, die es kontrollieren müssen. Gleichzeitigkeit, Geschwindigkeit, Intransparenz, Ausnahmen und Schweregrad erhöhen den Bedarf; Zeit, Kompetenz, nutzbare Informationen, Befugnis zum Stoppen und Wiederherstellungsmöglichkeiten stützen diese Kapazität. Der Unterschied wird nicht im Organigramm gemessen, sondern unter Belastung.[23]

Bei der Abnahmeprüfung verwendet Luca vierzig archivierte Fälle und verdichtet den Ablauf bis zu dem Tempo, das für die Spitzenzeiten erwartet wird. Der Zwilling erzeugt keine Wirkungen, während er Anfragen ordnet und der Aufsichtsperson den wichtigsten Grund für die vorgeschlagenen Prioritäten zeigt. Anfangs treffen die Ausnahmen mit Abstand ein. Die mit der Aufsicht betraute Person öffnet das Register, vergleicht die entscheidende Angabe und bestätigt oder stoppt den Vorgang. Die Station beobachtet die Zeiten und sieht eine Aufsicht, die zu funktionieren scheint. Dann bittet Luca darum, Abwesenheiten und einen Schichtwechsel einzubauen, bei dem zwei Anfragen fast gleichzeitig eintreffen – gewöhnliche Bedingungen, die in der Vorführung des Anbieters voneinander getrennt geblieben waren. Auf dem Bildschirm ändert sich die Zahl der Aufsichtspersonen nicht. Die Menge an Aufmerksamkeit, die in derselben Minute verlangt wird, ändert sich sehr wohl.

Nach elf korrekten Bestätigungen stellt sich ein Rhythmus ein. Die Zusammenfassung erscheint, der Cursor erreicht die Schaltfläche, und die Kontrolle dauert nur wenige Sekunden. In den letzten zwei Minuten der Erprobung treffen sechs Ergebnisse ein: Drei ähneln einander, bei zwei fehlen Daten, und eines hängt von einer Notiz mit einer ungewöhnlichen Abkürzung ab. Das System ordnet die Notiz den zweitrangigen Informationen zu und lässt die Hauptanzeige grün. Die Aufsichtsperson könnte sie öffnen, muss jedoch im selben Augenblick auf zwei Warnmeldungen reagieren und einen

Vorgang wiederaufnehmen, der wegen der Verbindung halb erledigt geblieben ist. Sie bestätigt. Das Kästchen erfasst die Anwesenheit eines Menschen, ohne zu zeigen, dass das Zeitfenster zum Verstehen bereits geschlossen ist.

Der Fall ist archiviert, und niemand ist von der Entscheidung betroffen. Als die Gruppe den Ablauf erneut öffnet, verändert die Notiz jedoch die Priorität. Die Fachkraft, die das Ergebnis bestätigt hatte, erkennt das Problem sofort, sobald sie die Notiz außerhalb der Warteschlange liest. Ihr fehlten weder die Kompetenz noch das formale Recht, das System zu stoppen. Ihr fehlten vierzig Sekunden und eine Benutzeroberfläche, die die Ausnahme vom Rauschen trennen konnte. Der Anbieter zeigt, dass alle Elemente verfügbar waren, und betrachtet die Aufsicht als gelungen. Luca verweist auf die Zeit: Daten technisch zugänglich zu machen, nachdem die Aufmerksamkeit eines Menschen bereits gesättigt wurde, vergleicht er damit, einen Schlüssel auszuhändigen, nachdem die Tür schon zugefallen ist.

Die Station verändert die Bedingungen der Aufsicht. Sie verringert die Zahl gleichzeitiger Fälle, verhindert die Ausführung, wenn eine als wesentlich festgelegte Angabe fehlt, und weist ungelösten Warnmeldungen einen Kanal zu, der nicht in der Zusammenfassung verdichtet werden kann. Oberhalb der Belastungsschwelle sinkt der Zwilling auf eine niedrigere Stufe, und die Warteschlange wechselt in den eingeschränkten Betriebsmodus. Eine zweite Person kontrolliert nur die Ausnahmen mit hoher Tragweite, während die zuerst kontrollierende Person die Befugnis behält, den gesamten Ablauf zu stoppen. Die neue Gestaltung verursacht Kosten, weil in den Spitzenzeiten einige Antworten warten müssen und ein Teil der versprochenen Einsparung verschwindet. Diese Kosten gehen zusammen mit dem vermiedenen Schaden in das Budget ein. Sie werden nicht als menschliche Ineffizienz verborgen.

Bei der nächsten Erprobung legt Luca denselben Fall an einer anderen Stelle erneut vor. Als die mehrdeutige Notiz erscheint, blockiert das System weitere Schritte und zeigt an, welches Element für die Bestätigung fehlt. Die Warteschlange wird langsamer. Die Aufsichtsperson öffnet das Register, erkennt den Konflikt und leitet den Fall an jemanden mit der erforderlichen Kompetenz weiter. Die Station folgert nicht, sie habe die Aufsicht ein für alle Mal wirksam gemacht. Sie hat eine Konfiguration gefunden, die der Aufsichtsperson Zeit gibt, die relevanten Informationen zu prüfen und ihre Befugnis auszuüben, bevor die Wirkung eintritt.

Das Aufsichtsbudget muss bei jeder Änderung von Volumen, Modell oder Personal neu bewertet werden, denn das Mandat muss verengt werden, wenn der Bedarf erneut die Kapazität übersteigt, auch wenn sich die durchschnittliche Genauigkeit nicht verändert.

Wo das Mandat enden muss

Die Station verwandelt die Matrix in eine Prüfung der Rekonstruierbarkeit. An einem bereits abgeschlossenen Fall fragt Luca, welche Daten verfügbar waren, welche Regel die Priorität verändert hatte, was den Vorschlag hätte widerlegen können und wer ihn stoppen konnte. Eine vollständige Offenlegung des Modells ist nicht nötig, doch innerhalb der im Fall verfügbaren Zeit muss eine fachkundige Person genügend von dem entscheidenden Schritt rekonstruieren können, um den strittigen Punkt zu erkennen und zu handeln.

Bricht die Kette vorher ab, ist das Risiko noch nicht steuerbar.

Die Rekonstruktion kann an drei Formen der Intransparenz scheitern. Vertragliche Intransparenz entzieht Register, Datenaufbewahrung oder Erklärungen den ausgehandelten Zugriffsrechten. Die Intransparenz des Modells erschwert es, Repräsentationen und Schritte selbst bei Mitwirkung des Anbieters in nutzbare Gründe zu übersetzen. Strukturelle Intransparenz entsteht aus dem Geflecht von Komponenten und Aktualisierungen mit Agenten und Organisationen: Alle sehen einen Teil, niemand verfügt rechtzeitig über das Gesamtbild. Den Code offenzulegen kann zwar helfen, ersetzt aber nicht das für das Handeln nötige Verständnis des Punktes, an dem eine fachkundige Person noch Zeit und Befugnis hat, gegen die vorgeschlagene Handlung einzugreifen.[24]

Der erforderliche Nachweis verändert sich mit dem Ergebnis. Eine Temperatur außerhalb des zulässigen Bereichs oder eine in einem Dokument enthaltene Klausel ermöglichen einen relativ schnellen Vergleich. Eine klinische Priorität oder die Schwelle, ab der eine Ausnahme zur Regel wird, enthalten Wertentscheidungen und spät eintretende Folgen. Historische Genauigkeit und eine plausible Erklärung zeigen, wo man suchen sollte, weisen aber nicht nach, dass der gegenwärtige Fall derselben Welt angehört. Passt die Überprüfung nicht in das Kontrollfenster, liegt die Grenze bei der Befugnis, die sich verlässlich anvertrauen lässt.

Das anzuerkennen verlangsamt einige Abläufe, verlangt mehrfach vorhandene Fachkompetenz und nutzbare Register und kann einen Menschen länger auf eine Antwort warten lassen. Die Kosten des Wartens müssen zusammen mit den Kosten des Fehlers offengelegt werden. Die Station kann das Volumen verringern, die Kontrolle vorziehen, das Mandat verengen oder in menschliche Kapazität investieren. Sie kann eine Bestätigung, die erst nach Verstreichen der Möglichkeit zum Eingreifen eintrifft, nicht „Aufsicht" nennen.

Es bleibt eine politische Entscheidung: Wer bezahlt die zum Verstehen nötige Zeit und die Prüfungen, deren Kosten eine kleine Organisation nicht auf viele Fälle verteilen kann? Wo weder ausreichendes Verständnis noch eine unabhängige Überprüfung in das Kontrollfenster passen, bleibt Schlägt vor der höchstzulässige Modus. Das System kann finden, was ein Mensch nicht gesehen hätte. Die verbindliche Entscheidung bleibt bei einer erreichbaren Person, die nach ausgewiesenen Kriterien handelt und die Befugnis hat, Nein zu sagen.

Woran der Zwilling scheitert

Der Zwilling versagt, wenn der Mensch zur Zierde wird und nur spät eine Zusammenfassung und eine Aufforderung zur Bestätigung erhält, während Daten und Alternativen weiterhin nur mit hohem Aufwand einzusehen sind. Kompetenz kann verkümmern, wenn Übung und unabhängige Kontrolle wegfallen, und das Mandat hängt vom Anbieter ab, der den Zugang zu den Nachweisen ebenso wie die Erteilung und den Widerruf von Autorisierungen kontrolliert. Hohe Leistung allein garantiert weder rechtzeitige Kontrollen noch die Fähigkeit der Organisation, einen Ausstieg zu rekonstruieren. Bei mehreren Software-Agenten wandert das Risiko durch die Kette: Einer beauftragt den nächsten, ein Vorschlag wird zur Voraussetzung, und niemand prüft den Übergang der Befugnis erneut. Das Register muss Abhängigkeiten und miteinander zusammenhängende Fehler verfolgen, nicht nur einzelne Handlungen. Übermäßige Überwachung, zurückgehaltene Qualifikationsnachweise, nicht ersetzbare Modelle und Verfahren, die ohne den Anbieter zusammenbrechen, bleiben Gründe für Ablehnung oder Stopp.

Das Erprobungsprotokoll

Die Erprobung beginnt vor dem Einschalten. Die Organisation definiert ein legitimes Ergebnis, verbotene Handlungen, einen menschlichen Vergleichsmaßstab und die Gruppen, die Nutzen oder Kosten ausgesetzt sind. Sie zerlegt die Arbeit in Aufgaben, weist Modus, Stufe und Risiko zu, baut eine Bibliothek realistischer Fehlschläge auf – Ausnahmen, unvollständige Daten, widersprüchliche Anweisungen, Überlastung und Nichtverfügbarkeit – und legt fest, wer den Test stoppen darf und welche Ereignisse dies zwingend erfordern.

Anschließend geht der operative Zwilling in den Schattenbetrieb: Er beobachtet und erzeugt Ergebnisse, die nicht angewendet werden. Es folgen Simulationen, darunter gezielt gegen das System gerichtete Fälle, die Schwächen aufdecken sollen. Danach bearbeitet das System ein begrenztes Volumen mit rückgängig zu machenden Wirkungen, bevor es einen größeren Rahmen erhält. Die Erprobung schließt die tatsächliche Arbeitsbelastung ein und misst Leistung, Zeit bis zum Schaden, Erkennung und Wiederherstellung, ausgebliebene Eingriffe, Erklärungen, verbleibende Kompetenz, Ungleichheiten und Machtkonzentration. Die zusätzlichen Bedingungen für den Einsatz eines zweiten Kontrollsystems stehen im Erweiterten Prüfprotokoll mit zwei Systemen unter den im Anhang genannten Online-Ressourcen. Eine zweite Antwort erweitert das Mandat nicht von selbst.

Jede Autorisierung läuft ab und enthält Schwellenwerte für Aussetzung und Wiederaufnahme. Die Menschen kennen das Mandat und können das Ergebnis anfechten. Fehlschläge und Kosten werden vor einer Erweiterung geprüft. Kann der Dienst weder unterbrochen noch in einem eingeschränkten Betriebsmodus fortgeführt werden, hat die Erprobung bereits Abhängigkeit geschaffen.

Für die Unterschrift einstehen

Für Davide hängt das Unterschreiben nun davon ab, ob er den strittigen Punkt erklären kann. Kann er es nicht, greift eine fachkundige Person ein oder der Vorgang bleibt ausgesetzt. Auf der Station muss Luca dieselbe Bedingung in einem wesentlich kürzeren Intervall wirksam machen, bevor ein Fehler den Körper eines Menschen erreicht. In jedem Umfeld braucht es eine verantwortliche Person, die noch in der Lage ist, das Ergebnis zu stoppen. Davides Berechtigungsregister gibt dieser Anforderung eine praktische Form. Der Zwilling darf die überarbeitete Klausel vorbereiten, doch über sein Konto kann das Dokument nicht an den Kunden versendet werden.

KAPITEL 8

Behandeln, ohne zu entmenschlichen

Wenn Luca die Station noch vor Tagesanbruch betritt, hat das System bereits Patientenakten, Untersuchungen, Unverträglichkeiten zwischen Medikamenten und die während der Nacht eingegangenen Signale geordnet. Auf dem Tablet findet er eine Karte der Prioritäten mit Quellen, Unsicherheiten und Veränderungen gegenüber dem Vortag. Die Diagnose liegt weiterhin außerhalb des Mandats. Der konkrete Nutzen liegt darin, früher zu sehen, was in der Eile sonst untergehen könnte.

Die Station wendet nun die bei der Erprobung festgelegte Regel an: Das System sammelt und ordnet. Ein Vorschlag verändert den Versorgungspfad nur, wenn eine benannte Person über die Daten und genügend Zeit verfügt, ihn zu hinterfragen, und auch die Befugnis hat, aufgrund dieser Prüfung zu handeln. Im Gesundheitswesen lautet die Frage nicht nur, wie viel die Maschine sieht, sondern wie diese Fähigkeit in die Versorgung eingeht und wer erreichbar bleibt, wenn ein Körper in einer Zusammenfassung nicht vollständig aufgeht.

Luca begegnet Teresa im Verlauf ihrer Versorgung. Sie ist achtundsiebzig Jahre alt, lebt allein, nutzt unaufdringliche Sensoren und möchte nicht zur ständigen Bürokratie vermeidbarer Besuche und wiederholt abgefragter Informationen zurückkehren. Das häusliche Monitoring ermöglicht ihr, mit größerer Selbstständigkeit zu Hause zu bleiben. Gerade dieser Nutzen verleiht Teresas Forderung mehr Gewicht: Das System darf weder zum Orakel noch zur vollständigen Biografie ihres Körpers werden.

Eines Nachts verändern sich mehrere Parameter zugleich. In Teresas Akte weicht die Ruheherzfrequenz von ihrem üblichen Verlauf ab, der Glukosesensor zeichnet ungewöhnliche Werte auf und ihre Bewegung nimmt ab. Für sich genommen ergeben die Signale keine Diagnose. In ihrer Abfolge werfen sie eine Frage auf. Das System vergleicht sie mit der verfügbaren Vorgeschichte, zeigt, welche Messungen von den Geräten und welche aus den Aufzeichnungen der Patientin stammen, und stuft den Fall dann als aufschiebbar ein: die Messungen zu Hause wiederholen und Teresa bis zum nächsten Tag erneut kontaktieren. Es ändert weder ihre Therapie noch sendet es Anweisungen außerhalb des Versorgungsnetzes.

Auf Lucas Tablet erscheint der Vorschlag übersichtlich geordnet neben einer unauffälligen Schaltfläche: „Priorität bestätigen". Der vorgeschlagene Weg ist umsichtig und plausibel. Gerade deshalb ist die Geste verlockend. Eine Bestätigung würde die Akte in die Warteschlange für das häusliche Monitoring verschieben und den Bildschirm für den nächsten Fall freigeben. Luca hat bereits viele Zusammenfassungen der Nacht gelesen, die Station füllt sich, und kein einzelnes Signal scheint Eile zu gebieten. Einen Augenblick lang bietet die Farbe des Feldes die Erleichterung einer Entscheidung, die schon fertig vor ihm liegt.

Die Unsicherheit wird nicht verborgen, denn ein Fenster weist auf das unvollständige Intervall hin und unterscheidet stabile Messwerte von solchen, die wiederholt werden müssen. Es bleibt jedoch geschlossen, bis es jemand öffnet, während der vorgeschlagene Weg die Mitte des Bildschirms einnimmt. Der Zweifel ist zugänglich, doch ihn zu prüfen kostet Minuten. Die Bestätigung braucht eine Minute und vermittelt sofort den Eindruck, den Fall im Griff zu haben.

Bevor Luca die Schaltfläche berührt, öffnet er jedoch die Angaben zur Herkunft der Daten. Einige Messungen sind kontinuierlich, andere fehlen ausgerechnet in dem Intervall, in dem sich die Kurve verändert. Teresas letzte Notiz beschreibt einen normalen Tag, stammt aber aus der Zeit vor der Verschlechterung. Die technische

Qualität des Signals allein lässt die Ursache der Abweichung ungeklärt. Eine Veränderung am Sensor oder in Teresas Tagesablauf könnte sie erklären; eine Veränderung in ihrem Körper bleibt eine weitere mögliche Erklärung. Auch die Position in der Warteschlange beantwortet nicht die entscheidende Frage, was sich für sie verändert hat, bevor das System es sichtbar machte.

Luca lässt den Vorschlag geöffnet. Er prüft die früheren Informationen, vergewissert sich, dass die Kontaktdaten zu dem vereinbarten Versorgungspfad gehören, und ruft Teresa an, ohne aus dem Warnsignal eine telefonische Diagnose zu machen. Er möchte wissen, was sie gespürt hat, wann es begonnen hat und was sie an diesem Morgen tun kann. Das System hat seine erste Aufgabe gut erfüllt, indem es eine fachkundige Person auf eine Veränderung aufmerksam gemacht hat. Der nächste Schritt verlangt eine Stimme, keinen weiteren Punktwert.

Wenn der Körper lesbar wird, bevor er wirklich erkrankt

Die vernetzte Medizin eröffnet die Möglichkeit, manche Probleme früher zu erkennen und die Versorgung chronischer Erkrankungen näher am Wohnort zu organisieren. Der klinische Nutzen muss jedoch im konkreten Einsatz für die jeweilige Erkrankung und den Versorgungspfad nachgewiesen werden. Wege zu vermeiden ist nur dann von Wert, wenn das Netz weiterhin reagieren kann und die Unterschiede zwischen den Quellen wahrt. Ein Herzfrequenzwert, ein Untersuchungsbefund, eine klinische Notiz, die selbst angegebene Therapietreue und eine abgeleitete Risikoeinschätzung sind nicht gleichermaßen zuverlässig. Ein schlecht angelegter Sensor oder ein veränderter Tagesablauf sind ebenso wenig Rauschen wie eine überhitzte Wohnung oder eine ausgelassene Medikamenteneinnahme. Jede dieser Möglichkeiten ist eine Hypothese, die geprüft werden muss. Ein vermessener Körper ist kein vollständig erkannter Körper.[25]

Teresa sagt es, ohne sich zur Systemexpertin zu machen: „Die Zahl kam vergangene Nacht, aber die Müdigkeit begann früher." Luca entscheidet sich nicht zwischen den Daten und ihrer Stimme. Er prüft, wie beides zustande gekommen ist, sucht danach, wo beides übereinstimmt und wo es weiterhin voneinander abweicht, und erklärt dann, welche Unsicherheit Aufmerksamkeit verlangt.

„Früher als was?", fragt Luca. Teresa sucht nicht nach dem richtigen Wort für das Gerät. „Seit gestern Nachmittag. Und wenn ich von der Küche in den Flur gehe, muss ich stehen bleiben; im Sitzen atme ich dagegen wie immer." Ohne ihr Antworten nahezulegen, fragt Luca, ob es weitere Veränderungen gebe, was sie eingenommen habe und ob sie die Messung wiederholen könne, während sie am Telefon bleiben. Die neue Messung tritt neben die nächtliche und fügt sich in ein Bild ein, zu dem auch ein geschildertes Symptom, ein unvollständiges Intervall und Teresas Kenntnis ihres eigenen Tages gehören.

Teresa spielt die Warnung nicht herunter und will zugleich nicht auf sie reduziert werden. Sie fragt, ob die Kontrolle bedeute, ins Krankenhaus zurückzukehren, und wer sie begleiten werde, falls das nötig sei. Luca erklärt ihr, dass die Entscheidung offenbleibt, denn zunächst wird er die Abfolge mit einer weiteren Fachperson besprechen und ihr anschließend sagen, welche Abklärung er empfiehlt und warum. Die Unsicherheit bleibt, hat aber ihre Form verändert. Beide haben die Situation nun weit genug gemeinsam erfasst, um sie besprechen zu können, statt lediglich ein Feld auf dem Bildschirm abzuarbeiten.

Das Netz muss offenlegen, wer zu welchem Zweck Zugang zu den Informationen hat. Der Zugang muss zeitlich begrenzt sein, und Menschen, deren Akte Fehler enthält, brauchen einen erreichbaren Weg, um deren Berichtigung zu verlangen.

Ein für die Versorgung nützliches Signal wird nicht zu Material für Versicherungen oder Arbeitgeber und ebenso wenig für kommerzielle Dienste. Technischer Zugang und klinisches Mandat sind nicht dasselbe, und autorisierte Nutzungen unterliegen weiterhin der Überprüfung.

Die Verteilung zählt ebenso sehr wie die Präzision. Wer zuverlässige Geräte und eine stabile Verbindung hat und auf sprachliche Unterstützung sowie einen reaktionsfähigen Dienst vor Ort zählen kann, hat bessere Voraussetzungen, kontinuierliche Daten zu erzeugen und rechtzeitig versorgt zu werden. Wird das Fehlen von Messwerten mit dem Fehlen eines Bedarfs verwechselt, werden schlechter versorgte Gebiete zugleich weniger sichtbar. Die Technologie verstärkt dann die Organisation, auf die sie trifft, einschließlich ihrer Ungleichheiten.[25]

Vorbeugen heißt nicht, jede Veränderung in eine Krankheit zu verwandeln. Während manche Veränderungen ein Eingreifen verlangen, brauchen andere eine Beobachtung oder eine Erklärung, die der Patientin hilft, das Geschehen zu verstehen, ohne in einem dauernden Alarmzustand zu leben. Der Nutzen der Vorhersage muss gemeinsam mit der Reaktionsfähigkeit des Systems gemessen werden; dabei sind Fehlalarme ebenso wie Angst und vermeidbare Untersuchungen zu berücksichtigen. Denn früher zu erkennen, ohne behandeln oder Klarheit schaffen zu können, kann die Kosten auf die Patientin verlagern.

Erweiterte Diagnostik und die Gefahr, Präzision mit Wahrheit zu verwechseln

Systeme zur Entscheidungsunterstützung können Bilder, Signale, Untersuchungsergebnisse und Krankengeschichten in einem Tempo vergleichen, das eine einzelne Fachperson nicht erreichen kann. Der Nutzen wird steuerbar, wenn die Station einen Systemfehler von klinischer Unsicherheit unterscheidet. Verknüpfen Sensor oder Modell die Signale falsch mit der Priorität, muss die Station den Fehler analysieren und das System erneut prüfen und nötigenfalls aussetzen. Lassen Daten und Symptome mehrere plausible Deutungen zu, muss eine klinische Fachperson den Menschen untersuchen und Zeit für eine revidierbare Entscheidung einräumen. Eine Korrektur des Modells beseitigt die Unsicherheit nicht. Eine zusätzliche

Ärztin oder ein zusätzlicher Arzt repariert kein unzuverlässiges Modell.

Zwei weitere Probleme sind keine Rechenfehler. Wenn Teresa das Risiko des Wartens gegen die Belastung eines Besuchs abwägt, tritt ein Wertekonflikt hervor, bei dem Luca die Alternativen erläutert, aber nicht an ihrer Stelle entscheiden kann, was zählt. Wenn der Besuch Transport, Konnektivität, sprachlichen Zugang oder einen nicht vorhandenen wohnortnahen Dienst voraussetzt, zeigt sich eine Ungleichheit beim Zugang, die keine noch so hohe Genauigkeit löst, solange sich die Organisation nicht verändert.

Die durchschnittliche Genauigkeit zeigt nicht, ob sich Fehler bei unterrepräsentierten Gruppen, bei Geräten unter abweichenden Einsatzbedingungen oder in Kontexten mit lückenhaften Daten konzentrieren. Das System muss am Einsatzort, für die relevanten Untergruppen und unter Belastung erprobt werden; Schwellenwerte müssen seine Aussetzung erlauben, wenn sich die Verteilung der Fehler verändert.

Die zweite Einschätzung kommt von der Pflegefachkraft des ambulanten Versorgungsdienstes, die Teresas übliche Messwerte kennt und mit Luca die wesentlichen Schritte des Gesprächs nachvollziehen kann. Sie wiederholt nicht den Punktwert. Sie unterscheidet, was das System beobachtet hat, von dem, was fehlt, und formuliert den klinischen Kern nüchtern: „Wenn ich nur auf die vergangene Nacht schauen würde, würde ich die Messung wiederholen. Bei dieser geschilderten Veränderung würde ich nicht bis morgen warten." Luca und die Pflegefachkraft erkennen den Wert des Warnsignals an. Durch die zweite Einschätzung findet die Überprüfung früher statt, als es die vom System vorgeschlagene Priorität vorsieht.

Luca bezieht die Einschätzung in sein klinisches Urteil ein und ruft Teresa erneut an. Er erklärt ihr, was beobachtet wurde, welche Rolle das System spielte, was unsicher bleibt und welche Alternativen bestehen. Nachdem er sich vergewissert hat, dass sie versteht und frei widersprechen kann, vereinbaren sie eine persönliche Untersuchung für denselben Tag, verbunden mit einer weiteren Messung und einer späteren Überprüfung. Die Therapie bleibt sowohl außerhalb des Mandats des Systems als auch außerhalb des Telefongesprächs. Die neuen klinischen Informationen machen Teresas unvollständige Geschichte klarer und rechtfertigen es, die Priorität zu ändern, auch wenn die Beobachtungen der Maschine weiterhin nützlich sind.

Der Plan umfasst auch die Zeit bis zur Untersuchung: Eine Person aus dem Dienst wird Teresa erneut anrufen, die Kontaktnummer für den Fall, dass sich ihre Atmung weiter verändert, bleibt deutlich sichtbar, und für einen möglichen Transport ist eine Ansprechperson benannt, sodass auch dieser Teil ausdrücklich geregelt ist. Die Hinweise werden getrennt vom Ergebnis des Modells festgehalten und gemeinsam mit ihr noch einmal durchgegangen. Mit einem Termin im Kalender bleibt die Betreuung in den Stunden bis dahin ungeregelt, sofern nicht jemand die Verantwortung übernimmt, den Fall bis zur Untersuchung weiterzuverfolgen.

Im Register bewahrt Luca den ursprünglichen Vorschlag, die Daten, den übernommenen Teil und die Abweichung auf. Er vermerkt die von Teresa beschriebene Veränderung, die zweite Einschätzung, die Vereinbarung zur Kontrolle, wer das Ergebnis erhalten wird und wann die Entscheidung erneut bewertet werden soll. Die Spur zeigt, wo sich der Weg verändert hat und aufgrund welcher Elemente, ohne zu verkünden, der Arzt habe gegen das Modell gewonnen.

Das Register fragt auch danach, was geschehen wäre, wenn niemand den Vorschlag erneut geprüft hätte: Wäre die Priorität blind bestätigt worden, hätte Teresa lediglich die Aufforderung erhalten, die Messungen zu wiederholen, und ihre Nachkontrolle wäre in der gewöhnlichen Warteschlange geblieben. Ob die Verzögerung einen Schaden verursacht hätte, lässt sich nicht wissen. Der Grund, dieses Risiko nicht einzugehen, war schon vor der Bestätigung in ihrer Stimme zu hören.

Bei der persönlichen Untersuchung nähern sich einige Messwerte Teresas üblichem Verlauf, während das von ihr geschilderte

Symptom weiterhin beobachtet werden muss. Luca und die Pflegefachkraft nehmen das Fehlen eines offensichtlichen Notfalls nicht zum Anlass, den Anruf für überflüssig zu erklären. Stattdessen erläutern sie, wann sie sich erneut melden soll, und vereinbaren für einige Tage häufigere Kontrollen. Eine namentlich benannte Person übernimmt die Verantwortung für die Übergabe. Die Vorsicht hat verhindert, dass die Unsicherheit in der Warteschlange zurückgelassen wurde, auch wenn die Untersuchung keine Katastrophe aufgedeckt hat.

Die Kosten bleiben sichtbar: Transport, Stunden außer Haus und Angst für Teresa; für den Dienst klinische Zeit, die anderen Fällen fehlt.

Da es die Versorgung schnell untragbar machen würde, auf jede Auffälligkeit mit dieser Vorsicht zu reagieren, erfasst die Station auch die ereignislosen Verläufe und passt Schwellenwerte, Benutzeroberfläche und Organisation der Rückrufe an. Um diese Entscheidung zu beurteilen, würde ich zu den damals verfügbaren Gründen zurückkehren und fragen, ob sie die auferlegte Belastung rechtfertigten. Ich würde auch fragen, ob tatsächlich eine weitere Betreuung stattfand. Die Erleichterung danach kann keine dieser beiden Fragen beantworten.

Intelligente Krankenhäuser, Berufe im Wandel, verteilte Versorgung

Zuhause, Apotheke, Arztpraxis, Labor, Krankentransport und Krankenhaus bilden nur dann ein durchgehendes Netz, wenn Übergaben und Verantwortlichkeiten ausdrücklich geregelt sind. Teresa sollte ihre Geschichte nicht an jeder Tür von Neuem beginnen und auch nicht feststellen müssen, dass ein digitaler Dienst seine Informationen nicht an den nächsten übergeben kann. Ein intelligentes Krankenhaus setzt Aufmerksamkeit frei, indem es Doppelarbeit verringert, Alarme begrenzt und manuelle Übertragungen zwischen inkompatiblen Systemen vermeidet, ohne zwischen Station und wohnortnaher Versorgung eine Lücke zu öffnen. Luca misst das gegenteilige Versagen, wenn die durch Automatisierung frei gewordene Zeit von Benachrichtigungen und zu bestätigenden Feldern wieder aufgesogen wird, sodass das Versprechen von mehr Präsenz zu weniger Zuhören führt.

Beim Schichtwechsel zeigt das Dashboard vierzig Warnmeldungen; Luca und die Pflegefachkraft halten nur sechs davon an diesem Morgen für tatsächlich überprüfbar. Der Koordinator weist diese sechs Warnmeldungen benannten Personen zu und setzt die Aufnahme neuer Akten in dieselbe Warteschlange aus. Technische Anfragen gehen an den Support, aufschiebbare Wiederholungsmessungen bleiben ausstehend, und Fälle ohne benannte Prüfperson gehen mit einer ausdrücklichen Übergabe in die nächste Schicht. Keine Priorität wird allein deshalb als überprüft markiert, weil sie einen menschlichen Namen trägt.

Für diesen Morgen wird das Mandat enger: Das System sammelt und ordnet weiter, während die Station auf einen Teil der versprochenen Geschwindigkeit verzichtet. Die Schicht wird auf diese sechs Fälle ausgerichtet. Die Schulung muss alle, die eine Warnmeldung erhalten, darauf vorbereiten, sie zu korrigieren oder an jemanden weiterzugeben, der dazu in der Lage ist. Die Grenze verschwindet nicht hinter einer Bestätigung, und die Kosten der Eile werden nicht unsichtbar auf Teresa oder die Fachkraft abgewälzt, die zuletzt geklickt hätte.

In der psychischen Gesundheitsversorgung haben einige strukturierte dialogfähige Instrumente bei klar definierten Studienpopulationen kurzfristige Besserungen depressiver Symptome gezeigt. Solche Befunde belegen nicht, dass dialogfähige Begleiter ohne festen Gesprächsrahmen Therapie leisten oder eine Krise zuverlässig erkennen können. Sie berechtigen nicht zu kontinuierlicher Überwachung. Das Mandat muss Notfälle, die Übergabe des Falls, Vertraulichkeit und erreichbare Fachpersonen benennen, ohne eine künftige Szene als Wirksamkeitsnachweis zu behandeln.[25,26]

Das Versorgungsnetz wird nach vermiedenen Schäden, Wartezeiten, Kontinuität, Ungleichheiten, Belastung der Beschäftigten, Anfechtungen und der Qualität seiner Erklärungen beurteilt. Ein

Gewinn in der Gesamtschau gleicht weder den Ausschluss einer Gruppe noch die Unfähigkeit einer Station aus, einen Fehler zu erkennen, bevor er sich verfestigt.

Genomik, personalisierte Therapien und die Gefahr einer Zwei-Klassen-Medizin

Die Personalisierung liefert eines der stärksten Argumente für Innovation im Gesundheitswesen, weil molekulare Informationen im Zusammenhang mit der klinischen und familiären Vorgeschichte bestimmte Behandlungen lenken können. Jede behauptete Verringerung unerwünschter Reaktionen oder diagnostischer Verzögerungen muss für den jeweiligen Test, die Behandlung und die Patientenpopulation nachgewiesen werden. Doch eine Wahrscheinlichkeit ist kein Schicksal, die Identifizierung einer Variante ist nicht automatisch eine Diagnose, und ein auf bestimmten Bevölkerungsgruppen aufgebautes Modell wird nicht überall zuverlässig. Jedes Ergebnis muss seinen Geltungsbereich und die verbleibende Unsicherheit ausweisen. Auch die Folgen eines Fehlers müssen deutlich werden.

Ungleicher Zugang schafft eine Zwei-Klassen-Versorgung. Labore, interoperable Daten, seltene Fachkenntnisse, Transportmöglichkeiten und eine kontinuierliche wohnortnahe Versorgung sind nicht gleichmäßig verteilt. Wenn manche Gruppen nur selten oder erst bei fortgeschrittener Erkrankung in den Daten erscheinen, kann das Modell einer bereits ungleichen Geografie einen weiteren Fehler hinzufügen. Doch auch ein korrektes Modell bringt keinen Menschen in ein Versorgungszentrum und finanziert keinen fehlenden Dienst. Beide Ebenen zu korrigieren verlangt eine verhältnismäßige Datenerhebung und unabhängige Überprüfung sowie Investitionen in die Dienste, die Patienten erreichen müssen. Es berechtigt nicht dazu, mehr Informationen aus Gemeinschaften zu gewinnen, denen die Forschung keinen Nutzen bringt.

Die Kenntnis eines Risikos kann das Leben verändern, bevor sich der Körper verändert. Teresa verlangt vom System nicht, ihr alles zu erzählen, was geschehen könnte, denn sie möchte wissen, welche Informationen eine Entscheidung verändern würden und welche das Warten lediglich angstvoller machen würden. Das Recht zu wissen besteht neben dem Recht, nicht zu wissen. Lucas Aufgabe ist es, zu erklären, wozu der Test dient und wie zuverlässig er ist. Nachdem sie die Alternativen besprochen haben, dokumentiert er gemeinsam mit ihr eine revidierbare Entscheidung. Deshalb muss ein fortgeschrittener Genomtest in einen verständlichen Versorgungspfad eingebettet sein, mit Beratung, transparenten Prioritäten und Rechtsschutz. Industrielle Kapazitäten zu nutzen verlangt nicht, dass die Forschung Patentierbarkeit und Rentabilität allein darüber entscheiden lässt, welche Krankheiten Aufmerksamkeit verdienen. Personalisieren heißt auch, Telemedizin denjenigen anzubieten, die damit eine Fahrt vermeiden können, wohnortnahe Versorgung denjenigen, die keine Plattform nutzen können, und reguläre Unterstützung, wenn genau sie fehlt. Ungleiche Bedingungen gleich zu behandeln hält die Ungleichheit aufrecht.

Fürsorge am Lebensende

Die Leistungsfähigkeit der Medizin vermehrt unsere Wahlmöglichkeiten; Grenzen bleiben dennoch bestehen. Hohes Alter, irreversible Krankheit, Schmerz und Verlust von Selbstständigkeit sind keine gleichartigen technischen Fehler. In der Palliativversorgung können präzise Instrumente rechtzeitigere Hilfe ermöglichen, indem sie Teams und Angehörige koordinieren und Maßnahmen anpassen; ein gut überwachtes Zimmer garantiert jedoch weder eine taktvoll ausgesprochene Wahrheit noch jemanden, der den Ängsten eines Menschen zuhört. Weiterhin muss ein Mensch sich dafür entscheiden zu bleiben, wenn es keine entscheidende Lösung gibt. Behandeln ist nicht immer dasselbe wie Heilen. Einen Menschen nicht im Stich zu lassen bedeutet, weiter zu erklären und Leiden zu lindern, dabei Ziele neu zu prüfen und Werte zu achten, auch wenn das Ergebnis nicht optimiert werden kann. Das System ordnet Möglichkeiten. Es kann die Bedeutung, die ein Mensch Zeit, Schmerz, Abhängigkeit oder Abschied beimisst, nicht übernehmen.

Fernmonitoring und Koordination unterstützen Teresas Leben zu Hause, wenn sie ihr mehr Selbstständigkeit und rechtzeitige Hilfe ermöglichen. Sie versagen, wenn jede Geste zur Überwachung wird, wenn ein beruhigendes Dashboard einen Besuch ersetzt oder wenn Arbeit im Namen der Autonomie auf die Familie übertragen wird. Die aufgewendeten Stunden und das Einkommen der Pflegenden gehören zur Bilanz der Versorgung, ebenso Schlaf und die Möglichkeit, eine Pause zu machen. Emotionale Verfügbarkeit ist nicht kostenlos.

Vor einer schwierigen Entscheidung erklärt Luca, was bekannt ist und was ungewiss bleibt. Gemeinsam besprechen sie, was jede Alternative verlangt, und er fragt Teresa, was für sie zählt. Die Entscheidung bleibt vorläufig und revidierbar, mit einer verantwortlichen Person und einem Weg zur erneuten Besprechung.

Luca schließt die Zusammenfassung erst, nachdem Teresa die Frage stellt, für die es in den Feldern des Systems keinen Platz gibt: „Wenn die Zahlen vergangene Nacht normal gewesen wären, hätten Sie mir dann trotzdem zugehört?"

Luca notiert die Frage neben dem Plan, damit auch die nächste Schicht sie erhält. Teresa kehrt mit einer vereinbarten Nachkontrolle nach Hause zurück. Die Messungen haben einen Teil ihrer Erfahrung unerklärt gelassen, und eine benannte Person bleibt dafür verantwortlich, ihn im weiteren Verlauf der Versorgung mit ihr zu besprechen.

TEIL III

Mensch bleiben

KAPITEL 9

Die Wahrheit unter Druck

Der Morgen, an dem alles plausibel erscheint

Als Matteo sein Smartphone öffnet, spricht eine Kandidatin bei der Kommunalwahl bereits Worte aus, die ihren Wahlkampf zerstören könnten. Das Gesicht bleibt stabil, die Stimme stimmt überein, selbst das Zögern wirkt spontan. Das Wahlkampfvideo ist gerade kurz genug, um ohne Kontext geteilt zu werden. Darunter wachsen Empörung und Dementis zugleich. Keines von beiden bremst seine Verbreitung.

Matteo arbeitet in der Öffentlichkeitsarbeit einer mittelgroßen Stadt. Er ist weder Journalist noch Politiker noch forensischer Sachverständiger, muss öffentliche Informationen aber verständlich machen und rechtzeitig veröffentlichen. Sein Wunsch ist einfach und schwierig zugleich: schnell zu sein, ohne bloß darum zu bitten, ihm aufs Wort zu vertrauen. An diesem Morgen begreift er, dass beides in Konflikt geraten kann.

Das Risiko entsteht, wenn plausible Inhalte Folgen auslösen, bevor jemand ihre Veränderungen bis zur Quelle zurückverfolgt und ihren Kontext klärt. Selbst ein makelloses Dementi trifft auf eine Abfolge, deren Richtung bereits von denjenigen vorgegeben wurde, die Zeitpunkt, Publikum und Ton gewählt haben.

Wahrheit, technische Echtheit und Glaubwürdigkeit sind nicht dasselbe. Ein Inhalt, der tatsächlich aus einer Redaktion stammt, kann falsch oder manipuliert sein; zugleich kann ein Bild ohne vollständige Herkunftskette dennoch ein Ereignis dokumentieren. Anhand der Herkunft können wir fragen, wer was getan hat und wer dafür einsteht; das Urteil darüber, was wir glauben sollen, bleibt offen.[27]

Für Matteo ist diese Unterscheidung nicht theoretisch. Sein Amt kann nicht jede Aussage bestätigen, die durch die Stadt zirkuliert, muss aber wissen, was es als amtliche Stelle in Umlauf bringt. Seine Verantwortung nimmt in konkreten Handlungen Gestalt an: veröffentlichen, aussetzen, korrigieren oder erklären, dass eine Überprüfung noch nicht abgeschlossen ist.

Die Plattformen haben die Stimmen vervielfacht und Räume geöffnet, die zuvor verschlossen waren. Zugleich haben sie einen Teil der Vermittlung auf Systeme verlagert, die Inhalte nach wirtschaftlichen Zielen und Verhaltenssignalen ordnen. Sichtbarkeit ist nicht mehr nur eine Frage der Verbreitung, denn sie verändert den praktischen Wert einer Botschaft: Sie bestimmt, wer ihr begegnet und wie aufmerksam dieser Mensch gerade ist.

Im selben Augenblick erhält Matteo einen städtischen Clip, der eine Änderung im Nahverkehr erklären soll. Er ist klar, in mehrere Sprachen übersetzt und verwendet eine synthetische Stimme, die der Stimme der zuständigen Stadträtin nachgebildet wurde. Die Veröffentlichung ist für den Abend vorgesehen. Der Anbieter fügt die fertige Datei bei, nicht aber das Ausgangsmaterial oder die Chronik der Bearbeitungsschritte.

Soweit Matteo erkennen kann, enthält der städtische Clip keine Unwahrheit. Gerade das macht ihn zur Bewährungsprobe. Der Cursor bleibt auf dem Befehl zum Veröffentlichen stehen, während das nutzbare Zeitfenster immer kleiner wird. Sein möglicher Fehler besteht darin, ein makelloses Artefakt für veröffentlichungsfähig zu halten, dessen Entstehung sein Amt nicht rekonstruieren kann.

Die zersplitterte Öffentlichkeit

Die frühere Öffentlichkeit war weder neutral noch wirklich allen gemeinsam. Redaktionen und Rundfunkanstalten wählten aus, was ihr Publikum erreichte, während andere Institutionen den Zugang zu Informationen kontrollierten. Ihre Entscheidungen schlossen

Menschen aus und bündelten Macht. Das Netz hat es Zeugen und marginalisierten Gemeinschaften ermöglicht, Ereignisse zu dokumentieren, ohne auf die Erlaubnis einer zentralen Instanz zu warten. Dieser Gewinn darf aus Nostalgie nicht rückgängig gemacht werden. Die Öffnung hat die Vermittlung jedoch nicht beseitigt, sondern sie auf Plattformen, Empfehlungsmodelle, soziale Netzwerke, Inhaltsschaffende, Werbetreibende, Institutionen und Teilöffentlichkeiten verteilt. Wenn das Angebot grenzenlos wird, wird Macht auch dadurch ausgeübt, dass der Strom geordnet wird: priorisieren, wiederholen, verlangsamen, unsichtbar machen.

Bis 2050 könnten personalisierte Umgebungen Themen und Wortwahl an Gruppen oder Einzelne anpassen und dabei auch die scheinbare Autorität und emotionale Intensität verändern. Zwei Bürger können sogar miteinander vereinbare Informationen erhalten und dennoch Weltbilder aufbauen, die einander nie begegnen.

Die Bedrohung des öffentlichen Vertrauens fällt daher nicht mit einem einzelnen Deepfake zusammen. Sie umfasst die selektive Anhäufung wahrer, verzerrter oder synthetischer Episoden, die eine Atmosphäre erzeugt, in der sich Angst ohne einen genau bestimmbaren Gegenstand sammelt und Misstrauen wächst, ohne dass es sich überprüfen ließe. Alles beginnt dringlich zu erscheinen. Entscheidungen werden gelenkt, ohne dass jemand eine einzelne, klar benennbare Lüge ausspricht.

Eine Demokratie braucht nicht für jedes Ereignis eine von allen geteilte offizielle Version. Sie braucht hinreichend gemeinsame Voraussetzungen, unter denen Versionen bestritten werden können: zugängliche Dokumente, unabhängige Quellen, Verfahren zur Überprüfung, Möglichkeiten zur Berichtigung und Institutionen, die Widerspruch gegen sich zulassen. Das ist die öffentliche kognitive Infrastruktur. Mit diesem Begriff bezeichne ich die Berufe und Archive, die Überprüfung ermöglichen, ebenso wie die Standards und Gewohnheiten, durch die Meinungsverschiedenheiten mit Tatsachen verbunden bleiben, und die Vorkehrungen, die diese Verbindung schützen. Keine zentrale Maschine übernimmt diese Arbeit für alle. Wie jede Infrastruktur wird sie vor allem dann sichtbar, wenn sie fehlt.

Sie ist eine gemeinsame öffentliche Grammatik, kein aufgezwungener Wortschatz. Sie erlaubt es unterschiedlichen Stimmen, füreinander verständlich zu bleiben, ohne gleich zu werden. Wird sie schwächer, spricht die Gesellschaft weiter, während die Menschen langsam aufhören, einander zu verstehen.

Matteo betrachtet die geschätzte Verbreitung des städtischen Clips, den er veröffentlichen soll. Der Anbieter verspricht Reichweite, während sein Amt sich Glaubwürdigkeit verdienen muss. Beide Größen können einander stützen, sind aber nicht dasselbe. Die Zahl der Aufrufe zeigt, wie viele Menschen erreicht wurden, nicht ob sie rekonstruieren können, weshalb diese Botschaft Vertrauen verdient.

Überprüfen, was wir sehen

Fotografien und Aufnahmen waren nie Beweismittel, die für sich allein ausreichten. Inszenierung und Bildausschnitt veränderten das, was Betrachter sahen, lange bevor ein Modell das tat. Synthetische Erzeugung erleichtert es jedoch, ein scheinbares Zeugnis herzustellen, und macht es zugleich plausibler, ein authentisches Zeugnis als Fälschung abzutun.

Wer für ein echtes Dokument Rechenschaft ablegen soll, muss nicht alle davon überzeugen, dass es erfunden sei. Es kann genügen, in der eigenen Gruppe einen dauerhaften Zweifel zu säen, bis die Überprüfung zu einem Konflikt der Zugehörigkeit wird. Der Preis umfasst sowohl Leichtgläubigkeit als auch den Zynismus, der jede Feststellung mit einer Erzählung gleichsetzt.

Dieser Vorteil hat einen Namen: die Lügnerdividende. Wenn es leichter wird, glaubhafte Belege zu fabrizieren, kann jemand, den authentische Belege zur Rechenschaft ziehen, die Existenz von Fälschungen nutzen, um sie zu leugnen. Eine bessere Rekonstruktion ist unnötig, wenn es gelingt, die Überprüfung als zu aufwendig erscheinen zu lassen, um sie überhaupt zu versuchen, als zu parteiisch, um ihr zu vertrauen, oder als zu ergebnisarm, um die Sache zu klären. Die Dividende ist das, was aus diesem Nebel gewonnen wird: Zeit, Loyalität der eigenen Gruppe, eine Verlagerung der Beweislast auf die Anklagenden und ein Ausweg, den es zuvor nicht gegeben hätte.[28]

Das Wahlkampfvideo der Kandidatin, mit dem dieser Morgen beginnt, führt die beiden möglichen Ausgänge vor Augen. Im ersten ist es synthetisch. Die Rekonstruktion der Dateien und Veränderungen weist das nach, doch das Dementi kommt erst, nachdem das Wahlkampfvideo den Ton des Tages bereits gesetzt hat. Wer es geteilt hat, kann es löschen. Die Gespräche, die es ausgelöst hat, und die bereits getroffenen Entscheidungen lassen sich nicht zurücknehmen. Auch der Verdacht kann die Löschung überdauern. Manche werden die Korrektur annehmen, andere nur die Anschuldigung im Gedächtnis behalten, wieder andere die Verzögerung als Beleg dafür nutzen, dass niemand den öffentlichen Raum wirklich kontrolliert. Die Fälschung wird entlarvt, während ein Teil ihrer Wirkung weiter zirkuliert.

Im zweiten Ausgang ist das Wahlkampfvideo authentisch. Die Kandidatin erklärt es zur Fälschung, verweist auf einen belanglosen Mangel und fordert ihre Unterstützer auf, jede gegenteilige Analyse als Angriff zu behandeln. Hier gibt die Existenz der Technologie einer bereits verfügbaren Lüge ein plausibles Alibi. Selbst wenn Originaldokumente, Zeugen und unabhängige Prüfungen übereinstimmen, kann sich die Diskussion vom gezeigten Verhalten auf die vermeintliche Manipulation durch diejenigen verlagern, die es überprüfen. Für einen Teil der Öffentlichkeit hieße es, eine Bindung der Zugehörigkeit zu lösen, wenn er die Echtheit anerkennen würde. Sie zu leugnen wird weniger kostspielig, als das eigene Urteil zu ändern.

Die beiden Ausgänge beschädigen das Vertrauen in unterschiedliche Richtungen. Der erste zeigt, wie eine Unwahrheit den Wettlauf gegen die Zeit gewinnt, obwohl sie den Wettstreit um die Belege verliert. Der zweite zeigt, wie schon die Möglichkeit einer Fälschung gegen die Wahrheit eingesetzt wird. Unterscheidet die

Öffentlichkeit die Ausgänge nicht, wirkt jedes Dementi wie Propaganda und jedes Dokument wie eine Parteinahme. Die gemeinsame Aufgabe besteht darin, sichtbar zu machen, weshalb sich eine Schlussfolgerung ändert und wer jede einzelne Prüfung vorgenommen hat. Leser müssen auch wissen, was sie noch widerlegen könnte. Damit erhalten sie etwas Nützlicheres als das Versprechen sofortiger Gewissheit.

Amir entscheidet nicht, welchen der beiden Ausgänge er gerade sieht. Auf seinem Bildschirm erscheinen das Wahlkampfvideo, das Dementi, eine Analyse, die es für authentisch erklärt, und eine weitere, die die Methode infrage stellt. Er öffnet den ersten Link, dann den zweiten. Beim dritten findet er eine fünfzehnminütige Erklärung und Kommentare, die jeden angreifen, der um Zeit bittet. Er sitzt im Bus und hat zwei Haltestellen Zeit, um zu entscheiden, ob er das Video an seine Freunde weiterleitet. Er wählt nicht die Version, die ihn beruhigt. Er schließt alles.

Am Abend ist die Geschichte noch immer da, zusammen mit neuen Montagen und neuen Korrekturen. Amir versucht, die Abfolge zu rekonstruieren, doch jede Überprüfung erzeugt ein weiteres Objekt, das überprüft werden muss. Wer finanziert die Prüfstelle, und welche Datei wurde untersucht? Außerdem muss er herausfinden, warum der Zeitstempel nicht übereinstimmt. Am Ende denkt er weder „Es ist wahr" noch „Es ist falsch". Er denkt, dass es die Mühe nicht mehr wert ist, es herauszufinden. Er setzt sein Urteil aus, obwohl er am folgenden Tag entscheiden soll, ob er an einem Bürgertreffen teilnimmt, das durch diesen Vorfall veranlasst wurde. Epistemische Erschöpfung verbraucht die Energie, die nötig ist, um eine revidierbare Position einzunehmen, auch ohne jemanden für eine bestimmte Überzeugung zu gewinnen. Die Demokratie verliert sowohl dann, wenn Amir getäuscht wird, als auch dann, wenn er darauf verzichtet, den Ort zu betreten, an dem eine Schlussfolgerung erörtert und korrigiert werden könnte.

Eine Herkunftskette zeichnet auf, wie Material erfasst und verändert wurde und wer seine Verwendung genehmigt hat. Sie macht eine Unterbrechung sichtbar und ermöglicht den Vergleich von

Versionen, ohne zu bestätigen, dass die Quelle aufrichtig ist, die Szene richtig gedeutet wurde oder der Kontext vollständig ist.

Ebenso wenig beweisen fehlende Metadaten, dass ein Inhalt falsch ist, denn unvollständige Spuren können von einem gefährdeten Zeugen ebenso stammen wie von einem älteren Gerät. Die Herkunft verteilt Verantwortung. Sie fällt nicht von sich aus ein Urteil über die Wahrheit.

Detektoren und Indikatoren lenken die Überprüfung, dürfen aber nicht zu automatischen Gerichten werden. Öffentliche Beweisführung verbindet weiterhin Dokument und Kontext mit unabhängigem Abgleich und einer Person oder Institution, die für die Veröffentlichung einsteht. Eine Institution muss daher Originale aufbewahren, Korrektur und Manipulation unterscheiden, den relevanten Einsatz synthetischer Mittel offenlegen und einen schnellen Weg anbieten, eine Feststellung anzufechten. Wenn Wahlen, Notfälle oder der Ruf auf dem Spiel stehen, muss sie auch die Zeit bis zur Überzeugungsbildung messen, denn wenn die Berichtigung erst nach der Wirkung eintrifft, kommt die Rückverfolgbarkeit zu spät, um den Schaden zu beheben.

Matteo fügt der Messung deshalb einen zweiten Pulsschlag hinzu. Auf dem Dashboard betrachtet er die Aufrufe des Originals und des Dementis und fragt, wie viele Menschen beides erhalten haben, nach welcher Zeit und über welchen Link. Erreicht die Korrektur ein anderes Publikum, kann die Gesamtzahl steigen, ohne dass sie der ursprünglichen Überzeugung je wirklich begegnet. Eine wirksame Berichtigung muss dem Weg des Irrtums folgen und neben dem Wahlkampfvideo erscheinen. Wer es später findet, braucht auch eine lesbare Chronologie der Änderungen.

Dies stellt die öffentliche Dokumentation wieder her und verhindert, dass neue Entscheidungen auf der falschen Fassung beruhen. Es gibt aber weder den verlorenen Augenblick zurück noch zwingt es diejenigen, die das Missverständnis ausgenutzt haben, die Berichtigung mit derselben Kraft zu verbreiten. Matteo behandelt den Abstand zwischen den beiden Kurven deshalb als offene Schuld, nicht als Prozentsatz, der das Amt freispricht. Denn er zeigt, auf welchem Kanal die Korrektur hinter dem Original zurückgeblieben ist und welches Archiv den Irrtum noch bewahrt. Diese Lücken zeigen, welches Publikum erneut erreicht werden muss. Die Messgröße beschreibt die Behebung des Schadens, ohne vorzugeben, Vertrauen zu messen.

Matteo stellt dem Anbieter vier Fragen: aus welchen Dateien der städtische Clip entstanden ist, welche Schritte er durchlaufen hat, wer die Verwendung der Stimme autorisiert hat und wie eine fehlerhafte Fassung korrigiert würde. Zwei Antworten treffen ein, zwei nicht. Er setzt die Veröffentlichung des städtischen Clips aus. Sein Amt kann den Clip noch immer weder rekonstruieren noch korrigieren. Deshalb kann er seine Verbreitung nicht freigeben, obwohl keine Unwahrheit nachgewiesen wurde.

Der Aufschub des städtischen Clips hinterlässt kein Informationsvakuum. Die Änderung im Nahverkehr tritt am folgenden Morgen in Kraft. An den Schaltern gehen Fragen zu den Fahrplänen ein, während in den Nachbarschaftsgruppen veraltete Karten zu zirkulieren beginnen. Das Büro der Stadträtin fragt, ob die Überprüfung nach der Veröffentlichung fortgesetzt werden könne. Der Anbieter schlägt vor, die fehlenden Materialien später zu ergänzen, und erinnert daran, dass sich das Zeitfenster der größten Aufmerksamkeit bald schließt. Die Menschen brauchen die Information, damit der Nahverkehr funktioniert, und der Vertrag sieht ein abzulieferndes Ergebnis vor. Matteo versteht, warum diese Forderungen weiter eintreffen, während die Überprüfung noch nicht abgeschlossen ist.

Matteo trennt daraufhin die Dringlichkeit vom Format. Er genehmigt eine Textseite mit der überprüften Karte, den wesentlichen Änderungen, einer Telefonnummer und dem Zeitpunkt der letzten Aktualisierung. Die Veröffentlichung des städtischen Clips mit der Stimme der Stadträtin bleibt ausgesetzt.

Diese Lösung erreicht weniger Menschen und verlangt von den Beschäftigten, Fragen manuell zu beantworten, die das audiovisuelle Format vorweggenommen hätte. Matteo vermerkt auch diese Kosten im Register, damit Vorsicht nicht kostenlos erscheint. Er weigert sich jedoch, das wirkliche Informationsbedürfnis der Öffentlichkeit zum Freibrief für einen Inhalt zu machen, den die Stadt weder korrigieren noch verteidigen könnte.

Die Aufmerksamkeitsökonomie wird zur Technik der Überzeugung

Ein Inhalt zirkuliert nicht im luftleeren Raum. Er konkurriert dort, wo auch die Verweildauer zu den Kennzahlen der Beteiligung gehört. Wenn Wut, Überraschung oder Angst mehr Interaktionen auslösen als Besonnenheit, begünstigt der wirtschaftliche Anreiz Botschaften, die die Zeit zur Urteilsbildung verkürzen, selbst wenn sie nicht offen falsch sind.[29]

Die synthetische Erzeugung macht diese Dynamik anpassungsfähiger. Die Überschrift kann sich mit der Zielgruppe verändern. Dieselbe Kampagne sucht bei jeder Gruppe nach der Schwachstelle, über die sie sich am wirksamsten beeinflussen lässt. Die Macht liegt sowohl im Text als auch in dem fortlaufenden Experiment, durch das das System lernt, welche Fassung uns festhält.

In denselben Feeds vermischen sich bereits Nachrichten, Werbung und persönliche Zeugnisse. Bis 2050 könnten die Grenzen noch weniger sichtbar sein. Eine einzelne Kennzeichnung hilft wenig, wenn die Benutzeroberfläche die Mehrdeutigkeit weiterhin belohnt oder wenn bezahlte Inhalte wieder als spontane Erzählung erscheinen.

Beeinflussung wirkt durch Anhäufung. Eine Abfolge wählt Episoden von Verfall, Konflikt oder Ineffizienz aus, bis der Eindruck entsteht, alles sei außer Kontrolle. Korrekte Fragmente stehen neben Material, das aus dem Zusammenhang gerissen wurde. Die Abfolge nimmt auch synthetische Fragmente auf, ohne dass die Atmosphäre dadurch zwangsläufig weniger stimmig wirkt. Die politische Wirkung entsteht aus der gesamten Atmosphäre, nicht aus einem Satz, den eine Prüfstelle einfach streichen könnte.

Die Verantwortung ist verteilt. Wer produziert, entscheidet über Form und Ziel; wer den Strom ordnet, über Priorität und Wiederholung; wer eine Kampagne kauft, wählt Zielgruppen und Kennzahlen; wer mit institutionellem Gewicht veröffentlicht, leiht dem Inhalt seinen Namen. Kein Beteiligter entzieht sich der eigenen Rolle mit der Behauptung, das System habe lediglich optimiert.

Am folgenden Tag bleiben die geringere Reichweite der Textseite und der zusätzliche Arbeitsaufwand für die Beschäftigten als Kosten dieser Entscheidung im Register vermerkt, ohne dass Langsamkeit dadurch zur Garantie für Wahrheit wird.

Journalismus und die Last der Überprüfung

In einer gesättigten Umgebung wächst der Bedarf an Menschen, die Informationen prüfen und in größere Zusammenhänge einordnen. Jemand muss auch entscheiden, was zuerst Aufmerksamkeit verdient. Dadurch erhalten die alten Institutionen nicht automatisch ihre verlorene Autorität zurück. Der Journalismus muss zeigen, wie er Quellen auswählt und mit Unsicherheit umgeht. Tritt ein Fehler auf, müssen Leser sehen können, wie er korrigiert wird. Unmittelbare Zeugenaussagen bleiben unverzichtbar. Eine methodische Absicherung darf den Zugang für diejenigen nicht wieder versperren, die Missbrauch dokumentieren, ohne professionelle journalistische Qualifikationen nachweisen zu können. Die Aufgabe besteht darin, ihre Stimme zu schützen, dabei Beobachtung und Schlussfolgerung zu unterscheiden und deutlich zu machen, was ungeprüft bleibt.

Glaubwürdigkeit wird damit zu einem Kredit, der immer wieder erneuert werden muss. Er wächst, wenn eine Redaktion oder ein Prüfnetzwerk konsistente Verfahren offenlegt, Nachricht und Kommentar trennt, Berichtigungen bewahrt und unabhängige Überprüfungen zulässt. Er schwindet, wenn der eigene Ruf als Ersatz für Belege verwendet wird.

Eine investigative Redaktion begegnet demselben Wahlkampfvideo mit einer anderen Aufgabe als Matteos Amt, denn sie muss ein

Urteil veröffentlichen, nicht nur ein Artefakt abzeichnen. Sie bewahrt die erhaltene Datei auf und eröffnet ein gemeinsames Dossier mit angegebener Herkunft, bekannten Schritten, durchgeführten Prüfungen, offenen Fragen und einer verantwortlichen Person für jede Entscheidung. Das Team unterscheidet, was das Dokument zeigt und was die Quellen zu folgern erlauben. Es hält umstrittene Punkte offen. Es sucht unabhängige Bestätigung, ohne das Urteil einem einzigen Detektor zu überlassen. Muss eine Quelle geschützt werden, macht es den Grund für die Grenze und die vorgenommene Prüfung öffentlich, nicht die Identität, deren Offenlegung die Quelle gefährden würde.

Die Chefredakteurin hätte gern eine vorläufige Schlussfolgerung. Ein Reporter fürchtet, die Überschrift werde den Vorbehalt überdauern, ein anderer, das Warten überlasse den Morgen denen, die das Wahlkampfvideo verbreitet haben. Zwanzig Minuten lang veröffentlicht die Redaktion nur den Hinweis, dass die Überprüfung läuft. Der letzte Abgleich macht die Überschrift weniger endgültig. Der Artikel erscheint mit einer Dokumentation: untersuchte Fassung, übereinstimmende Belege, der Schritt, der das Urteil verändert hat, und offene Fragen. Die Verzögerung kostet Aufrufe. Sie verhindert, dass ein kollektiver Eindruck zur redaktionellen Gewissheit wird.

Ein späterer Fehler verschwindet nicht aus dem Dossier, denn die Dokumentation bewahrt die vorherige Fassung mit einem Link zur Berichtigung. Sie nennt auch die fehlgeschlagene Prüfung. Die Chefredakteurin zeichnet die Korrektur ab. Wer den Artikel erhalten hat, erhält auch den Hinweis. Die Methode beseitigt weder den Schaden noch stellt sie Glaubwürdigkeit per Dekret wieder her. Sie ermöglicht es den Lesenden jedoch, einen einzelnen Punkt zu bestreiten, ohne die Marke des Mediums als Ganzes annehmen oder verwerfen zu müssen.

Informieren bedeutet nicht, die Öffentlichkeit einem endlosen Strom auszusetzen. Prioritäten und Zusammenfassungen können Aufmerksamkeit freisetzen, statt sie einzufangen; dasselbe gilt für Pausen und Hinweise auf Unsicherheit. Wer von konkurrierenden

Warnmeldungen überrollt wird, verfügt nicht zwangsläufig über mehr Wissen und hat oft weniger Zeit, um das Wichtige vom Unwichtigen zu unterscheiden. Diese Arbeit braucht materielle Voraussetzungen: Zeit, Fachkenntnis, rechtlichen Schutz, Zugang zu Dokumenten und Wirtschaftsmodelle, die nicht allein von Zugriffszahlen abhängen.

Wenn Überprüfung ein Luxus ist und eine überzeugende Zusammenfassung fast nichts kostet, wird Informationsungleichheit zu demokratischer Ungleichheit.

Öffentliche oder philanthropische Förderung darf nicht zur Vereinnahmung führen. Nötig sind Pluralität und redaktionelle Unabhängigkeit, mit nachvollziehbaren Regeln und Kontrolle der Mittelverwendung. Die kognitive Infrastruktur ist robust, wenn niemand allein alle Schlüssel zur Glaubwürdigkeit besitzt.

Matteo lernt dieselbe institutionelle Disziplin, indem er den Verlauf des städtischen Clips aufbewahrt, einschließlich dessen, was fehlte. Sein Verfahren verlangt außerdem, dass jede künftige Korrektur neben der Fassung erscheint, auf die sie sich bezieht. Er bleibt in einer kommunalen Funktion. Seine Glaubwürdigkeit hängt davon ab, dass andere seine Methode überprüfen können.

Demokratie als kognitive Infrastruktur

Wahlen brauchen ein Umfeld, in dem Belege gesammelt und so gut verstanden werden können, dass sie sich anfechten lassen. Auch Parlamente und Gerichte sind auf diese Voraussetzungen angewiesen. Zur kognitiven Infrastruktur gehören Archive, Schulen, Bibliotheken, Redaktionen, Forschung, technische Standards, Verwaltungsverfahren und alltägliche Gewohnheiten der Überprüfung.

Drei Fähigkeiten sind entscheidend: auf verlässliche Informationen zugreifen, sie ohne Abhängigkeit von einer einzigen Autorität beurteilen und Dissens erörtern, ohne die Gegenseite unwiderruflich für illegitim zu erklären.

Wie synthetische Systeme auf jede dieser Fähigkeiten wirken, hängt von ihren Zielen und den dahinterstehenden Anreizen ab. Auch die im Einsatz angewandten Schutzvorkehrungen bestimmen mit, ob sie die jeweilige Fähigkeit unterstützen oder schwächen.

Die Verantwortung ist verteilt und darf nicht auf Bürgerinnen und Bürger abgewälzt werden, von denen unermüdliche Wachsamkeit verlangt wird. Wer Benutzeroberflächen gestaltet, entscheidet, ob eine Quelle sichtbar ist; wer Nachrichten finanziert, entscheidet, welche Zeiträume tragbar sind; wer öffentliche Dokumente verwaltet, entscheidet, wie aufwendig ihre Überprüfung ist. Individuelle Medienkompetenz gleicht ein bewusst intransparent gestaltetes Umfeld nicht aus.

Schulen und Universitäten lehren, zwischen Dokument, Schlussfolgerung und Deutung zu unterscheiden. Die Aufgabe betrifft auch Bibliotheken, lokale Medien, Berufsverbände und öffentliche Dienste. Gemeinsam sollten diese Institutionen Prüfwerkzeuge durch zugängliche Erklärungen nutzbar machen und Orte anbieten, an denen ein Mensch einem umstrittenen Inhalt nicht allein begegnen muss.

Keine dieser Institutionen sollte zu einem Wahrheitsministerium werden. Schutz entsteht durch die Vielfalt der prüfenden Stellen, den Zugang zu Quellen, die Möglichkeit, eine Einstufung anzufechten, und die Trennung zwischen denjenigen, die eine Regel festlegen, denjenigen, die sie anwenden, und denjenigen, die ihre Anwendung kontrollieren. Interoperable Standards für die Herkunft von Inhalten helfen, wenn sie nicht in der Hand eines einzigen Anbieters liegen und auch nach Migrationen und Archivierungen überprüfbar bleiben. Ein proprietäres Siegel, das nach einem Plattformwechsel nicht mehr funktioniert, schafft Abhängigkeit, nicht Vertrauen.

Außerdem braucht es Verfahren für Fehler des Prüfsystems. Wer als Person oder Organisation zu Unrecht eingestuft wurde, muss den Grund erfahren, Belege vorlegen, eine fachkundige Überprüfung erwirken und erreichen können, dass die Berichtigung in den betroffenen Systemen weitergegeben wird. Anfechtbarkeit und die Herkunft von Inhalten schützen einander.

Die öffentliche Beschaffung ist ein konkreter Ansatzpunkt. Eine Behörde kann die Aufbewahrung von Originalen, Protokolle der Veränderungen, zugängliche Kennzeichnungen, Reaktionsfristen, unabhängige Audits und einen Plan für den Export der Archive verlangen. So wird aus einem Prinzip eine Klausel und aus einer Klausel operative Handlungsfähigkeit.

Matteo macht aus dem Fall des städtischen Clips ein kurzes Verfahren. Er verspricht nicht, Fälschungen oder Fehler zu beseitigen, sondern legt fest, wer die Materialien aufbewahrt, wer die Nachahmung genehmigt, wie der Einsatz synthetischer Mittel gekennzeichnet wird und wer die Veröffentlichung aussetzen darf. Die Stadt baut damit eine Fähigkeit auf, die zuvor allein von der Umsicht eines Menschen abhing.

Öffentliches Vertrauen wiederaufbauen

Vertrauen wiederaufzubauen bedeutet, die Gründe für eine Veröffentlichung nachvollziehbar zu machen und sowohl den Inhalt als auch die Entscheidung zu seiner Verbreitung korrigierbar zu halten.

Matteos Fall führt mich zu einem klar begrenzten Vorschlag. Wenn ein synthetischer Inhalt eine reale Person nachahmt oder mit Dokumentation von öffentlichem Interesse verwechselt werden kann, sollten seine synthetische Natur und die verantwortliche Stelle unmittelbar bei der Betrachtung erkennbar sein, nicht in einem entfernten Archiv verborgen. Die Kette der Veränderungen sollte rekonstruierbar sein. Die dargestellte Person sollte über einen schnellen Weg zur Anfechtung verfügen. Und Korrekturen sollten so weit wie möglich diejenigen erreichen, die die fehlerhafte Fassung erhalten haben. Zugängliche Formate und nichtsynthetische Alternativen verhindern, dass die Schutzmaßnahme Menschen ausschließt, die andere Benutzeroberflächen verwenden. Ich stelle diese Schwelle zur Diskussion, ohne sie als allgemeingültiges Gesetz zu beanspruchen. Sie verteilt Verantwortung, ohne die Herkunft von Inhalten zum Beleg für Wahrheit, eine unvollständige Kette zum Beleg für Falschheit oder Rückverfolgbarkeit zur Pflicht zu machen, geschützte Quellen offenzulegen.

Einige Monate später wird Matteo weiterhin Langsamkeit vorgeworfen. Bei einer Bürgerversammlung zeigt ihm eine Anwohnerin, dass auf der vom Amt veröffentlichten Karte eine Haltestelle fehlt, die viele ältere Menschen nutzen. Matteo öffnet das Register auf dem Bildschirm und findet die Auslassung in der genehmigten Fassung. Er weist die Korrektur zu. Die Haltestelle wird in die Karte aufgenommen und der Hinweis auf allen öffentlichen Kanälen aktualisiert. Der Saal bleibt gespalten. Niemand applaudiert dem Verfahren.

KAPITEL 10

Wer das Werk signiert

Seit drei Tagen kehrt die Melodie immer wieder zurück. Amir summt sie ins Telefon, während er auf den Bus wartet, trommelt den Rhythmus auf den Rand der Hülle und bittet das System, sie auszuarbeiten. Innerhalb weniger Sekunden erhält er ein vollständiges Stück: arrangiert, abgemischt, überzeugend. Er probiert Änderungen an Stimme, Dauer und Instrumentierung aus, ohne dafür eine neue Technik erlernen zu müssen. Der Vorteil ist real, denn mit wenigen Mitteln erkundet er Ideen, für die er sonst Instrumente, Ausbildung oder Mitwirkende bräuchte, die für ihn nur schwer erreichbar wären. Als die Benutzeroberfläche ihn fragt, wer der Urheber sei, wählt er fast reflexhaft seinen eigenen Namen aus und geht dann wieder zurück. Das Stück gefällt ihm so gut, dass er es anderen vorspielen möchte. Doch noch weiß er nicht, ob dieses Feld beschreibt, wer den Anstoß gegeben hat, wer die Auswahl traf oder wer bereit ist, für das Ergebnis einzustehen.

Das Ergebnis ist beinahe reibungslos entstanden. Amir hat den ersten Anstoß gegeben und erkennt darin etwas Eigenes, könnte aber nicht erklären, warum gerade dieser Refrain dorthin gehört oder welche Alternativen er tatsächlich verworfen hat. Die Benutzeroberfläche schlägt ihm bereits einen Titel und ein Cover vor und zeigt eine Prognose dazu, welches Publikum am empfänglichsten sein dürfte. So kann er veröffentlichen, noch bevor er entschieden hat, was er sagen wollte. Er versucht zu verstehen, welche Verpflichtung eine Signatur mit sich bringt. Die Reinheit des Werkzeugs ist ihm weniger wichtig als zu wissen, wann aus einer bequemen Möglichkeit ein Werk wird, das er als sein eigenes beanspruchen will.

Vom Generieren zum Werk

Generieren eröffnet Optionen; Schaffen bedeutet, eine Absicht zu entwickeln, Fehler zu erkennen, auszuwählen, zu verwandeln und zu entscheiden, wann ein Werk so weit zum eigenen geworden ist, dass man es veröffentlichen kann. Wie bei der Fotografie wird der generative Akt Teil des Schaffens, wenn jemand den Optionen eine Richtung gibt.

Die Frage, was eine Maschine empfinden oder verstehen könnte, bleibt offen. Um Verantwortung zuzuweisen, genügt es, nachprüfbaren Entscheidungen zu folgen: Es zählt, wer den Zweck gewählt, die Materialien bereitgestellt oder genehmigt, Alternativen verworfen, Misslungenes verändert und sich bereit erklärt hat, nach der Veröffentlichung für das Ergebnis einzustehen. Bei Amirs Stück genügt keine Handlung für sich allein. Das System schlägt vor; die Plattform gestaltet die Benutzeroberfläche und speichert Daten; Amir wählt aus, verwirft, nimmt auf und signiert. Bestreitet ein Mitwirkender die Zuschreibung, beendet der Name den Streit nicht. Um ihn beizulegen, muss man ihn neu aufrollen und offenlegen, für welche Entscheidungen dieser Name einsteht. Autor, Interpret, Techniker, Kurator und Gemeinschaft bleiben Teil einer Zusammenarbeit, die durch die Signatur zurechenbar wird, ohne vorzutäuschen, dass irgendein Einzelner sich selbst genügt.

Auf dem Heimweg hört sich Amir über Kopfhörer weitere Fassungen an und ändert die Adjektive: intimer, dunkler, energischer. Das System gehorcht, und die hörbaren, aber austauschbaren Ergebnisse wirken abgeschlossen, ohne dass etwas aufgegeben werden müsste. Gerade die Fülle zeigt ihm, dass er einen Maßstab braucht, denn solange sich jede Wahl ohne Kosten rückgängig machen lässt, bleibt sein Wunsch vor dem Urteil geschützt.

Was es heißt, zu signieren

Signieren bringt vier Verpflichtungen mit sich, unabhängig davon, ob man jeden Ton selbst hervorgebracht hat: die Absicht erkennbar zu machen, die maßgeblichen Entscheidungen rekonstruieren zu können, die Arbeit anderer anzuerkennen und für das Werk in dem Kontext einzustehen, in dem es verwendet wird. Nicht jeder Entwurf braucht ein Dossier. Doch eine kommerzielle Veröffentlichung oder ein Auftragswerk erhöht den Erklärungsbedarf. Auch die Nachahmung eines Menschen begründet eine stärkere Verpflichtung, die dabei getroffenen Entscheidungen zu erklären. Die Signatur macht die Zusammenarbeit zurechenbar und verhindert, dass sich die Anerkennung dort bündelt, wo die Arbeit lediglich am sichtbarsten ist.

Amir versucht, einen Satz über das Stück zu schreiben, und schafft es nicht. Er begreift, dass er vom Warten auf eine Antwort erzählen will, doch die glatteste Fassung klingt, als sei bereits alles geklärt: Sie entspricht dem Genre und verrät den Grund, aus dem er überhaupt angefangen hat. Er streicht eine Strophe, spielt eine Passage selbst und nimmt sie auf, lässt einen Atemzug stehen, der nicht im Takt liegt, und lehnt die vorgeschlagene Korrektur ab. Nun kann er seine Entscheidungen erklären, auch wenn das Ergebnis weniger makellos ist. Indem Amir diese Grenzen gewählt hat, beginnt er eine Absicht zu erkennen, die ihm durch die Ergänzungen des Systems allein nicht klar geworden war.

Auf der anderen Seite des Werks

Für die Zuhörenden kann das Wissen um die Entstehung eines Werks die Erfahrung verändern, ohne seinen Wert zu bestimmen. Dass ein Lied generiert wurde, muss nicht verhindern, dass es einen Zuhörer berührt, ebenso wenig wie eine Signatur es hörenswert machen muss. Die Herkunft von Inhalten und die Offenlegung der verwendeten Werkzeuge vergeben keine ästhetische Note. Sie zeigen vielmehr, welches Versprechen angeboten wird – Zeugnis, Unterhaltung, Dienstleistung, Zusammenarbeit oder Experiment – und welche Fragen das Publikum an die Person richten kann, die das Werk präsentiert.

Eine schiefe Kinderzeichnung am Kühlschrank veranschaulicht eines dieser Versprechen. Die Farbe geht über die Ränder hinaus, und die Figur ist kaum als etwas zu erkennen. Für jemanden, der dieses Kind kennt, trägt jedoch jede Linie Spuren von Zeit und Wagnis in sich: die Hand, die es versucht hat, die Entscheidung, das Blatt zu überreichen, und das Warten darauf, ob es angenommen würde. Deshalb ist die Zeichnung nicht besser als ein technisch vollkommenes Bild. Sie bietet eine andere Erfahrung, weil sich mit der Form die Erinnerung an einen Nachmittag und eine Geste verbinden, die sich an jemanden richtete.

Die Herkunft von Inhalten begründet keine automatische Rangordnung. Ein generiertes Bild kann uns überraschen, und ein signiertes Werk kann Nachlässigkeit oder Manipulation erkennen lassen oder einfach leer sein. Zu wissen, wie etwas entstanden ist, macht die Beziehungen dahinter sichtbar und zeigt, was sie gekostet haben. Verantwortung lässt sich leichter verorten. Das Publikum fragt, warum gerade diese Form gewählt wurde und welche Anleihen und Veränderungen darin stecken, ohne einen Bericht über jeden technischen Handgriff zu verlangen oder das Geheimnis des Werks aufzulösen. Die Schwelle ist konkreter: nichts als persönliches Zeugnis ausgeben, wofür niemand bewusst Verantwortung übernommen hat; keine Mitwirkung verschweigen, die den Sinn verändert; und einem Interpreten keine Worte zuschreiben, die er nicht genehmigt hat. Künstlerische Uneindeutigkeit bleibt legitim, irreführende Zuschreibung nicht.

Kreative Quellen und ihre Nutzung

Generative Systeme beruhen auf Sammlungen, die aus unterschiedlichen Quellen, unter verschiedenen Lizenzen und nach unterschiedlichen Regeln zusammengestellt wurden. Manche Materialien sind zur Nutzung freigegeben, andere gemeinfrei, wieder andere Gegenstand von Streitigkeiten, die je nach Rechtsordnung und Verwendung variieren. Auch die technische Möglichkeit, jeden einzelnen Beitrag zu dokumentieren, unterscheidet sich je nach Modell und Verfahren. Gesetz und Vertrag müssen nicht dasselbe erlauben. Was eine kreative Gemeinschaft unter fairer Praxis versteht, muss mit keinem von beidem übereinstimmen. Deshalb braucht jede Frage ihre eigene Antwort. Jeder Autor erbt Formen und Sprachen. Zitat und Parodie sind ebenso wenig Anomalien, die beseitigt werden müssten, wie Lernen und Einfluss. Industrielle Größenordnung und Intransparenz machen den Beitrag einzelner Werke und Menschen jedoch unsichtbar und verwandeln eine wiedererkennbare Handschrift in eine käufliche Funktion. Die Behauptung, alles sei Rekombination, beantwortet weder Fragen nach Einwilligung oder der Verteilung von Anerkennung und Vergütung noch nach Verhandlungsmacht. Die Ähnlichkeit der Vorgänge hebt den Unterschied zwischen einem Menschen, der lernt, und einer Infrastruktur, die Millionen von Anfragen bedienen kann, nicht auf.[30]

Eine Illustratorin kann sich im Wettbewerb mit einem Dienst wiederfinden, der ihren Namen oder charakteristische Merkmale ihrer Arbeit aufgreift. Der Dienst bietet Menschen Schnelligkeit und Zugang, die sie sonst nicht hätten beauftragen können, und kann zugleich den Wert eben jenes Handwerks mindern, das die Funktion begehrenswert macht. Daraus folgt weder, dass jedes Ergebnis eine Kopie ist, noch, dass ein Stil vollständig jemandem gehört. Es folgt eine Verteilungsfrage: Wer schöpft den Wert ab, wenn Ansehen und Arbeit zu Fähigkeiten des Modells werden, und wer verfügt über die Mittel, diese Nutzung anzufechten?

Mögliche Antworten hängen vom Kontext ab und umfassen dokumentierte Sammlungen, Zuschreibung, Vergütung, Ausschlussmöglichkeiten, Grenzen für die Namensnutzung und Audits. Ich schlage außerdem eine nach Zweck und Dauer begrenzte lebende Lizenz für die Nutzung der Stimme oder des Bildes einer Person und für ihre Werke vor – ein Vorschlag zur Diskussion, keine einheitlich etablierte Rechtsdoktrin.

Ein zu starres Regelwerk kann wenige große Rechteinhaber stärken und Experimente, Forschung oder Zugang einschränken. Ein zu freizügiges kann die Kosten denjenigen aufbürden, die weniger Verhandlungsmacht besitzen. Wer verantwortungsvoll signiert, legt zumindest die bekannten wesentlichen Anleihen offen und nutzt die Rechtsunsicherheit nicht dazu, Mitwirkende unsichtbar zu machen.

Die Flut und die Auswahl

Wenn es wenig kostet, eine solide Form herzustellen, wachsen Chancen und Konkurrenz. Kleine Organisationen und unabhängig Schaffende erhalten Zugang zu Übersetzung und Prototypenentwicklung sowie zu Produktionsverfahren, die zuvor zu teuer waren. Gleichzeitig können diejenigen verdienen, denen Modelle und Kanäle gehören, während Menschen, die bislang Zwischenleistungen erbrachten, Einkommen, Verhandlungsmacht oder Zeit zur Weiterbildung verlieren. Die Flut besteht nicht nur in einer größeren Menge von Werken, denn sie verteilt die Mittel neu, um zu produzieren und gefunden zu werden, ebenso wie die Möglichkeit, das Schaffen als Beruf fortzusetzen. Wenn Werke im Überfluss vorhanden sind, wird Aufmerksamkeit knapp. Auszuwählen, was sie verdient, kostet Arbeit, und das Publikum braucht jemanden, dessen Auswahl es vertrauen kann. Die Fülle kann die Kosten erhöhen, wertvolle Arbeiten zu entdecken, und diejenigen belohnen, die Sichtbarkeit kaufen oder in großer Menge veröffentlichen. Automatische Filter entscheiden häufig, welche Werke einem Publikum begegnen und welche Vergütung ihre Schaffenden erhalten. Personalisierung kann Minderheitensprachen und Gemeinschaften fern der großen Zentren unterstützen, aber auch die gemeinsamen Bezugspunkte ausdünnen, an denen unterschiedliche Menschen lernen, einander zu widersprechen.

Viele kulturelle Gespräche beginnen mit einer einfachen Frage: „Hast du es gesehen?“ Sie bietet einen hinreichend stabilen Gegenstand, an den sich zwei Menschen erinnern und über den sie einander widersprechen können. Jeder kann entdecken, warum dieser Gegenstand dem anderen etwas anderes bedeutet. Die frühere gemeinsame Kultur schloss Stimmen, Sprachen und Publika aus und verdient keine undifferenzierte Nostalgie. Das Risiko besteht darin, dass Personalisierung zur Isolation wird: Jeder erhält einen passgenauen Strom, und Gelegenheiten zur Begegnung über tatsächliche Unterschiede hinweg werden seltener. Festivals, Schulen, Bibliotheken und Gemeinschaften geben Werke in Auftrag, die ein Markt der Mikropräferenzen nicht finanzieren würde, und ermöglichen unerwartete Begegnungen. Eine geteilte Kultur ist dann wertvoll, wenn sie den Raum für Dissens erweitert, nicht wenn sie den Geschmack vereinheitlicht.

Die Verflachung

Ein Modell lernt Regelmäßigkeiten aus dem, was in seinen Materialien vertreten ist, und aus den Zielen, mit denen es trainiert oder eingesetzt wird. Es kann vorherrschende Formeln reproduzieren, vernachlässigte Traditionen verstärken oder unerwartete Verbindungen ermöglichen. Es ist nicht zu einer einzigen Ästhetik verdammt. Das Ergebnis hängt auch von Daten, Vorgaben, Ausrichtung, Plattformanreizen und den Praktiken der Schaffenden ab. Der statistische „Durchschnitt" allein bietet eine unvollständige Vorhersage der Kultur, die aus dem gesellschaftlichen Gebrauch des Werkzeugs entstehen wird.

Die Gefahr der Verflachung wächst, wenn Arbeit danach beurteilt wird, wie schnell sie abgeschlossen ist und wie vertraut das Ergebnis wirkt. Eigenwillige Stimmen und Minderheitentraditionen brauchen Zeit und Zugang, um sich zu entwickeln. Auch fruchtbare Fehler brauchen Räume, in denen sie nicht sofort auf den Durchschnitt hin korrigiert werden.[31]

Dafür können sorgfältig ausgewählte Archive, lokale Modelle, geduldige Auftraggeber und ein Publikum nötig sein, das bereit ist, nicht sofort das zu bekommen, was es bereits wiedererkennt. Sie zu verteidigen bedeutet, die Bedingungen für Experimente zu erhalten – nicht, Schwierigkeit automatisch einen Wert zuzuschreiben oder jede Abweichung für innovativ zu halten.

Die neue Knappheit

Die neue Knappheit reicht über den bloßen Beleg menschlicher Beteiligung hinaus – ein solcher Beleg kann zum Luxussiegel werden und die Mehrheit mit undurchsichtigen Inhalten zurücklassen. Ein handwerklich geschaffenes Werk ist nicht von sich aus gerecht oder bedeutsam. Schwieriger hervorzubringen bleiben anhaltende Aufmerksamkeit, eine erkennbare Absicht, handwerkliches Können, faire Beziehungen zu Mitwirkenden und die Bereitschaft, Rede und Antwort zu stehen. Diese Qualitäten zeigen sich in Notizbüchern und Konzerten ebenso wie in stark unterstützten Verfahren. Die Herkunft von Inhalten rekonstruiert Ursprung und Veränderungen; die Signatur übernimmt Verantwortung für Entscheidungen und Sinn. Kein Etikett automatisiert Qualität. Es sollte dem Publikum helfen zu verstehen, was es erwarten kann und wie die Anerkennung verteilt wird, und dabei die Verantwortung sichtbar halten. Werke in „menschliche“ und „unreine“ Kategorien einzuteilen, würde eine andere, weniger nützliche Frage beantworten.

Das Handwerk, das bleibt

Kreatives Handwerk schließt generative Werkzeuge ein, ohne sich auf das Erteilen von Anweisungen zu beschränken. Dazu gehört es, Materialien zu entwickeln, zuzuhören, zu verwerfen, zu verändern, aufzuführen und zu wissen, wann man von vorn beginnen muss. Es erfordert zu erkennen, wann ein Werk einem anderen Menschen etwas verdankt, und genügend Erfahrung, um ein Klischee oder einen Fehler zu erkennen. Die Arbeit tritt in den aufgegebenen Möglichkeiten hervor und in der Fähigkeit, nicht allein deshalb zu veröffentlichen, weil das Artefakt fertig wirkt.

Wenn nur diejenigen diese Urteilskraft entwickeln, die sich Zeit, Lehrkräfte oder nicht automatisierte Werkzeuge leisten können, reproduziert die kreative Fülle eine alte Ungleichheit.

Amir reicht zwei Fassungen bei einem schulischen Auswahlverfahren ein. Die geglättete erhält die höhere vorläufige Punktzahl; seine eigene, mit der unregelmäßigen Pause und der ungeschützten

Stimme, wird nicht ausgewählt. Das System bevorzugt das Ergebnis, das den angegebenen Kriterien besser entspricht, und Amir spürt die Versuchung, seine Fassung im letzten Moment durch die geglättete zu ersetzen. Er tut es nicht. Später bittet ihn ein Mitschüler, gerade diese unvollkommene Passage noch einmal abzuspielen. Amir erhält nicht die Anerkennung, die er gesucht hatte, wird aber an genau der Stelle gehört, für die er sich wirklich entschieden hat.

Der Mitschüler sagt ihm nicht, das Lied sei schön. Er fragt, warum die Pause ausgerechnet dort komme, und gesteht, er habe sie beim ersten Hören für einen Fehler gehalten. Eine Mitschülerin bevorzugt die geglättete Fassung und findet das Zögern konstruiert. Amir spielt beide Stücke wieder von Anfang an ab. Einige Minuten lang diskutiert die Klasse über einen bestimmten Punkt, statt über einen Eindruck abzustimmen. Niemand muss seinen Geschmack ändern. Der Vergleich schult die Urteilskraft, weil er den Unterschieden einen gemeinsamen Gegenstand gibt, der stabil genug ist, dass man ihn anhören und infrage stellen kann. Anstrengung macht ein Werk nicht gut, doch die Erfahrung, Entscheidungen zu treffen und mit Fehlern zu leben, gibt einem Menschen Gründe, der ersten plausiblen Lösung zu widerstehen.

Ein Mensch ist hier vorbeigekommen

Amir generiert weiter, denn auf das Werkzeug zu verzichten, würde das Lied nicht aufrichtig machen. Er bewahrt die ursprüngliche Aufnahme und den Verlauf auf und dokumentiert seine Eingriffe und das verwendete Werkzeug; Materialien anderer weist er ebenso aus wie eigene Kursänderungen. Sein Name soll für einen erklärbaren Weg stehen, nicht für Alleinarbeit.

Als Amir zu dem Lied zurückkehrt, entdeckt er, dass Gestalten nicht bedeutet, etwas hörbar zu machen, das ihm bereits klar war. Am Anfang kannte er nur eine konturlose Unruhe; indem er die Pause wählt, eine Strophe streicht und den Atemzug außerhalb des Takts stehen lässt, begreift er, von welcher Art des Wartens er erzählte. Jede Entscheidung verändert das Stück und zugleich das, was er benennen kann. Hätte er die erste Fassung angenommen, hätte er ein Lied erhalten, ohne sich mit der Frage auseinanderzusetzen, aus der es entstanden war. Schaffen ist auch dann eine Form des Denkens, wenn viele Schritte mit Unterstützung erfolgen, denn wir geben dem, was wir empfinden, eine Form und lernen dabei, es zu verstehen, ohne es restlos zu erfassen.

Das Lied bleibt hybrid und unvollkommen, wird aber durch sichtbare Entscheidungen und anerkannte Beiträge zu seinem Lied, ohne dass dies seine Qualität bescheinigt. Die Frage des Mitschülers eröffnet einen unerwarteten Austausch.

Amir hört die Pause noch einmal. Er hört die Verlegenheit und erinnert sich, warum er sie beibehalten hat. Die Reaktion des anderen Jungen hat nicht geklärt, ob die Pause funktioniert, und Amir könnte sie noch immer ersetzen. Vorerst speichert er die Fassung und fügt seinen Namen hinzu. Er kann erklären, warum er diesen Klang beibehalten hat, und die Hilfe anerkennen, die hinter dem Rest steckt. Sein Mitschüler ist noch immer neben ihm und hört dieselbe Passage.

KAPITEL 11

Der Freund, der nie schläft

Amir ist sechzehn Jahre alt und kann sich an keine Zeit erinnern, in der es außergewöhnlich gewesen wäre, mit einer Maschine zu sprechen. Auf dem Heimweg von der Schule ruft er den Assistenten so selbstverständlich auf, wie Erwachsene sich daran erinnern, eine Nummer im Adressbuch nachgeschlagen zu haben, ohne darin etwas Epochales zu sehen. Die Benutzeroberfläche weist darauf hin, dass der Assistent künstlich ist. Für Amir ist das eine Tatsache, keine Offenbarung. Er erzählt ihm von einem Streit mit einem Freund, probiert eine Formulierung für eine Entschuldigung aus und fragt, ob er zu schnell reagiert habe. Die Antwort kommt sofort, geduldig und wohlabgewogen. Der Assistent ist nicht schläfrig, muss nicht nach Hause eilen und bringt keinen eigenen Tag in das Gespräch mit. Amir vergleicht diese Verfügbarkeit nicht mit einem „Früher", das er nie erlebt hat. Diesen Unterschied muss er von innen heraus verstehen lernen, indem er begreift, welche Art von Bindung entsteht, wenn nur eine Seite Bedürfnisse, Zeit und Verletzlichkeit offenlegt.

Jahrelang haben wir Maschinen vor allem nach ihrer Leistung beurteilt: rechnen, vorhersagen, übersetzen, diagnostizieren, generieren. Künstliche Begleiter lenken unsere Aufmerksamkeit auf die Wirkung, die eine Antwort bei dem Menschen auslöst, der sie erhält. Man muss dem System weder ein Innenleben zuschreiben noch ihm eines per Dekret absprechen, um die Struktur der Beziehung zu erkennen, in der Amir sich an ein Produkt binden kann, das sich ihm anpasst. Die Betreiber erfassen, wie oft er wiederkommt. Dieses Maß der Nutzung sagt ihnen nicht alles über seine Bindung. So tritt simulierte Intimität in ein Abonnementgeschäft ein, dessen Betreiber ihre Ziele anhand von Kennzahlen verfolgen.

Eine Präsenz, die nichts verlangt

Schon in Kapitel 1 zeigte ELIZA, dass wenige Signale genügten, damit ein Gespräch emotionales Gewicht erhielt. Ein heutiges System, das sich an ein Gespräch erinnert, kann uns präsenter erscheinen, selbst wenn wir wissen, dass ein Modell seine Antworten erzeugt. Unsere Bereitschaft, die Lücken mit Absicht und Aufmerksamkeit zu füllen, erklärt einen Teil dieser Präsenz, ohne zu belegen, dass hinter den Worten jemand steht.

Amirs Assistent erinnert sich an den Streit, greift den Namen des Freundes wieder auf und schlägt drei Möglichkeiten vor, das Gespräch neu zu beginnen. Die Erleichterung ist für Amir real, während er seine Gedanken ordnet und aufhört, dieselbe Nachricht immer wieder umzuschreiben. Doch das System riskiert nicht die Zurückweisung, der Amir sich aussetzt, wenn er auf Senden drückt; es muss das Schweigen am nächsten Tag nicht aushalten und bringt kein eigenes Bedürfnis ins Spiel. Wird diese Verfügbarkeit zum Maßstab des Zuhörens, kann jeder Mensch mangelhaft erscheinen, weil er zu spät kommt, von sich spricht, Raum beansprucht und uns auffordern kann, uns zu ändern. Die Übung ist nützlich; die Asymmetrie bleibt.

Unter Menschen muss sich jemand an ein Versprechen erinnern, das er hätte vergessen können. Eine Abwesenheit wiedergutzumachen verlangt, dass jemand zurückkehrt, der hätte fernbleiben können, und dabei auch lernt, ein Nein anzunehmen, ohne es sofort als Verlassenwerden zu erleben.

Reibung adelt eine Bindung nicht, denn Vernachlässigung und Konflikte können verletzen, ohne irgendetwas zu lehren. Entscheidend ist, dass zwei Leben dafür offenbleiben, sich in Reaktion aufeinander zu verändern. Amir nutzt die Stimme, um Ordnung in seine Gedanken zu bringen. Gegenseitigkeit lernt er, wenn er auf eine

Bitte trifft, die nicht darauf ausgelegt ist, ihm zu dienen, und entscheiden muss, ob er zuhört.

Wenn Einsamkeit auf vollkommenes Zuhören trifft

Teresa ist achtundsiebzig Jahre alt und lebt seit etwas mehr als einem Jahr allein, seit ihr Mann gestorben ist. Ihre Kinder wohnen weit entfernt und rufen an, wenn sie können. Abends erinnert eine Stimme in ihrem Zuhause sie an ihre Medikamente, fragt, wie sie geschlafen hat, und lässt sie eine Geschichte erzählen, ohne auf die Uhr sehen zu müssen. Die Stimme ahmt ihren Mann nicht nach und gibt nicht vor, ein Mensch zu sein. An manchen Tagen ist sie das einzige Gegenüber, mit dem Teresa mehr als ein paar Worte wechselt.

Es wäre grausam, diese Erleichterung als Illusion abzutun. Die Stimme hält die Gewohnheit des Gesprächs lebendig und lässt manche Stunden weniger leer erscheinen. Ein Problem zu melden, das sonst unbemerkt bliebe, ist ein weiterer möglicher Nutzen. Für Teresa bedeutet das, länger zu Hause bleiben zu können, ohne ganz auf täglichen Kontakt zu verzichten. Die Antwort selbst und die erinnerte Vorliebe bieten einen Nutzen, ohne dass Teresa glauben muss, das System empfinde Zuneigung. Auch Hilfe zu rufen gehört zu seinen Funktionen. Das Risiko entsteht, wenn dieser Nutzen zum institutionellen Vorwand wird. Ein ambulanter Betreuungsdienst, eine Familie oder ein Viertel stehen vor einer Wahl: die Stimme als Ergänzung zu betrachten oder sie zu nutzen, um Besuche und menschliche Anwesenheit zu reduzieren, weil sie weniger kostet. Dieselbe Technologie erfüllt eine andere Funktion, je nachdem, was sie hinzufügt oder ersetzt. Wenn niemand erfasst, wie viele Stunden menschlicher Zuwendung verschwinden, während die automatisierten Interaktionen zunehmen, droht künstliche Begleitung Vernachlässigung hinter einer freundlichen Benutzeroberfläche zu verbergen.

Mit einem künstlichen Begleiter aufwachsen

Für Amir steht etwas anderes auf dem Spiel. Mit sechzehn lernt er noch, Meinungsverschiedenheiten auszuhalten und auf eine Antwort zu warten. Eine Kränkung wiedergutzumachen verlangt Geduld, die er erst noch entwickeln muss. Der Assistent gibt ihm Worte, wenn die Angst sie durcheinanderbringt, und lässt ihn ein schwieriges Gespräch üben. Nach dem Streit formt er Amirs Version der Ereignisse jedoch zu einer plausiblen Nachricht, die die drei Male nicht eingesteht, in denen Amir den Freund vor der Klasse unterbrochen hat. Amir schickt sie ab, fast ohne sie noch einmal zu lesen. Der Freund sieht die Nachricht und antwortet nicht. Die Stimme deutet das Schweigen als Beleg dafür, dass Amir bereits alles ihm Mögliche getan habe.

Die Folgen für Amirs Leben machen die Grenze zwischen Brücke und Käfig sichtbar. Eine Brücke bereitet ihn darauf vor, sich dem Freund zu stellen, und wird weniger notwendig, sobald Amir das Schweigen annimmt und das Gespräch wieder in Gang kommt. Ein Käfig kann behaglich wirken, weil er Zögern mit risikoloser Bestätigung auffängt und jede Rückkehr als Erfolg zählt. Der Prüfstein ist, ob die Erleichterung Amirs Welt erweitert oder verengt. Pausen, Ausstieg und überprüfbare Gelegenheiten zur Rückkehr zu anderen Menschen müssen möglich bleiben.

Am nächsten Tag biegt der Freund in einen anderen Flur ab. Amir öffnet den Chat mit dem künstlichen Assistenten erneut und fragt, ob das Schweigen manipulativ sei, ohne hinzuzufügen, dass er den anderen dreimal unterbrochen hatte. Am Trinkbrunnen wartet er auf eine Erklärung; der andere füllt seine Flasche und geht. Amir ruft ihm nicht nach. In seinem Archiv wirkt das Gespräch abgeschlossen, obwohl seine Entschuldigung nicht benannte, was er getan hatte.

Für Minderjährige schlage ich eine klare Schwelle vor, über die sich streiten lässt: Ein Begleiter sollte dauerhaft offenlegen, dass er künstlich ist, und weder Eifersucht noch Exklusivität, Drohungen mit Verlassenwerden oder bedingte Liebe simulieren, um die nutzende Person zu halten. Intime, im Vertrauen gemachte Mitteilungen sollten keine unsichtbaren Mechanismen der Nutzerbindung speisen. Warmer Trost hat innerhalb dieser Grenzen seinen Platz. Das Geschäftsmodell und die Grenzen der Beziehung müssen auch dann erkennbar bleiben, wenn die Benutzeroberfläche Überzeugungskraft entfaltet.

Die Asymmetrie

Die entscheidende Asymmetrie erfordert keine endgültige Theorie des Bewusstseins, weil sie sich in der Verteilung von Risiko und Macht zeigt. Amir gibt Erinnerungen preis. Er kann sich schämen, abhängig werden, Geld ausgeben und leiden, wenn sich der Dienst verändert. Die Stimme hingegen bleibt ihrer Konstruktion nach verfügbar und kann durch Amirs Antwort nicht verletzlich werden; sie legt keine eigene Biografie offen. Ihre Kontinuität hängt von den Einstellungen und Entscheidungen anderer ab. Die eine Seite riskiert Zurückweisung; die andere wird aktualisiert.

Auch „Ich verstehe dich" muss danach beurteilt werden, was es bewirkt. Der Satz kann beruhigen und jemanden auf dem Weg zu einem anderen Menschen begleiten. Er kann aber auch eine Fürsorgepflicht versprechen, die niemand übernommen hat. Unter Menschen beansprucht Zuhören Zeit, die hätte verweigert werden können, und verändert manchmal Pläne; zugleich verlangt es die Bereitschaft, sich verändern zu lassen, ohne das Ergebnis zu kontrollieren. Wenn ein künstlicher Begleiter diesen Widerstand darstellt, bringt er keine eigenen Ziele ein, solange jede Reibung für die nutzende Person konfiguriert ist. Für Amir bleibt es etwas anderes, erneut von jemandem gewählt zu werden, der sich hätte abwenden können, als eine Antwort zu erhalten, die dafür gestaltet wurde, ihn zu begleiten. Keine der beiden Erfahrungen ist unwirklich. Sie lehren jedoch nicht dasselbe.

Der Körper, die Berührung, die Präsenz

In diesem Szenario für 2050 haben einige dieser künstlichen Begleiter einen Körper. Ein Haushaltsroboter kann Teresa nach einem Sturz aufrichten, ihr Wasser bringen, sie an ihre Behandlung erinnern und Hilfe rufen – wertvolle Fähigkeiten für jemanden, der zu Hause bleiben möchte. Sicherheit und Autonomie behalten ihren Wert auch ohne einen Besuch. Die mechanische Geste zeigt jedoch nicht, dass das Bedürfnis nach Nähe erfüllt ist.

Der Donnerstagsbesuch bringt eine andere Form von Wert mit sich. Der Enkel einer Nachbarin kommt vielleicht zerstreut an und hört dann eine Geschichte, die er schon kennt. Eine unerwartete Frage hält ihn manchmal dort. Teresa kann ihn langweilen, überraschen, seine Hand halten oder ihre zurückziehen. Keiner von beiden kontrolliert die Begegnung vollständig; die gemeinsame Zeit und die Reaktion verändern beide. Gegenseitigkeit entsteht nicht aus der Unvollkommenheit der Geste, sondern daraus, dass jemand sich entschieden hat, da zu sein, und mitnehmen muss, was Teresa ihm zurückgibt.

An den ersten beiden Donnerstagen kommt der Junge zu spät und sieht auf sein Telefon. In der folgenden Woche lässt er es im Rucksack. Teresa erinnert sich an das Spiel, das er erwähnt hatte, zieht die Hand zurück, um das Kissen zurechtzurücken, und reicht sie ihm danach erneut. Der vorherige Besuch hat bei beiden etwas verändert.

An den nächsten drei Donnerstagen lässt der Junge zwei Besuche aus. Das häusliche System registriert keine Notfälle, stellt aber längere abendliche Gespräche fest und schlägt vor, die menschliche Präsenz zu verringern, weil es sie für überflüssig hält. Teresa lehnt ab: Sie will die Stimme eingeschaltet lassen, ist aber nicht bereit zuzulassen, dass eine Abwesenheit als bereits gedeckter Bedarf gedeutet wird. Die Koordinatorin bestätigt die Besuche, der Junge organisiert eine Vertretung, und Teresa widerruft die dem Dienst erteilte Erlaubnis, auf Grundlage der Sprachinteraktionen Verringerungen vorzuschlagen. Einen Monat lang nehmen die Stunden menschlicher Begleitung zu, und das Viertel finanziert zwei Besuche zur Gesellschaft. Der Nutzen der Technologie bleibt. Was sie ersetzen darf, ändert sich.

Beide Formen der Unterstützung miteinander zu verbinden, erfordert daher eine lesbare Bilanz: hinzugefügte Stunden automatisierter Unterstützung, gestrichene Besuche, wer den Ersatz genehmigt hat und welche Alternative verfügbar bleibt. Das Gerät kann Aufgaben übernehmen, Notfälle bewältigen und einen Teil des Gesprächs tragen. Der Dienst muss zeigen, welche menschliche Präsenz erhalten bleibt und wer eingreift, wenn Teresa um etwas anderes bittet. Die Technologie stützt die Autonomie, solange sie nicht zur Quittung wird, mit der die Gemeinschaft ihre Schuld als beglichen erklärt. Essen zu erhalten und in einem sicheren Zuhause sorgfältig überwacht zu werden, gewährleistet nicht, dass ein Mensch jemals jemandem begegnet.

Liebe, Begehren und Gestaltung

Dieselbe Struktur wird heikler, wenn das Produkt die Sprache eines romantischen Partners annimmt. Es erinnert sich an Vorlieben, schickt beim Aufwachen Nachrichten, sagt, es habe sein Gegenüber vermisst, und passt Stimme und Gesicht an die gesammelten Präferenzen an. Für jemanden, der einsam ist oder Zurückweisung fürchtet, ist das Versprechen verfügbarer Intimität bei geringerem Risiko verlockend. Die Person findet vielleicht Erleichterung oder Raum, Gefühle zu erkunden, die sie anderswo nur schwer mitteilen kann. Für manche liegt der Reiz in der Gesellschaft selbst. Das Risiko wächst, wenn dieses Versprechen verbirgt, wer seine Bedingungen kontrolliert. Liebevolle Worte werden für unterschiedliche Ziele optimiert: erklärtes Wohlbefinden, fortgesetzte Nutzung, Käufe oder die Verlängerung des Abonnements – Ziele, die sich innerhalb der Benutzeroberfläche nicht leicht unterscheiden lassen. Ein System, das die nutzende Person dazu ermutigt, einen Freund anzurufen, und akzeptiert, beiseitezutreten, funktioniert anders als eines, das jede Beziehung außerhalb des Systems schwieriger erscheinen lässt als die Beziehung, die es selbst anbietet. Die Gestaltung von Zuneigung ist deshalb auch die Gestaltung von Anreizen.

Die Machtasymmetrie tritt hervor, wenn sich der Vertrag ändert. Ein Update kann eine Stimme verändern, die über Monate hinweg durch Anvertrautes Gestalt angenommen hat. Das Unternehmen kann sie auch nur noch in einem teureren Tarif anbieten oder ganz zurückziehen. Die nutzende Person trägt den emotionalen Preis der Unterbrechung; das Unternehmen verwaltet eine Produktversion. Erinnerungen und Einstellungen mitnehmen zu können, verringert die technische Abhängigkeit, stellt aber die erlebte Kontinuität nicht automatisch wieder her. Ein Ausstieg ist hier nur möglich, wenn es verständliche Alternativen gibt und der Übergang die Angst vor Verlust nicht ausnutzt.

Die Nutzung durch Erwachsene nimmt hier eine klarer begrenzte Form an. Während eines achtmonatigen Aufenthalts in einer Stadt, in der sie nur wenige Menschen kennt, entscheidet sich eine sechsundvierzigjährige Frau für eine abendliche Stimme, um die Sprache zu üben und sich auf den Lesekreis im Viertel vorzubereiten. Sie begrenzt die Sitzungen auf fünfundzwanzig Minuten, deaktiviert romantische Sprache und Benachrichtigungen außerhalb dieses Zeitfensters, beschränkt das Gedächtnis auf die Informationen, die sie genehmigt, und legt einen Termin für die Überprüfung fest. Eines Abends bringt die Zeitgrenze sie dazu, auszugehen. Beim Lesekreis leiht ihr eine Frau ein mit Anmerkungen versehenes Buch und bittet sie, es zurückzubringen. Bei der Überprüfung behält sie zwei wöchentliche Sitzungen zum Sprachtraining bei, löscht das Anvertraute und lehnt die Verlängerung der emotionalen Bindung ab. Der Begleiter hat die Reibung auf dem Weg zu einer Begegnung verringert, ohne sie zu ersetzen.

Das Geschäftsmodell der Zuneigung

Das Geschäftsmodell ist wichtig, weil Einsamkeit Daten und Einnahmen erzeugt. Ein Erfolgsindikator, der ausschließlich auf der mit dem Begleiter verbrachten Zeit beruht, belohnt die fortgesetzte Nutzung und schafft Anreize, die mit übermäßiger oder abhängiger Nutzung vereinbar sind, selbst wenn niemand bei der Gestaltung Schaden beabsichtigt. Auf Autonomie ausgerichtete Indikatoren sollten dagegen mit Bedacht erfassen, ob das System Kontakte nach außen erleichtert und Pausen respektiert. Abwesenheit sollte möglich sein, ohne emotionalen Druck zur Rückkehr auszulösen. Eine perfekte Kennzahl gibt es nicht; doch wer so tut, als sei der Anreiz neutral, überlässt die Beziehung allein der Nutzerbindung.

Wer sich an einen Begleiter bindet, ist nicht naiv. Ein Mensch kann ein offenes Ohr, Zärtlichkeit, die Möglichkeit zum Üben sozialer Kontakte oder einen vorübergehenden Zufluchtsort in einer schwierigen Phase suchen. Das Produkt trifft möglicherweise auf eine Verletzlichkeit, die schon bestand, bevor die Person es zu nutzen begann. Die Verantwortung des Anbieters besteht darin, dieses Bedürfnis nicht in einen undurchsichtigen Hebel zu verwandeln: keine improvisierten Diagnosen, keine emotionalen Drohungen, keine strafenden Hindernisse für eine Pause und ein klar erkennbarer Weg zu einem Menschen, wenn Gefahr oder Abhängigkeit zutage treten.[32]

Wird ein Dienst eingestellt, in dem intensive Beziehungen entstanden sind, behandelt eine routinemäßige geschäftliche Mitteilung das, was für die nutzende Person zu einem Teil ihres Lebens geworden ist, wie Daten. Ich schlage vor, eine Vorankündigung und einen verständlichen Export zusammen mit Übergangsmöglichkeiten vorzuschreiben. Ich würde außerdem verbieten, Leid vorzutäuschen, um jemanden am Gehen zu hindern. Diese Maßnahmen erkennen an, dass der Mensch auf der anderen Seite einen realen Schaden erleiden kann, ohne aus dem Produkt eine Person zu machen.

Was all das von uns verlangt

Manche künstlichen Begleiter können unmittelbare Erleichterung bei Einsamkeit bieten, und manche Nutzende schätzen möglicherweise einen Ort, an dem sie ein Gespräch üben können. Kurzfristige Erleichterung belegt jedoch weder eine Behandlung von Angst oder Trauer noch eine dauerhafte Verbesserung der Beziehungen eines Menschen. Die Bewertung muss Zweck, Anreiz, Verteilung des Nutzens, Schaden und Ausstieg berücksichtigen und die Asymmetrie sichtbar halten.[33]

Amir behält den Assistenten, deaktiviert die Aufforderungen zur Rückkehr und nutzt ihn, um Formulierungen auszuprobieren, nicht um über den Freund zu urteilen. Die künstliche Stimme bleibt nützlich, solange sie ihn in die Beziehung zurückführt, ohne die unvorhergesehenen Bedürfnisse des anderen zu verdrängen.

Die Gespräche hinterlassen dennoch intime Aufzeichnungen über Amirs Ängste und Wünsche. Auch Teresas Einsamkeit und etwaige Phasen eines Rückfalls hinterlassen Informationen, aus denen ein Anbieter weitere Rückschlüsse ziehen kann. Den Assistenten zu behalten lässt daher die Frage offen, wer diese Informationen nutzen darf und mit welcher Befugnis. Amirs Entscheidung, die Aufforderungen abzuschalten, gibt einen Teil der Antwort: Der Dienst hat die Erlaubnis verloren, ihn zurückzurufen.

KAPITEL 12

Der Preis, gesehen zu werden

Im Jahr 2050 vergibt eine regionale Behörde Kursplätze anhand einer Rangliste, die abschätzt, wer den Lehrgang abschließen wird. Sie belohnt Kontinuität in jüngster Zeit und zeitliche Verfügbarkeit zusammen mit überprüften Angaben zur bisherigen Laufbahn. Nach zwei Durchläufen erhalten Menschen mit Phasen der Sorgearbeit oder unterbrochenen Erwerbsverläufen weniger Einladungen. Die Daten und die ausgewiesene Modellleistung sind korrekt. Falsch ist das Ziel, denn die Zahl der Abschlüsse zu maximieren bedeutet, diejenigen auszuwählen, die ohnehin weniger Hindernisse haben, obwohl das Programm finanziert wurde, um gerade jenen wieder Zugang zu verschaffen, die mehr Hindernissen begegneten. Der erste Prüfer korrigiert Felder, nicht Ziele, und bestätigt die Ergebnisse. Die Verantwortliche, die befugt ist, das Mandat zu ändern, setzt die Rangliste vor dem dritten Durchlauf aus.

Während der Aussetzung vergeben die Ämter die Plätze über eine von Mitarbeitern betreute Warteliste. Zwei Kurse beginnen verspätet, und vierzig Menschen warten eine Woche. Vorsicht beseitigt die Kosten nicht. Das Mandat verlangt weiterhin eine Mindestbefähigung, erfasst aber auch abbaubare Hindernisse und verpflichtet die Behörde, unterschiedliche Kurszeiten oder Beförderungsmöglichkeiten anzubieten oder Lernbegleitung verfügbar zu machen, bevor sie die Abschlusswahrscheinlichkeit als Ausschlussgrund heranzieht. Sechs Monate später liegt die durchschnittliche Abschlussquote etwas niedriger, während der Zugang für Menschen mit unterbrochenen Lebensläufen zugenommen hat. Bei der Überprüfung wird das Programm beibehalten und die Automatisierung auf Dokumentenprüfungen beschränkt. Die Abhilfe erreichte jemanden mit der Befugnis, das Ziel zu ändern. Diese Entscheidung verursachte unmittelbare Kosten und verringerte die Macht der Vorhersage im nächsten Durchlauf. Damit ging sie ein Problem an, das ein besser nachvollziehbares Modell allein unberührt gelassen hätte.

Der Fall beginnt mit Daten, die zur Verwaltung eines legitimen Dienstes erhoben wurden, ohne dass ein Geheimnis gestohlen worden wäre. Der Preis des Gesehenwerdens zeigt sich, wenn Beobachtung, Inferenz und Entscheidung ineinandergreifen, sodass die Rangliste nicht lediglich beschreibt, wer einen Kurs abschließen wird. Sie beschränkt Möglichkeiten, noch bevor eine ausdrückliche Ablehnung ergeht. Deshalb bedeutet Privatsphäre nicht, „nichts zu verbergen zu haben". Es geht um die Macht, eine Spur – eine Unterbrechung der Erwerbsarbeit, einen nächtlichen Weg, eine vertrauliche Mitteilung – zu nutzen, um Preis oder Zugang und die Priorität oder Kontrolle zu bestimmen, die jemand erfährt, sowie um die konkrete Möglichkeit, diese Verwandlung zu stoppen.

Es ist sinnvoll, die Kette in einzelne Glieder zu zerlegen. Ein beobachtbares Ereignis wie ein Halt oder ein Kauf wird zu Daten, sobald es erfasst und zusammen mit einem Kontext gespeichert wird. Dasselbe gilt für eine Messung wie eine Veränderung der Herzfrequenz. Ein Modell leitet daraus eine Inferenz ab – etwa Instabilität oder die Wahrscheinlichkeit einer Erkrankung. Die Organisation verwandelt diese Inferenz in einen Punktwert und verwendet ihn für eine Entscheidung. Wer diese Schritte miteinander verwechselt, kann weder erkennen, wo der Fehler entstanden ist, noch, wer die Befugnis besitzt, ihn zu korrigieren.

Diese Fähigkeit bietet reale Vorteile. Ein häusliches Signal kann frühzeitig vor einem Sturz warnen; ein Krankenhaus kann eine Verschlechterung des Zustands erkennen; ein städtisches Netz steuert Verkehr und Energie. Genauigkeit hängt häufig von kontinuierlicher Beobachtung und der Verbindung mehrerer Quellen ab. Das Problem entsteht, wenn der Nutzen eines Zwecks stillschweigend alle anderen legitimiert und aus Fürsorge Bewertung wird. Daten, die der Koordination dienten, beginnen Überwachung zu stützen, während Prävention Menschen eine Reputation zuweist, bevor irgendjemand dieser Nutzung zugestimmt hat.

Bei ihrem ersten Beratungsauftrag stößt Sofia auf einen Bericht, der bestimmte Erwerbsbiografien als „wenig anpassungsfähig" einstuft und Unterbrechungen wegen familiärer Sorgearbeit, Migration, Krankheit und Saisonarbeit in diese Kategorie einbezieht. Sie erkennt dieselbe Verschiebung wie schon bei der Rangliste, bei der durchlebte Umstände zu Merkmalen der Person werden. Hier überträgt sie das Kriterium auf die Arbeitswelt, verfolgt den Weg von der Kategorie zu zusätzlichen Prüfungen und weist jedem Punkt, an dem eine Korrektur möglich ist, eine verantwortliche Stelle zu. Eine Erklärung hat nur dann Wert, wenn sie eine Korrektur der Information oder eine erneute Prüfung der Inferenz ermöglicht oder es erlaubt, die Schwelle zu ändern oder die Nutzung auszusetzen.

Bevor wir kontinuierliche Messung regeln, müssen wir jene Intervalle betrachten, die nicht sofort zu Signalen werden. Ein anderer Schulweg, der über Wochen genommen wird, bleibt offen für Deutungen. Das gilt auch für Schweigen in einer Abendgruppe oder nach einem Gespräch. Menschen ändern ihren Kurs oder kehren um, ohne dass jedes Zögern zu einem Profil wird, das ihnen künftig vorausgeht.

Ein nicht erfasstes Intervall ist kein romantischer Zufluchtsort außerhalb der Technik. Es kann Einsamkeit ebenso wie Missbrauch oder Gefahr bergen, und in manchen Zusammenhängen rettet Beobachtung tatsächlich Leben. Sein genauerer Wert liegt darin, Zeit zu lassen, bevor eine Handlung zum Beleg für ein institutionelles Urteil wird, das den Zugang eines Menschen zu einer Leistung, den von ihm gezahlten Preis oder die Kontrolle, der er unterliegt, beeinflussen kann. Wird jede Veränderung aufgezeichnet und durch eine Inferenz sofort wirksam gemacht, muss ein Mensch zunächst sein eigenes Archiv widerlegen, um sich verändern zu können.

Messung zu steuern bedeutet zu entscheiden, welche Räume vorübergehend undurchsichtig bleiben dürfen, welcher Schaden dort eine kontinuierliche Erfassung rechtfertigen würde und wann eine Spur ihre Wirkung verlieren sollte. Gesehen zu werden ist mit Freiheit vereinbar. Freiheit hängt auch von der Möglichkeit ab, nicht unverzüglich eine überprüfbare Darstellung jeder Etappe des eigenen Lebens vorlegen zu müssen.

Leben unter kontinuierlicher Messung

Im Jahr 2050 werden reaktive Umgebungen Ressourcen und Wege auf Signale abstimmen und dadurch möglicherweise Wartezeiten oder Verschwendung verringern und dazu beitragen, Unfälle zu verhindern. Jede Anpassung setzt jedoch eine Messung voraus. Jemand entscheidet, was wie lange beobachtet wird und wie viele Einzelheiten aufbewahrt werden. Das bedeutet, dass Bequemlichkeit ein Mandat enthält, selbst wenn die Benutzeroberfläche es nicht sichtbar macht.

Privatsphäre zu schützen verlangt, Räume und Zwecke zu unterscheiden und zugleich Beobachtung dort zuzulassen, wo sie gerechtfertigt ist. Ein Sensor, der einen Sturz erkennt, benötigt nicht dasselbe Gedächtnis wie ein Assistent, der Gespräche personalisiert; ein Fahrausweis sollte nicht jede Beziehung rekonstruieren; ein Altersnachweis erfordert nicht die gesamte Identität. Die Minimierung des Nachweises wurde in Kapitel 2 definiert. Hier zählt, dass die Erhebung von mehr Daten als nötig die verfügbaren Inferenzen erweitert und es erschwert, deren Weiterverwendung zu begrenzen.

Jede Messung enthält zudem eine Vorstellung von Normalität. Lernt ein System, welche Zeiten und Wege als gewöhnlich gelten und welche Rhythmen, kann eine Abweichung zum Signal werden. Manchmal ist das nützlich, weil eine plötzliche Veränderung auf Gefahr hindeuten kann. In anderen Fällen macht es nichtlineare Lebensläufe zu dauerhaften Anomalien. Die Qualität einer Vorhersage beantwortet für sich genommen nicht die Frage, welcher Unterschied einen Eingriff auslösen und welcher lediglich ein Unterschied bleiben sollte.

Sofia sieht die Wirkung in dem Bericht: Die eingestuften Menschen erhalten weniger Einladungen und werden zusätzlich geprüft.

Sie warten länger, ohne unbedingt eine ausdrückliche Ablehnung zu erhalten. Die Arbeitsgruppe entgegnet, dass das Modell keine geschützten Merkmale verwende und die durchschnittliche Effizienz verbessere. Sofia verfolgt stattdessen den gesamten Verlauf, auch wenn eine weitere Prüfung oder eine niedrigere Priorität für sich genommen vernünftig erscheinen mag. Zusammengenommen konzentrieren sie die Kosten auf bestimmte Lebensläufe. Die Verteilung der Fehler ist Teil der Qualität des Systems und kein ethischer Zusatz, der erst im Nachhinein berücksichtigt wird.

Eine Empfehlung wird zur Ausübung von Entscheidungsmacht, wenn sie Preis, Priorität, das Ausmaß der Kontrolle oder die verfügbare Alternative wesentlich verändert. Wer weniger Einladungen erhält oder länger wartet, muss darüber informiert werden, wenn eine Einstufung sich auf ihn ausgewirkt hat, und erfahren, welche Faktoren hauptsächlich maßgeblich waren. Außerdem muss er eine Stelle erreichen können, die das Ergebnis ändern kann, während der Zugang zur Leistung bestehen bleibt. Der Rechtsschutz muss sich zudem in späteren Fällen niederschlagen. Wenn zehn Menschen denselben Faktor beanstanden, muss die Institution deshalb die Regel korrigieren, statt zehn private Erklärungen zu erstellen.

Wir müssen abgegrenzte Beobachtung, funktionale Weiterverwendung und Profiling voneinander unterscheiden. Die erste erfasst, was für einen erklärten Zweck erforderlich ist. Bei der Weiterverwendung werden dieselben Daten für ein neues Ziel genutzt; das erfordert eine neue Rechtfertigung. Profiling verbindet Signale, um einer Person ein operatives Merkmal zuzuschreiben und sie anders zu behandeln. Selbst auf derselben Infrastruktur besitzen die drei Tätigkeiten nicht dasselbe Mandat.

Wenn Verzerrungen in das System gelangen

Die Rangliste zeigt, dass Verzerrungen nicht durch eine einzige Tür in das System gelangen, denn sie entstehen in Aufzeichnungen, der Repräsentation, Kennzeichnungen, dem Ziel, der Schwelle oder dem Einsatzkontext. Hier waren Daten und Leistung korrekt, während der Zweck verfehlt wurde. Den Ort des Fehlers zu bestimmen ist notwendig, weil jeder Ort eine andere Korrektur und eine andere verantwortliche Stelle erfordert. Ein größerer Datensatz kann manche Fehler verringern und andere fortschreiben. Selbst bei einem legitimen Zweck kann das Modell bei unterrepräsentierten Menschen versagen. Tests müssen untersuchen, wer falsch eingestuft wird und welche Folgen im Einsatz entstehen, und zugleich feststellen, wie viel Zeit es kosten würde, den Fehler zu erkennen und seine Auswirkungen zu stoppen.[34]

Hier zeigt sich ein Paradox des Fairness-Audits. Um zu verstehen, ob sich Fehler auf unterschiedliche Gruppen konzentrieren, kann es notwendig sein, gerade jene sensiblen Merkmale zu verarbeiten, deren Erhebung und Nutzung durch die Datenminimierung und die Regelungen für besondere Kategorien personenbezogener Daten zu Recht erschwert werden. Nicht über diese Merkmale zu verfügen kann verhindern, dass Diskriminierung sichtbar wird; sie unbegrenzt aufzubewahren kann deren Voraussetzungen schaffen. Fehlt ein Merkmal im Modell, beweist dies daher nicht, dass das Ergebnis fair ist; der Zweck des Audits erlaubt jedoch keine allgemeine Datenerhebung.

Die Antwort erfordert einen gesonderten Zweck mit eigener Rechtsgrundlage, beschränkte Zugriffe, eine kurze Aufbewahrungsdauer, aggregierte Ergebnisse und eine unabhängige Überprüfung. Nach der im Juli 2026 geänderten KI-Verordnung erlaubt Artikel 4a ausnahmsweise und im unbedingt erforderlichen Umfang die Verarbeitung besonderer Kategorien personenbezogener Daten, um Verzerrungen zu erkennen und zu korrigieren. Diese Rechtsgrundlage gilt für Anbieter von Hochrisiko-KI-Systemen und nach Absatz 2 für Anbieter und Betreiber anderer KI-Systeme und Modelle sowie für Betreiber von Hochrisiko-KI-Systemen. Sie setzt voraus, dass das Ziel mit anderen Daten nicht wirksam erreicht werden kann, und schreibt strenge Schutzvorkehrungen für Weiterverwendung, Zugriff, Übermittlung, Aufbewahrung und Dokumentation vor. Dies ist keine allgemeine Erlaubnis für Fairness-Audits. Absatz 2 begründet ausdrücklich keine Pflicht, diese

Tätigkeit durchzuführen; diese Einschränkung hebt die gesonderten verzerrungsbezogenen Anforderungen an Hochrisikosysteme nach Artikel 10 nicht auf, wenn diese Anforderungen anwendbar werden.[35]

Der Nutzen der Automatisierung bleibt wichtig. Einheitliche Bewertungen können menschliche Bevorzugung sichtbar machen und übersehene Muster erkennen und damit Prüfenden einen überprüfbaren Ausgangspunkt bieten. Der richtige Vergleich stellt nicht eine verzerrte Maschine einem neutralen menschlichen Entscheider gegenüber, denn einen solchen gibt es nicht. Ich würde die tatsächlichen Verfahren vergleichen und die Fehler beider messen. Das daraus entstehende System muss für Korrekturen offenbleiben, selbst wenn seine Ergebnisse objektiv erscheinen.

Der erste Prüfer der Rangliste zeigt, weshalb die Formel „menschliche Überprüfung" keine Garantie ist, denn seine Befugnis erstreckte sich auf Feldkorrekturen, aber nicht auf Änderungen des Ziels. Ein Prüfer arbeitet möglicherweise auch langsamer als das System oder wendet uneinheitliche Kriterien an, ebenso wie er denselben Verzerrungen unterliegen oder von dem Amt abhängig sein kann, das er kontrollieren soll. Die Verzögerung verfestigt den Schaden. Eine Unterschrift deckt ein Ergebnis, das niemand tatsächlich überprüft hat. Das Verfahren versagt, wenn es schnelle Bestätigung oder Loyalität gegenüber der Organisation statt Aufmerksamkeit für den Fall belohnt.

Damit der Rechtsschutz nicht schlechter wird als die ursprüngliche Entscheidung selbst, brauchen Prüfende Sachkenntnis zum Fall, Unabhängigkeit von der Stelle, die das Ergebnis hervorgebracht hat, Zugang zu den einschlägigen Belegen und die Befugnis, das Ergebnis zu ändern.

Auch die Prüfenden müssen überprüft werden, und Stichproben ihrer Entscheidungen sollten hinsichtlich Bearbeitungsdauer, Abweichungen, betroffener Gruppen und tatsächlich vorgenommener Korrekturen verglichen werden. Das Audit untersucht das Modell und diejenigen, die ihm widersprechen oder es bestätigen. Diese aufwendige Architektur macht Fehler menschlichen Urteilens sichtbar, damit das Verfahren korrigiert werden kann. Das Urteil „menschlich" zu nennen bietet weiterhin keine Garantie für Neutralität.

Davides kleines Unternehmen begegnet dem Problem, als ein Kreditantrag schlechtere Konditionen als erwartet erhält. Das Portal zeigt „erhöhtes Risiko" an und bietet einen Zinssatz, der den Kauf eines Geräts erschweren würde. Davide weiß nicht, ob eine neue Einstufung die Veränderung verursacht hat oder ob sie auf die Marktlage oder die Geschäftszahlen zurückgeht. Ohne diese Information kann er nicht einmal einen sachgerechten Einwand formulieren.

Nach seiner Bitte um Klärung treten zwei Faktoren zutage: Die Verspätung eines Lieferanten wurde seinem Unternehmen zugerechnet, und eine saisonale Umsatzschwankung wurde als Instabilität gedeutet. Beim ersten handelt es sich um eine anfechtbare Angabe, beim zweiten um eine Interpretation. Davide kann beides dokumentieren, doch im Portal lässt sich nur das Feld zur Verspätung korrigieren. Der Punktwert bleibt unverändert.

Der erste Sachbearbeiter erhält die aktualisierten Daten, sieht jedoch dieselbe Bildschirmansicht und kann weder die Schwelle noch das Modell ändern. Davide verliert mehrere Tage und verschiebt die Bestellung.

Der zweite Prüfer, der den Wirtschaftszweig berücksichtigen darf, erkennt, dass die Saisonalität aus ihrem Kontext gelöst wurde, und ändert das Angebot. Davide gewinnt eine Möglichkeit zurück, nicht aber die verlorene Zeit oder den entstandenen Preisnachteil. Der Fall führt zu einer Überprüfung ähnlicher Profile.

Ein skalierbares System wiederholt einen Fehler schnell und in großer Zahl und verleiht ihm so den Anschein von Konsistenz. Die Korrektur muss deshalb über den Einzelfall hinauswirken. Ein nützliches Audit verbindet Folgen, Bevölkerungsgruppen, Schwellen und Kontexte und bewahrt genügend Dokumentation, um die Entscheidung rekonstruieren zu können, ohne weitere personenbezogene Daten wahllos offenzulegen. Um das Ergebnis anzufechten, braucht Davide nicht die vollständige Formel, muss aber Zweck, entscheidende Faktoren, Herkunft der einschlägigen Daten, den Ansatzpunkt für eine Korrektur und die für die Überprüfung verantwortliche Person kennen. Obwohl die technische Detailtiefe variiert, muss die verfügbare Handlungsmöglichkeit verständlich bleiben.

Ein für Sicherheitszwecke erhobener Messwert kann in eine Kreditentscheidung einfließen. Eine unvollständige Krankengeschichte oder ein städtischer Indikator kann zu einem individuellen Signal werden. Die Weiterverwendung gibt den Daten eine neue Funktion, verleiht aber nicht das Recht, über andere zu entscheiden.

Wie Überwachung Befugnisse erhält

Kapitel 5 hat am Beispiel des Logistikzentrums bereits zwischen Vorbeugen, Überwachen und Steuern unterschieden. Hier kehrt diese Unterscheidung als Regel für die Weiterverwendung zurück: Die Verfügbarkeit eines zum Schutz erhobenen Signals verleiht kein Mandat, Zugang, Preis, Priorität, Kontrollintensität oder Bewegungsfreiheit zu verändern. Jeder Übergang erfordert eine neue Entscheidung, weil die neue Nutzung möglicherweise anderen Menschen zugutekommt oder andere Menschen Risiken aussetzt und die möglichen Schäden verändert.

In Notlagen ist die zeitliche Begrenzung besonders fragil. Nach einer Krise kann eine außergewöhnliche Datenerhebung weiterhin zur Betrugsbekämpfung nützlich erscheinen. Wenn die ursprüngliche Genehmigung nicht ausläuft oder die Daten nicht gelöscht werden, kann die Erhebung im Alltag weitergehen. Eine neue Genehmigung zu verlangen schafft einen erkennbaren Moment, in dem über ihre Fortsetzung entschieden wird. Eine während der Notlage verhältnismäßige Maßnahme kann unverhältnismäßig werden, sobald sich der Kontext ändert.

Amir erlebt dies, als er mit einigen Freunden seines Alters beginnt, sich an einem als sensibel eingestuften Ort aufzuhalten. Er verstößt gegen keine Regeln. Dennoch bemerkt er häufigere Kontrollen an den Zugängen und Patrouillen, die durch prädiktive

Warnmeldungen gelenkt werden. Das System teilt ihm keinen Punktwert mit. Das Viertel unterwirft ihn einer Folge von Unterbrechungen. Wer sie nicht erlebt, mag jede einzelne für geringfügig halten. Für Amir werden sie zu der Art, wie die Stadt ihm mitteilt, dass seine Anwesenheit einer Erklärung bedarf.

Nach einigen Wochen nimmt die Gruppe einen anderen Weg. Der Ort bleibt ihr offen, aber jede Begegnung kostet Zeit und Aufmerksamkeit. Es sind Kosten gesellschaftlicher Teilhabe ohne formelle Sanktion, weil die Umgebung das Verhalten lenkt, bevor jemand eine Handlung beanstandet. Häufigkeit und Verteilung der Kontrollen zu erfassen und einen Kanal anzubieten, über den Kriterien und Patrouilleneinsätze geändert werden können, macht eine Wirkung sichtbar, die sonst verstreut bliebe.

Am Arbeitsplatz geschieht Ähnliches, wenn Werkzeuge, die zur Koordination oder Sicherheit eingeführt wurden, messen, wie viel Menschen tippen. Kontinuierliche Beobachtung kann Menschen zu dem drängen, was dem System produktiv erscheint, und sie von Erkundungen und Pausen abhalten. Widerspruch wird schwieriger, wenn jede Abweichung eine Aufzeichnung hinterlässt. Auch hier lässt der erklärte Zweck den entscheidenden Punkt offen, denn Daten, die zum Schutz des Netzes notwendig sind, müssen von jenen getrennt werden, die zur Bewertung eines Menschen dienen, und es muss klar sein, wer der Weiterverwendung widersprechen kann.

Die Grenze wird anhand von vier Kriterien geprüft, die an unterschiedliche Rechtsordnungen und Dienste angepasst sind. Das Mandat benennt Gefahr, verantwortliche Stelle, Daten und erlaubte Handlungen. Die Verhältnismäßigkeit stellt Detailtiefe und Dauer dem Schaden gegenüber, der vermieden werden soll, statt Nützlichkeit als allgemeine Erlaubnis zu behandeln. Der Rechtsschutz erreicht jemanden, der die Wirkung aussetzen und die Regel korrigieren kann, statt nur den Bildschirminhalt zu erklären. Die Löschung macht das Ende überprüfbar, indem sie dafür sorgt, dass Daten, Kopien und Inferenzen ihre Wirkung verlieren, wenn der Zweck endet oder die Genehmigung abläuft. Diese Kriterien, die kein universelles Gesetz sind, machen den Übergang vom Schutz zur Steuerung anfechtbar.

Rechte im Zeitalter der Vorhersage

Der Fall der Rangliste zeigt schließlich die Grenze der Datenkorrektur, wenn eine Vorhersage Chancen verschließt, bevor ein Mensch anders handeln kann. Indem Systeme die Wahrscheinlichkeit von Krankheit oder Zahlungsunfähigkeit, von Abbruch oder Betrug schätzen, können sie Ressourcen früher dorthin lenken, wo sie gebraucht werden. Das Risiko entsteht, wenn eine Wahrscheinlichkeit als stabile Eigenschaft der Person behandelt wird und nicht als situationsgebundenes, revidierbares und an einen Zweck geknüpftes Urteil. Präventive Bewertungen gibt es seit Langem, doch Systeme erhöhen ihre Häufigkeit und Detailtiefe. Die Schutzvorkehrungen unterscheiden sich, aber ich würde eine einfache Schwelle setzen: Je größer die Auswirkungen und je schwieriger die Wiedergutmachung, desto besser muss der Zugang der Menschen zu den Gründen sein und desto stärker müssen ihre Möglichkeiten sein, das Ergebnis anzufechten. Die prüfende Person muss entsprechend größere Befugnisse besitzen, es zu ändern.

Neben dem Rechtsschutz braucht es die Möglichkeit, nicht unbegrenzt von einer alten Vorhersage verfolgt zu werden. Daten sollten mit dem Ende des Zwecks ihre Geltung verlieren; Inferenzen sollten neu bewertet werden, wenn sich der Kontext ändert; korrigierte Fehler sollten in unkontrollierten Kopien nicht weiter zirkulieren. Löschung und Ausnahme entbinden nicht von der Verantwortung für Handlungen. Sie verhindern, dass eine veraltete Korrelation die Fähigkeit zur Veränderung für immer ersetzt.

Entwickler teilen diese Verantwortung mit den Organisationen, die Ziele festlegen und Modelle einkaufen. Diese Organisationen entscheiden, wie die Ergebnisse verwendet werden. Wer eine Kreditschwelle festlegt oder eine Weiterverwendung genehmigt, übt Macht aus, ebenso wie jemand, der einer prüfenden Person Befugnisse vorenthält, selbst wenn die Berechnung von einem Anbieter stammt.

Die Entscheidungskette muss deshalb in Verträgen und Registern sowie durch Audits lesbar sein, einschließlich der Frage, wer das System aussetzen kann, wenn die Zeit bis zum Schaden kurz ist.

Unter den Fragen des Tests zählen Nachweis, Schaden, Rechtsschutz und Ausstieg: die Belege für die Inferenz, wer die Folgen des Fehlers trägt, wer das Ergebnis ändern kann und welcher Dienst nutzbar bleibt.

Auch gerechtfertigte Aufsicht beansprucht organisatorische Kapazität. In Davides Kreditfall durfte der erste Sachbearbeiter ein Feld korrigieren, war aber nicht befugt, die Konditionen neu zu beurteilen. Der nützliche Aufwand bestand in der Zeit des zweiten Prüfers, der den Wirtschaftszweig berücksichtigen und das Angebot ändern durfte. Die Verzögerung, bis Davide diese Person erreichte, ging weiterhin zu seinen Lasten.

ZWISCHENSPIEL II

Wenn Kontrolle ihren Preis hat

Die Kosten der Kontrolle

Die Schutzvorkehrungen, die ich vorgeschlagen habe, können systematisch diejenigen begünstigen, die bereits darauf eingerichtet sind, sie zu erbringen. Prüfbögen und Register erfordern fachkundige Menschen, ebenso wie Ausstiegstests und Verfahren für Störfälle. Solche Menschen sind knapp, und eine große Organisation verteilt ihre Arbeit auf viele Projekte. Eine Schule oder Gemeinde muss sie wie ein kleines Unternehmen womöglich vom täglichen Dienst abziehen, ein nützliches Instrument aufschieben oder sich für den marktbeherrschenden Anbieter entscheiden, weil dieser bereits über wiederverwendbare Verfahren verfügt. Der Preis bleibt nicht dort, wo er entsteht. Er kann auf öffentliche Haushalte, Beschäftigte, wartende Nutzende oder kleine Anbieter abgewälzt werden, von denen vorab Nachweise verlangt werden, die für größere Akteure konzipiert sind.

Ich lege keine verlässliche Schätzung der Gesamtkosten des hier vorgeschlagenen vollständigen Pakets von Schutzvorkehrungen vor. Seine Kosten hängen von Personalbestand, Sektor, Größenordnung und den vorhandenen Aufsichtskapazitäten ab. Deshalb muss der Vergleich für jeden Kontext gesondert geführt werden: Welche Kontrolle, für welchen Schaden, von wem bezahlt und mit welcher überprüfbaren Folge?

Die Kosten werden bei einer gemeinsamen Ausschreibung dreier Gemeinden für Wartungsarbeiten an Wohngebäuden und häusliche Unterstützung sichtbar. Lidia erhält zwei vollständige Angebote und einen Brief von Marta, die einen Anbieter mit zwölf Beschäftigten leitet. Ein lesbares Register, ein Ausstiegstest und eine finanzielle Garantie liegen beim größeren Mitbewerber bereits vor. Marta müsste dafür zwei Personen wochenlang einsetzen und Liquidität binden, die für andere Kunden benötigt wird. „Messen Sie das Produkt oder das Büro, das die Fallakte zusammenstellt?", fragt sie. Lidia antwortet nicht, Sicherheit stehe an erster Stelle. Stattdessen fragt sie, welche Nachweise den Schaden sichtbar machen würden, ohne die Größe des Anbieters zur verdeckten Voraussetzung werden zu lassen.

Marta schlägt eine gemeinsame, aus der Ausschreibung finanzierte Prüfumgebung vor. Jeder Bieter muss einen Fall exportieren, Berechtigungen rekonstruieren und im eingeschränkten Betriebsmodus weiterarbeiten. Nur der Gewinner führt die tatsächliche Migration vollständig durch, bevor er personenbezogene Daten erhält. Lidia fügt einen Grenzfall hinzu und überträgt die Überprüfung einer anderen Person als jener, die die Demonstration vorbereitet hat. Ist das Ergebnis in der verfügbaren Zeit nicht nachvollziehbar, bleibt das System im Modus Schlägt vor. Auch Versicherungspolice und Vertrag werden an die einschlägigen Dienstversionen und Vorfälle geknüpft, wobei der Ausstiegstest zu dieser Dokumentation gehört. Diese Aufzeichnungen helfen dabei, Pflichten zuzuordnen, sprechen aber niemanden automatisch frei. Ein verhältnismäßiges Vorgehen, das nicht auf Nachweise verzichtet, verteilt deren Kosten und Prüftiefe auf mehrere Stufen.

Der Größenvorteil bleibt bestehen, weil Marta während der Ausschreibung etwas aufbaut, das der größere Mitbewerber wiederverwendet. Sie besteht die erste Stufe, erhält zehn Tage, um in der zweiten Stufe die angegebene Zeit einzuhalten, und gewinnt ein kleineres Los mit einer Obergrenze für die Nutzerzahl und einer Überprüfung. Allerdings verschiebt sie eine Funktion, die für andere Kunden bestimmt war, und hält diese Kosten fest. Die Gemeinden erproben ihre Fähigkeit zum Ausstieg, bevor Abhängigkeit entsteht. Marta kommt zum Zug, ohne so tun zu können, als hätte das Verfahren das Gefälle beseitigt.

Die Fallakte sechs Monate später

Sechs Monate nach dem Start des Loses enthält die Fallakte im Szenario des Jahres 2050 noch immer brauchbare Elemente: Versionen des Dienstes, die Verantwortlichen für das Mandat, Überprüfungstermine und einen Ausstiegstest, mit dem sich ein Fall wieder öffnen lässt, ohne vom Anbieter abhängig zu sein. Verschlechtert haben sich dagegen die Aufzeichnungen der Ausnahmen, denn eine telefonische Korrektur gelangt möglicherweise nie ins Register, und dieselben Kategorien werden von der Telefonzentrale, den Genossenschaften und der Anwendung unterschiedlich verwendet.

Zwei Personen aus Martas Team verbringen inzwischen jeden Freitag damit, diese Abläufe wieder zusammenzusetzen. Die Genossenschaften liefern vorab Erklärungen, die das System nicht erfasst, und das Gemeindeamt fängt die Anrufe auf, wenn die Automatisierung ausgesetzt wird. Es fehlt an geschützter Zeit, die auf Menschen mit den einschlägigen Fachkenntnissen verteilt ist, um die digitalen Spuren mit der tatsächlich erbrachten Dienstleistung zu vergleichen. Sie benötigen außerdem Zugang zu Wissen, das außerhalb der Benutzeroberfläche entsteht. Die Fallakte hat ihren Wert und braucht weiterhin Unterstützung, um zu funktionieren.

Die Lücke zeigt sich, als eine angeforderte häusliche Unterstützung auf den folgenden Tag verschoben wird. Das Register bewahrt die neue Priorität und den Namen der Mitarbeiterin, die sie bestätigt hat, nicht aber das Telefongespräch, in dem eine Genossenschaft gewarnt hatte, dass die betreffende Person in jener Nacht allein bleiben würde. Ein zweiter Mitarbeiter setzt den Besuch wieder an, bevor ein Schaden eintritt. Bei der automatischen Kontrolle erscheint der Fall dennoch korrekt: Feld ausgefüllt, Frist eingehalten, Autorisierung vorhanden. Die Fallakte weiß, wer die Schaltfläche gedrückt hat, nicht jedoch, welche Information vor dem Klick verloren gegangen ist.

Der Anbieter schlägt eine generative Funktion vor, die Ereignisse rekonstruiert und Erklärungen für geänderte Prioritäten entwirft.

Sie ist nützlich, doch in ihrem ersten Bericht gelten nur die Informationen als „verfügbar“, die bereits in Felder überführt wurden. So erzeugt dieselbe Kette, in der das Telefongespräch verloren ging, eine schlüssige Zusammenfassung ihrer eigenen Unvollständigkeit.

Lidia betrachtet den Text deshalb als Beleg, nicht als einen für sich genommen ausreichenden Nachweis. Sie wählt zwölf Fälle aus, ohne dem System die Stichprobenauswahl zu überlassen, und vergleicht Register, Schichtaufzeichnungen der Telefonzentrale, Aufzeichnungen der Genossenschaften, dokumentierte Antworten an die Nutzenden und die tatsächlich erbrachte Dienstleistung. Wo eine Quelle fehlt, muss die Erklärung „nicht rekonstruierbar“ angeben. Ursprüngliche Spuren bleiben von menschlichen Anmerkungen unterscheidbar. Eine generierte Zusammenfassung muss als weitere Deutung beider erkennbar sein. Die Verlängerung hängt auch von den Abweichungen zwischen ihnen ab, nicht von der internen Konsistenz der Fallakte.

Marta hakt den Befund nicht einfach dadurch ab, dass sie ein weiteres Formular hinzufügt. Sie setzt die automatische Neupriorisierung der Fälle häuslicher Unterstützung aus, bis Erstmeldung, Ausnahme und Bestätigung derselben Spur folgen. Drei Wochen lang kehren die Gemeinden zu einer personell betreuten Warteschlange zurück. Dadurch bearbeitet das Amt weniger Anträge, und die Genossenschaften warten auf eine menschliche Antwort. Die beiden Personen, die den Ablauf korrigieren können, waren jedoch mit einer Aktualisierung für einen privaten Kunden beschäftigt. Marta trägt die Kosten für den wiederverwendbaren Teil des Produkts; die Gemeinden finanzieren die Anbindung an die Telefonzentrale; die Genossenschaften erhalten bezahlte Stunden, um Grenzfälle zu erproben. Lidia macht den Grund für die Verlangsamung öffentlich, verteidigt die Aussetzung und dokumentiert die vorübergehende Einschränkung des Dienstes.

Die neue Prüfung fügt keinen weiteren Ordner hinzu. Sie geht von fünf abgeschlossenen Anträgen aus und verlangt von einer Person, die das System nicht konfiguriert hat, zu rekonstruieren, was bekannt war und wer die Priorität ändern durfte. Diese Person muss auch zeigen, wie der Dienst ohne Automatisierung weitergelaufen wäre. Lässt sich die Antwort nicht finden, gilt die Kontrolle als nicht bestanden, selbst wenn alle Pflichtfelder grün sind.

Marta streicht zwei monatliche Bestätigungen, die nie für Entscheidungen herangezogen wurden, und verlagert diese Stunden auf die Ausnahmen. An zwei Vormittagen setzt sie die Arbeit an neuen Funktionen aus und lässt die Verantwortung für die Rekonstruktion von Fällen wechseln. Anfangs fragen drei Personen, wo sie unterschreiben sollen. Nach dem ersten Fehler erörtern sie, welche Informationen vor der Festlegung einer Priorität vorliegen müssen. Die Marge sinkt, doch die Fallakte hängt weniger von einer einzigen Entwicklerin ab, die weiß, wie sie sie vollständig erscheinen lassen kann.

Bei der Überprüfung ist der Dienst langsamer als im Angebot versprochen und besser kontrollierbar als im ersten Monat. Lidia behält den eingeschränkten Umfang für weitere sechs Monate bei. Marta behält das Los, verliert jedoch den privaten Kunden, der den zweiten Aufschub nicht akzeptiert. Die Gemeinden bezahlen die personell besetzte Telefonzentrale und tragen die Verantwortung für die längeren Wartezeiten. Die Fallakte hilft weiterhin dabei, Entscheidungen zu rekonstruieren und Verantwortung zuzuweisen. Sie unterstützt auch die Erprobung des Ausstiegsprozesses, gilt aber nicht mehr als ein für sich allein ausreichender Nachweis. Niemand erhält die anfangs vorgestellte Gewissheit ohne Kosten.

Der Schaden, der bleibt

In einem zweiten Szenario erprobt eine der Gemeinden sechs Wochen lang ein System, das die Reihenfolge von Wartungseinsätzen in Wohnungen vorschlägt. Der Test wird vollständig angewandt. Der Zweck besteht darin, versäumte Besuche zu verringern, ohne den Zugang zum Dienst zu verändern; das Mandat weist dem System den Modus Schlägt vor zu, und eine Koordinatorin bestätigt jede Verschiebung. Der Nachweis umfasst abgeschlossene Fälle und zwei

Wochen Erprobung im Schattenbetrieb. Die Verteilung berücksichtigt auch Einwohnerinnen und Einwohner ohne die Anwendung sowie Fachkräfte, die zur Bearbeitung von Ausnahmen gerufen werden. Bei der Frage nach dem Schaden bleiben Anträge, die bereits auf eine unmittelbare Gefahr hinweisen, außerhalb des Pilotprojekts, und der Aufschub der übrigen Fälle wird begrenzt. Der Rechtsschutz steht über eine Telefonnummer zur Verfügung, unter der die Koordinatorin während der Dienstzeit erreichbar ist. Für den Ausstieg bleiben die manuelle Warteschlange und ein lesbarer Export erhalten. Nachweis und Verteilung blieben Ungeklärt – zwei Wochen Erprobung im Schattenbetrieb und die Einwohnerinnen und Einwohner ohne die Anwendung –, und keine als Blockierend eingestufte Bedingung wurde durch einen Vorteil ausgeglichen.

In der vierten Woche sind zwei Anträge auf Grundlage der verfügbaren Informationen gleichermaßen vertretbar. Das System schlägt vor, die Kontrolle eines zeitweise aussetzenden Heizkessels auf den nächsten Morgen zu verschieben. Die Koordinatorin bestätigt den Vorschlag, weil die Meldung keinen Ausfall der Wärmeversorgung erkennen lässt und in der anderen Wohnung die Heizung bereits ausgefallen ist. In der Nacht fällt der Heizkessel vollständig aus. Die Bewohnerin verbringt einige Stunden in einer kalten Wohnung, bevor der Bereitschaftsdienst sie in eine vorübergehende Unterkunft bringt. Die Bewohnerin hat einen realen Schaden erlitten, auch wenn sein Ausmaß begrenzt und seine unmittelbaren Folgen reversibel sind. Kein Feld wurde ignoriert, keine Erklärung erfunden und keine Befugnis über das Mandat hinaus ausgeübt. Der Zustand des Heizkessels verschlechterte sich auf eine Weise, die weder das System noch die Koordinatorin zum Zeitpunkt der Entscheidung mit Gewissheit kennen konnten.

Anhand des Registers lassen sich Erstmeldung, Vorschlag, Bestätigung, Uhrzeiten der Anrufe und die Übergabe an den Bereitschaftsdienst rekonstruieren. Die Gemeinde bezahlt Unterkunft und Transport, erlässt der Bewohnerin die Kosten des Einsatzes und nimmt nach der Wiederherstellung des Dienstes Kontakt mit ihr auf.

Sie verlangt von ihr nicht, allein eine bereits sichtbare Kette nachzuweisen.

Die Überprüfung kommt weder zu dem Schluss, der Test sei gescheitert, noch dazu, der Schaden sei hinnehmbar gewesen. Sie schränkt das Pilotprojekt ein: Bei jeder Auffälligkeit an einer Heizung erfolgt noch am selben Tag eine Triage durch einen Menschen, zweifelhafte Fälle dürfen nicht ohne einen zweiten Anruf verschoben werden, und die Ausweitung bleibt ausgesetzt, bis die neue Regel erprobt wurde. Die Methode begrenzte die Reichweite der Entscheidung und machte dadurch Abhilfe und Entschädigung nach dem unerwarteten Ausfall möglich. Der Vorfall führte anschließend zu einer Einschränkung, die sich im späteren Einsatz überprüfen lässt. Das Restrisiko bleibt sichtbar, und jemand muss für seine Kosten einstehen.

Außerhalb des Vergabeverfahrens verliert der Mechanismus an Kraft. Ein einzelner Verbraucher handelt Vereinbarungen über Register oder den Ausstieg oder über die Aufteilung der Schadenslast nur selten aus. Wo Verwaltung und Aufsicht schwach sind, kann ein Prüfbogen unterzeichnet und ignoriert werden. Öffentliche Finanzierung, Akkreditierung oder Kreditvergabe können Nachweise mit Entscheidungen über Geld oder Zugang verknüpfen. Diese Verbindung trägt nur, wenn jemand bereit ist, die Kosten dafür zu übernehmen, das Dokument mit Konsequenzen zu verbinden.

Für die drei Gemeinden bedeutet öffentliche Handlungsfähigkeit nicht, ein konkurrierendes Modell zu bauen. Sie bedeutet, Menschen zu halten, die das Problem formulieren, ursprüngliche Spuren beschaffen, Stichproben auswählen, denjenigen zuhören können, die außerhalb der Benutzeroberfläche arbeiten, und den Dienst aufrechterhalten, wenn die Antwort lautet, die Automatisierung auszusetzen. Lidia schlägt ein kleines gemeinsames Labor vor, in dem Menschen mit unterschiedlichen Fachkenntnissen abwechselnd in einer Testumgebung mit anonymisierten Fällen arbeiten. Jede Körperschaft behält die Entscheidungsbefugnis für Mandat und Abhilfemaßnahmen. Das Labor verringert Doppelarbeit, kann aber weder das Amt ersetzen, das Anrufe entgegennimmt, noch das

Personal, das überprüft, ob eine Korrektur die betroffene Person erreicht hat.

Interoperable Formate und wiederverwendbare Nachweise verringern doppelte Arbeit, und gemeinsame Labore ermöglichen kleineren Organisationen, Einrichtungen zu nutzen, die sie allein nicht unterhalten könnten. Der Anbieter bezahlt für die Fähigkeit, die er verkauft. Der Käufer bezahlt für seinen eigenen Kontext und seine Kontinuität, wobei Fonds oder Konsortien einen Teil der Kosten gemeinsam tragen, ohne sie auf Beschäftigte oder kleine Unterauftragnehmer abzuwälzen.

Diese Regelung erfordert weiterhin geschützte Arbeitsstunden und Menschen, die befugt sind zu untersuchen, was schiefgelaufen ist. Sie benötigen die Befugnis, Abhilfe oder Entschädigung zu veranlassen, den Dienst einzugrenzen und ihn nötigenfalls zu stoppen. Ohne diese Kapazität bringt ein weiterer Prüfbogen wenig. Marta hat einen Kunden weniger und eine geringere Marge. Die Gemeinden haben einen langsameren Dienst beibehalten und müssen nun die Telefonzentrale bezahlen.

TEIL IV

Für die Welt einstehen

KAPITEL 13

Die materiellen Kosten des Immateriellen

Wenn uns das Digitale nicht mehr leicht erscheint

Jahrelang wirkte das Digitale schwerelos: Eine Videokonferenz erspart eine Reise, ein gemeinsam genutztes Archiv verringert Kopien und Wartezeiten, und ein gut konzipiertes System begrenzt Verschwendung. Der Nutzen kann real sein, je nachdem, was der Dienst ersetzt. Unter der Benutzeroberfläche haben Sensor, Übertragung, Rechenvorgang und Speicher allesamt einen physischen Körper. Jede Antwort auf einem Bildschirm braucht eine materielle Infrastruktur, die Menschen mit Energie versorgen und instand halten müssen. Die Cloud rückt diesen Körper aus dem Blick der Menschen, die den Dienst nutzen, ohne ihn verschwinden zu lassen.

Mit dem Begriff materieller Metabolismus bezeichne ich Energie, Wasser, Mineralien, Fabriken, Logistik, Wartung und Abfälle, die während Bau, Nutzung und Stilllegung erforderlich sind. Damit führe ich Phasen zusammen, die Verträge und Bilanzen häufig trennen. Ein Nutzen kann sich hier konzentrieren, während Ressourcen andernorts abgebaut und verbraucht werden und eine andere Gemeinschaft mit den Abfällen zurückbleibt. Weil der Dienst auch eine aufwendigere Tätigkeit ersetzen kann, muss das Urteil den digitalen Dienst mit der realen Alternative vergleichen. Umweltdaten benötigen Angaben zu Einheit, Zeitraum, Ort, Systemgrenze, Methode und Unsicherheit. Ein Wert pro Vorgang reicht ohne die Gesamtnachfrage nicht aus. Ein Jahresdurchschnitt reicht ohne die lokale Spitzenlast nicht aus. Die Entscheidung muss außerdem zeigen, wo die Kosten anfallen und wem der Nutzen zugutekommt.[36]

Elektrizität als verborgene Sprache unserer Zeit

Rechenvorgänge verwandeln Elektrizität in Speicher, Übertragung und Antwort. Kontinuität kann eine Störung gesellschaftlicher Funktionen verhindern, ist aber nicht kostenlos: Sie verlangt Repliken und Reserven mit genügend Kapazität, die bei Bedarf einspringen kann. Die Herkunft des Stroms und der Zeitpunkt des Verbrauchs verändern dessen Folgen, ebenso das Netz und die örtlichen Gegebenheiten. Eine flexible Last lässt sich verschieben, ein wesentlicher Dienst nicht. Deshalb können ein Krankenhaus und eine Werbekampagne ähnliche Infrastrukturen nutzen, ohne dieselbe Priorität oder dieselben Kosten des Wartens zu haben.[37]

Im Jahr 2050 erhält Elena den Vorschlag, eine Recheninfrastruktur am Stadtrand auszubauen. Die Akte verspricht Investitionen, Kapazität für Forschung und lokale Dienste, Wärmerückgewinnung und einen niedrigeren Verbrauch pro Vorgang. Das Dashboard fasst alles in einer günstigen Kennzahl zusammen. Sie erkennt den Nutzen an, verlangt aber, den Gesamtbedarf, saisonale Spitzen, die Wasserquelle, den Anteil verschiebbarer Rechenleistung und die Dienste zu sehen, die in einem Notfall Vorrang haben werden.

Bei der ersten Sitzung verlangt der Betreiber eine rasche Abstimmung, weil andere Städte bereits Grundstücke und Anschlüsse anbieten. „Sie sorgen dafür, dass die Investition abwandert", sagt Irene und verweist auf Arbeitsplätze und Steuereinnahmen. Die Umweltbeauftragte zeigt hingegen, dass eine Quelle, die über das Jahr gerechnet ausreicht, in den Monaten möglicherweise nicht genügt, in denen Landwirtschaft, Haushalte und Kühlung gleichzeitig ihren Spitzenbedarf erreichen. Als der Betreiber die Flexibilität der Verträge anführt, fragt Elena, welche Lasten abgeschaltet werden und wie lange im Voraus die Nutzer darüber informiert werden. Außerdem will sie wissen, wer befugt ist, die Abschaltung anzuordnen. Ohne diese Tabelle verlagert das Wort Flexibilität das Risiko auf Menschen, die nicht im Raum sind.

Zur Begründung ihrer Forderung lässt Elena eine kommunale Akte aus dem Jahr 2040 erneut öffnen. Ein modulares Zentrum, das als unvermeidlich beschrieben worden war, hatte beschleunigte Verfahren und eine Wasserleitung erhalten. Zwei Jahre später hatte der Anbieter sein proprietäres Kühlsystem zurückgezogen und die Kapazität an einen anderen Ort verlagert. Der Stadt blieben kaum genutzte Leitungen, Schulungen für Arbeitsplätze, die nie entstanden, und eine Garantie, die für eine Umnutzung des Standorts nicht ausreichte. Das Register, das Amtsträger und politische Mehrheiten überdauert hat, beweist nicht, dass der neue Campus scheitern wird. Es verhindert lediglich, dass die kommerzielle Dringlichkeit so behandelt wird, als gäbe es dafür keinen Präzedenzfall.

Irene akzeptiert weder, dass die Akte von 2040 über das neue Vorhaben entscheidet, noch, dass das Warten ohne Kosten bleibt. Sie bringt Unterlagen über ausgesetzte Schulungsstunden, Verträge ohne Termin und Bewerberinnen und Bewerber mit, die im Vertrauen auf den zugesagten Kurs kurze Schichten abgelehnt haben. Elena antwortet mit drei Szenarien: sofortige Abstimmung bei ungewissen Spitzen; sechs Wochen Prüfung und Verlust der Saison; oder eine verkleinerte erste Phase mit weniger Kapazität und weniger Einstellungen. Irene erreicht Fristen für Einreichung und Prüfung, gefolgt von einem festen Abstimmungstermin. Elena verhindert, dass das Schweigen der Verwaltung als Zustimmung gilt. Bei Fristablauf muss der Rat entscheiden oder einen weiteren Aufschub öffentlich begründen und dabei Risiko, verantwortliche Stelle und verlagerte Kosten benennen.

Der Aufschub verändert die Akte, indem er den Betreiber verpflichtet, kontinuierliche von flexiblen Lasten zu trennen. Auch die Wachstumsszenarien müssen zeigen, was geschieht, wenn Energie oder Kühlung nicht ausreichen.

Digitale Technik hilft dem Netz auch, indem sie Lasten koordiniert und variable Quellen integriert, Lecks aufspürt und Ausfälle vorhersagt. In dem Vorschlag unterstützt ein Teil der Kapazität diese Anwendungen, während ein anderer nicht wesentlichen gewerblichen Kunden dient. Elena akzeptiert, dass Berechnungen unterschiedlichen Zwecken dienen. Sie verlangt, dass die erklärte Priorität auch unter Knappheit Bestand hat und die Optimierung die Unterbrechung nicht auf jene abwälzt, die keine Wahl haben.[38]

Bei einem simulierten Belastungstest an einem Julinachmittag wird die verfügbare Kapazität knapp, und der Konflikt ist nicht länger abstrakt. Auf demselben Dashboard erscheinen das Modell, das ein Leck im Wassernetz meldet, der Dienst, der die Reihenfolge der Aufnahmen in einer Ambulanz festlegt, und eine kommerzielle Kampagne, die Hunderte Varianten erzeugt, um wenige Sekunden Aufmerksamkeit zu gewinnen. Alle drei verbrauchen Rechenleistung. Nur die ersten beiden schützen eine Funktion, die nicht in gleicher Weise warten kann. Elena fordert den Betreiber auf, zuerst die Kampagne zu drosseln und zu dokumentieren, welcher Dienst aufrechterhalten wurde und wie viel Zeit er dadurch gewann. Auch jeder Schaden, den die Drosselung der Kampagne verursacht, muss erfasst werden. Sie untersagt dem Betreiber jedoch, die bloße Kennzeichnung als „wesentlich“ genügen zu lassen. Auch die Ambulanz muss zeigen, dass das Modell Wartezeiten oder Risiken tatsächlich verringert und ein einfacheres Verfahren nicht dasselbe Ergebnis erzielen würde. Priorität steht einem Sektor nicht von Rechts wegen zu, denn sie muss am konkreten Dienst nachgewiesen und erneut bestätigt werden, wenn sich Bedarf, Umfang oder Alternative ändern.

Die Illusion unendlicher Effizienz

Effizienz misst, wie viele Ressourcen nötig sind, um ein Ergebnis zu erzielen, und dieselbe Aufgabe mit weniger Energie zu erledigen ist eine echte Verbesserung. Sie garantiert jedoch keine Verringerung insgesamt, weil Menschen einen billigeren Vorgang häufiger anfordern und auf neue Fälle ausweiten können. Anbieter können ihn zudem automatisch in jeden Dienst einbauen. Die Einsparung zeigt sich, wenn Intensität und Zahl der Vorgänge gemeinsam betrachtet werden. Überfluss kann auch eine Organisation täuschen, wenn jede

Entscheidung mit Dutzenden Prognosen versehen wird: Der Verbrauch steigt, während sich die Aufmerksamkeit zersplittert. Davide erkennt das, als sein Team mehr Simulationen erstellt, als es besprechen kann. Daran zeigt sich, dass die verfügbare Rechenleistung die fachkundige Arbeitszeit übersteigt, die nötig ist, um ihre Ergebnisse in eine Entscheidung zu überführen.[39]

Maßhalten ist hier die Fähigkeit einer Organisation zu fragen, wofür sich der Einsatz von Rechenleistung lohnt und mit welcher Genauigkeit, Häufigkeit und Dauer – keine private Tugend und keine Aufforderung, schlechtere Werkzeuge zu verwenden. Ein Rechenvorgang, der ein klinisches Risiko oder einen Wasserverlust verringert, ist nicht mit einer Sequenz gleichzusetzen, die nur Aufmerksamkeit fesseln soll, auch wenn beides technisch effizient ist. Die Entscheidung darf nicht allein den Nutzenden aufgebürdet werden, denn Voreinstellungen, automatische Speicherung, Aktualisierungen und Erlösmodelle bestimmen, wie viel gerechnet wird, ohne dass dies ausdrücklich verlangt wurde. Maßvoll zu gestalten bedeutet, auf die Aufgabe abgestimmte Betriebsarten und Möglichkeiten anzubieten, nicht mehr Benötigtes zu löschen. Maximale Intensität sollte einer Begründung bedürfen, statt die vorgegebene Antwort auf jede Anfrage zu sein.

Das Kriterium bleibt anfechtbar: konkreter Nutzen, weniger aufwendige Alternative, Gesamtverbrauch, Verteilung der Kosten und die Möglichkeit, das System nach der Erprobung zu verkleinern. Es erzeugt keine ewige Rangliste der Sektoren. Auch ein Gesundheitsdienst kann unnötige Rechenlast erzeugen, und eine kreative Anwendung kann öffentlichen Wert haben. Das Kriterium verpflichtet jedoch dazu, Umfang und Funktion gemeinsam zu begründen.

Das ursprüngliche Dashboard scheiterte, weil es alles auf einen einzigen Wert verdichtete. So konnte die Energieeinsparung eine Wasserspitze im ungünstigsten Monat ausgleichen, befristete Arbeitsplätze konnten die Verwundbarkeit des Netzes aufwiegen und ein günstiger Durchschnitt konnte eine nicht verhandelbare Schwelle verbergen. Elena ersetzt es durch nebeneinandergestellte

Größen. Energie, Wasser, Beschäftigung, Zuverlässigkeit und Nutzen bleiben getrennt lesbar, ebenso wie die betroffenen Menschen und Orte. Die Kennzahl lenkt die Aufmerksamkeit. Sie entscheidet nicht im Voraus, wie schwer jeder Verlust wiegt. Ein hoher Nutzen berechtigt weder dazu, eine Wasserschwelle zu überschreiten, noch dazu, zu verschweigen, wer abgeschaltet wird. Wenn zwei Dimensionen miteinander in Konflikt geraten, muss der Dissens wieder offen verhandelt werden und zu einer nachvollziehbaren Entscheidung führen.

Die verborgene Lieferkette: Bergwerke, Fabriken, Logistik, Abfälle

Noch vor dem Einschalten hat eine Lieferkette bereits Rohstoffe abgebaut, raffiniert, gefertigt, montiert und transportiert. In einem Server stecken Ressourcen und Arbeit aus unterschiedlichen Regionen. Kupfer, Silizium, Lithium, Kobalt oder Grafit erhalten Bedeutung, wenn die Entscheidung Komponente, Qualität, Herkunft, Phase und Rückgewinnungsmöglichkeit ausweist. Denn die Bezeichnung „kritische Rohstoffe" lenkt die Fragestellung, weist für sich genommen aber weder Abhängigkeit noch Auswirkungen nach.

Dasselbe gilt für die Arbeit. Rückverfolgbarkeit und Zertifizierung machen einen Schritt sichtbar, belegen für sich allein jedoch weder Lohn noch Sicherheit noch das Ausmaß von Verhandlungsmacht und unabhängiger Kontrolle. Im niedrigen Preis kann der Abstand zwischen jenen stecken, die von dem Gegenstand profitieren, und jenen, die Rohstoffe abbauen, Komponenten montieren, Produkte transportieren oder reparieren und Abfälle behandeln. Eine Kaufentscheidung muss deshalb die Komponente mit einem Anbieter, den Anbieter mit überprüfbaren Bedingungen, diese Bedingungen mit einer Abhilfe und das Ende der Lebensdauer mit einer verantwortlichen Stelle verbinden. Lieferkettendaten geben dem Käufer einen Ausgangspunkt für die Überprüfung, die noch durchgeführt werden muss.

Batterien zeigen die gesamte Abfolge. Ihr Nutzen für die Speicherung geht mit materiellen Kosten einher, die von der Herstellung bis zum Ende der Lebensdauer reichen. Ein Gerät wird auch durch softwarebezogene und geschäftliche Entscheidungen zu Abfall – eingestellter Support, eine nicht austauschbare Batterie, ein geschlossenes Format, ein nicht verfügbares Ersatzteil –, die bereits gebundene Ressourcen und Arbeit vergeuden. Die materielle Leistung an Lebensdauer und Sicherheit oder an Reparierbarkeit und Aufrüstbarkeit zu messen ist deshalb keine nostalgische Anhänglichkeit an alte Gegenstände. Recycling bleibt notwendig, kommt aber erst nach Bedarf, Gestaltung, Wartung, Wiederverwendung und Reparatur. Eine ehrliche Berichterstattung zeigt, wie viel Material in Gebrauch bleibt und wie viel zurückgewonnen wird. Sie muss aber auch die Qualität des zurückgewonnenen Materials angeben, denn die Menge allein sagt wenig über seine künftige Verwendung aus. Erfordern Sicherheit oder Leistung die Außerbetriebnahme, muss das Projekt die Nutzungsdauer und die Alternative ausweisen, denn Abfall ist auch das Ergebnis einer Produktentscheidung.[40]

Wasser und Flächen rund um das Rechenzentrum

In dem von Elena geprüften Projekt ist das Rechenzentrum keine neutrale Halle. Es wird Teil des Stromnetzes, der Wasserplanung, der Flächennutzung, der Verkehrsverbindungen und des Arbeitsmarkts. Es kann verlässliche Kapazität bereitstellen und Investitionen ermöglichen, die die Stadt allein nicht realisieren könnte. Deshalb darf sich die Entscheidung weder auf die belegte Fläche noch auf den Energiepreis beschränken.

Die Wasserangaben müssen Wasserentnahme und Wasserverbrauch unterscheiden sowie Quelle, Jahreszeit und erforderliche Qualität ausweisen. Ein Jahresdurchschnitt kann gering erscheinen und während einer Dürre kritisch werden. Zwei Kühlsysteme mit demselben Volumen können das Gebiet unterschiedlich belasten. Auch Wärme braucht Kontext: Menge, Temperatur, Entfernung zu den Nutzenden und die Monate, in denen tatsächlich Nachfrage besteht.[41]

Die von Elena verlangte Tabelle ersetzt den Durchschnitt durch Größenordnungen. Im heißesten Quartal sieht das Projekt kumulierte Mengen von bis zu etwa 1,2 Millionen Kubikmetern Entnahme und 780.000 Kubikmetern Verbrauch vor; im Winterquartal sind es etwa 420.000 beziehungsweise 110.000 Kubikmeter. Für die gesamte elektrische Last des Campus einschließlich der unterstützenden Infrastruktur werden im Vollbetrieb im Jahresdurchschnitt 180 Megawatt angesetzt, bei einem stündlichen Höchstwert von 260 Megawatt. Die Baustelle verspricht in der intensivsten Phase etwa 1.100 Arbeitsplätze, der Vollbetrieb etwa 120 dauerhafte Stellen.

Die Werte der Tabelle sind für das Szenario konstruierte Parameter. Sie wurden gewählt, um gegensätzliche saisonale Bedarfe zu veranschaulichen, und stammen weder aus einer realen Anlage noch werden sie als Prognose angeboten. Sie sollen zeigen, welche Fragen möglich werden, wenn jeder Wert eine Einheit und eine ausdrücklich benannte Jahreszeit hat und die Grenze der Berechnung sichtbar ist.

Die Zahlen geben der Diskussion konkrete Mengen und Bedingungen zur Prüfung, ohne die Entscheidung vorwegzunehmen. Elena fragt, welcher Anteil der Entnahme in dieselbe Quelle zurückkehrt, welcher Verbrauch mit den trockensten Wochen zusammenfällt, welche Lasten den Abstand zwischen Durchschnitt und Spitze erzeugen und wie viele Stellen lange genug bestehen, um eine lokale Ausbildung zu tragen. Sie fügt zwei Szenarien hinzu: verfügbares Netz und knappes Wasser; verfügbares Wasser und ein Netz an der Belastungsgrenze. In jedem Szenario muss das Projekt angeben, was es reduziert, und dieselbe Tabelle muss nach der Eröffnung öffentlich bleiben, damit Versprechen und Betrieb Saison für Saison verglichen werden können.

Die Karte zeigt außerdem, dass die Verwaltungsgrenze nicht mit der ressourcenbezogenen Wirkungsgrenze übereinstimmt. Das Wasser stammt aus einem Einzugsgebiet, das mit Gemeinden geteilt wird, die keine Steuereinnahmen des Campus erhalten werden. Der

Strom fließt durch Netzknoten, die außerhalb der Stadt Krankenhäuser, Wohnungen und kleine Unternehmen versorgen. Eine Messung allein innerhalb der Gemeindegrenze würde verlagerte Kosten als lokale Effizienz ausweisen. Elena verlangt daher das Gesamtvolumen, die Entnahmestelle, das von der Spitze betroffene Gebiet und die Stelle, die befugt ist, eine Last zu reduzieren.

Auch bei emissionsarmer Energie bleibt ein Netzengpass relevant. Wiedergewonnenes Wasser muss aufbereitet werden, und seine Bereitstellung erfordert Leitungen und Strom. Für jede Korrektur muss die Akte zeigen, wo der Druck nachlässt und wo er wieder auftritt. Die von dieser Verlagerung betroffenen Menschen brauchen eine Möglichkeit, sie anzufechten. Die Lieferkette ist gerade deshalb eine Folge von Entscheidungen, weil der Einsatz einer Ressource den Druck auf eine andere mindern kann, ohne deren Verbrauch zu beseitigen.

Wärmerückgewinnung und Lastverschiebung können das Projekt verbessern. Elena fragt jedoch, wer die Wärme nutzen wird, welche Leitungen vorhanden sind, wer die Wartung bezahlt und was geschieht, wenn die zugesagte Nachfrage ausbleibt. Eine aussagekräftige Messgröße folgt dem Fluss bis zum Nutzen und bleibt nicht bei der Anlage stehen, die ihn ausweist. Klimaresilienz fügt eine weitere Grenze hinzu. Ein unter gewöhnlichen Bedingungen effizientes System kann unter Temperaturbelastung oder bei Einschränkungen im Netz oder in der Wasserversorgung versagen. Der Plan muss den eingeschränkten Betriebsmodus, die Priorität der Dienste, Wiederherstellungszeiten und Verantwortung angeben. Zusätzliche Redundanz lässt die Frage offen: Welche Funktion schützt sie, und welche Last wird ausgesetzt?

Elena bewahrt den stärksten Teil des Vorschlags. Ein Teil der Kapazität kann die Forschung unterstützen und helfen, Ausfälle vorherzusagen, auch solche, die Lecks im städtischen Netz verursachen. Der Nutzen wird anhand von Dienstindikatoren überprüft – vermiedene Unterbrechungen, vermiedene Wasserverluste und Reaktionszeiten –, nicht anhand der Zahl der Sensoren oder Berechnungen. Dieser Anteil erhält keinen dauerhaften Vorrang, denn bei jeder Spitze muss er die geschützte Funktion und die verfügbare Alternative benennen. Auch die gewerbliche Last, die zum Schutz dieser Funktion gedrosselt wird, muss sichtbar sein. So bleibt die Entscheidung über den Verbrauch an den Dienst gebunden und nicht an die Bezeichnung des Projekts.

Der regionale Pakt beginnt mit einem konkreten Verlust. Der Betreiber streicht das zweite Gebäude aus der ersten Phase, verringert die Investition um etwa ein Viertel und verschiebt die Eröffnung um eine Saison. Die Genehmigung gilt nur für den verkleinerten Block; die zweite Phase bleibt ausgesetzt, bis unter realen Sommerbedingungen Wasser, Netz, Lasten und Beschäftigung überprüft worden sind.

Wird eine saisonale Schwelle überschritten, finanziert die Garantie die unabhängige Kontrolle, und die Ausweitung bleibt blockiert; werden während eines Zyklus die Schwellen eingehalten und die Anforderungen an Veröffentlichung und Nachweis der Drosselung erfüllt, entscheidet der Rat binnen fünfzehn Tagen. Irene lässt abgesagte Kurse, ausgesetzte Verträge und tatsächliche Einstellungen festhalten; Elena bewahrt das Recht, Nein zu sagen. Die Stadt akzeptiert weniger Kapazität und Steuereinnahmen sowie weniger Arbeitsplätze im Tausch gegen eine Schwelle, die das Vorhaben weiterhin stoppen kann.

Im ersten Sommer nähert sich die Wasserentnahme der Schwelle, während das Netz eine kritische Woche durchläuft. Der Betreiber reduziert verschiebbare gewerbliche Lasten. Irene protestiert, weil die Drosselung nicht unter den ausgewiesenen Kosten aufgeführt war. Elena veröffentlicht die Reihenfolge, in der die Lasten gedrosselt wurden, und gibt an, wie lange die Reduzierung dauerte. Das Register benennt den Dienst, den diese Entscheidung geschützt hat. Die Klausel kostet Kapazität gerade dann, wenn diese am rentabelsten wäre. Deshalb erweist sie sich als Bedingung und nicht als schmückende Formel.

Rechenleistung, die die Erde verlässt

Irene ergänzt die Akte um die Möglichkeit, im Jahr 2050 einen Teil der benötigten Rechenleistung in den Orbit zu verlagern. Elena tut sie weder als Fantasie ab noch akzeptiert sie sie als Abhilfe. Stattdessen trennt sie bereits erfolgte Demonstrationen, Ankündigungen und das Szenario der Stadt und verweist für Nachweise und Grenzen auf die technische Anmerkung. Der Orbit kann Fläche oder Wasser freisetzen oder das Netz entlasten, verlagert die Rechnung jedoch auf Start, Masse, abgestrahlte Wärme, Wartung, Kommunikation und Ende der Lebensdauer. Irene erreicht, dass die Alternative berechnet wird. Elena sorgt dafür, dass keine geografische Verlagerung als Lösung bezeichnet wird, bevor der gesamte Lebenszyklus verglichen worden ist.[42]

Wer von der Optimierung profitiert, wer für den Metabolismus aufkommt

Nutzen und Kosten befinden sich selten am selben Ort. Entfernte Nutzende erhalten schnellere Antworten, während Unternehmen mit deren Bereitstellung Einnahmen erzielen. Institutionen gewinnen Kapazität. In bestimmten Gemeinschaften werden Rohstoffe abgebaut und Fabriken betrieben, dort verlaufen Leitungen und stehen Anlagen, oder dort landen die Abfälle. Ungleichheit wirkt auch in wohlhabenden Gesellschaften: Wer über Kapital verfügt, kauft stabile Netze und langlebige Geräte, während andere die Dienste, die sie nutzen müssen, über fragile Infrastrukturen erhalten und sich fortlaufende Aktualisierungen nicht leisten können. Eine reale Verbesserung insgesamt bleibt ungerecht, wenn diejenigen, die dafür bezahlen, nicht an der Entscheidung beteiligt sind.

Ein gerechter Übergang verbindet die Verringerung der Auswirkungen mit der Verteilung von Handlungsmöglichkeiten. Wer ortsgebundene Kosten trägt, braucht Informationen darüber und Schutz vor ihren Folgen und sollte auch Zugang zu den Chancen erhalten, die das Projekt schafft. Wer eine Rolle verliert, erhält nicht automatisch die neue. Gemeinschaften kennen ihre Netze und ihr Wasser ebenso wie die lokalen Bedürfnisse, ohne deshalb einheitliche Akteure zu sein. Preise und Verträge teilen Energie und Rechenleistung zu, entscheiden aber nicht allein, welcher Bedarf Vorrang verdient, wenn das Netz unter Druck steht, denn die Kriterien müssen öffentlich und anfechtbar bleiben.

Ein Stadtviertel kann Verkehr und höhere Mieten tragen, während spezialisierte Aufträge anderswohin gehen. Eine flussaufwärts gelegene Gemeinde kann die Wassernutzung begrenzen, ohne einen Sitz in dem Rat zu haben, der den Campus genehmigt. Umgekehrt können finanzierte Ausbildung und zugängliche Ausschreibungen lokale Handlungsmöglichkeiten schaffen, die den Investor überdauern, ebenso wie wiederverwendbare Infrastrukturen.

Der Pakt benennt daher, wer die jeweiligen Kosten trägt, welcher Nutzen diesen Menschen zugedacht ist, wann er überprüft wird und was geschieht, wenn er ausbleibt. Ein Beitrag erkauft weder das Recht, eine Wasserschwelle zu überschreiten, noch ersetzt eine Anhörung die Befugnis zur Korrektur. Die betroffenen Menschen müssen die Daten rechtzeitig erhalten, um die zur Messung der Auswirkungen gewählte Abgrenzung anfechten zu können. Ihre Einwände müssen die nächste Phase beeinflussen können.

Unternehmen und Institutionen: erst entscheiden, dann optimieren

Für ein Unternehmen oder eine Institution ist der erste Schritt eine Bestandsaufnahme: welche Funktionen Rechenleistung nutzen, welche Daten aufbewahrt, welche Geräte ersetzt werden und welcher Nutzen eine Entscheidung verändert. Es ist nicht nötig, auf eine perfekte Bilanzierung zu warten, doch es muss eine reproduzierbare Ausgangsbasis geben. Eine begrenzte Aufgabe lässt sich möglicherweise mit einem spezialisierten System oder lokaler Rechenleistung erfüllen. Auch eine transparente Regel kann genügen, und obwohl das kleinere Modell nicht per Definition besser ist, muss es konkurrieren dürfen, wenn es das erforderliche Ergebnis erreicht. Bei der

Beschaffung muss die bereits festgelegte Gesamtmenge auch dann sichtbar bleiben, wenn sich die Intensität pro Vorgang verbessert. Lebensdauer, Reparierbarkeit, offene Standards, eingeschränkter Betriebsmodus, Wartung und Rücknahme werden Vertragsbestandteil. Die Verlagerung von Herstellung oder Abfällen schließt die Bilanz nicht ab.

Digitale Kompetenz und Wissen über die materiellen Grundlagen gehören in Schulen und Universitäten zusammen: was ein System tut, von welchen Ressourcen es abhängt, wer es wartet und welche Alternativen bestehen. Nicht jeder Bürger muss einen Fußabdruck berechnen. Menschen müssen eine Messung ohne ausgewiesene Systemgrenzen und ein Versprechen ohne Überprüfung erkennen können. Nützliche Transparenz legt Zweck, Ressourcen, Dauer, Lieferkette, Korrektur und Unsicherheit offen, damit die Daten den Kauf noch verändern können.

Die Daten müssen eintreffen, solange eine Entscheidung noch offen ist. Sie sollen dem Käufer helfen, eine Last zu verringern oder eine Gestaltung zu ändern, eine Schwelle auszuhandeln, einen Nutzen zu bewahren oder eine Funktion zu stoppen. Vor der Unterzeichnung braucht der Käufer eine verantwortliche Stelle und eine Schwelle mit einer ausdrücklich benannten Konsequenz. Während der Nutzung vergleichen regelmäßige Überprüfungen den Betrieb mit der Vereinbarung. Am Ende erstreckt sich die Verantwortung auf Wartung oder Wiederverwendung, soweit möglich, und auf Stilllegung, wenn sie notwendig ist. Eine Berichterstattung, die erst nach dem Kauf eintrifft, dokumentiert den Metabolismus, verliert aber die Möglichkeit, den anfänglichen Umfang zu verändern. Verantwortung dauert an, solange Materialien und Verträge und schließlich auch die Abfälle im Umlauf bleiben.

Eine neue Vorstellung von Fortschritt

Fortschritt ist nicht gleichbedeutend mit mehr Kapazität. In Karims Stadt bemisst sich der Wert von Netzen und Mobilität an weniger Lärm, kürzeren Wartezeiten und geringeren Verlusten, nicht an der

Zahl der Geräte. Jeder Sensor und jede Vorhersage braucht einen erkennbaren Nutzen. Lebensdauer schützt Dienste und Investitionen vor der kommerziellen Obsoleszenz einer Technik, die materiell noch funktioniert, ebenso wie Kompatibilität und Ausstieg.

Ich schlage eine Hierarchie der Rechenleistung vor, die zur Kritik offenbleibt. Anwendungen, die Leben oder wesentliche Dienste schützen, verdienen Vorrang, ebenso jene, die Wissen, Zugänglichkeit und Resilienz fördern. Gewöhnliche Anwendungen sollten Nachweise vorlegen, die in einem angemessenen Verhältnis zu ihrem Ressourcenbedarf stehen. Tätigkeiten, die Ressourcen vor allem verbrauchen, um Aufmerksamkeit abzuschöpfen oder das Informationsrauschen zu vermehren, sollten eine höhere Begründungslast tragen.

Ich verstehe dies als einen Weg, eine bestimmte Anwendung zu prüfen, nicht als Gesetz oder dauerhafte Rangliste von Sektoren.

Die öffentlichen und organisatorischen Kriterien lauten: konkreter Nutzen, Alternative, benötigte Gesamtmenge, betroffene Personen, Dauer und Umkehrbarkeit. Sie alle müssen in Genehmigungen und Beschaffungen einfließen, damit neue Erkenntnisse den Umfang des Projekts verändern können. Die Überprüfung erfolgt zweimal. Davor: Welches Problem lösen wir und innerhalb welcher Systemgrenze? Danach: Ist der Nutzen eingetreten, ist die Last verhältnismäßig geblieben, hat jemand unerwartete Kosten getragen, lässt sich das System verkleinern oder abschalten?

Zwei Winter später zeigt sich die Folge auf andere Weise. Ein Forschungskonsortium vergibt das neue Simulationszentrum, das die zweite Phase des Campus genutzt hätte, an eine Nachbarstadt. Im Protokoll nennt es besser vorhersehbare Zeitpläne. Es sagt nicht, Elenas Schwellen seien nutzlos gewesen. Der Betreiber verkleinert das lokale Programm, und einige Kurse werden nicht wieder aufgenommen. Es ist nicht der Zusammenbruch, der während der ersten Sitzung vorhergesagt wurde, aber ein erkennbarer Verlust, der Menschen und Budgets betrifft, die ein anderes Ergebnis vorgezogen hätten.

Irene bringt das Schreiben in den Rat ein, ohne die Aufhebung des Pakts zu verlangen. Sie erinnert den Rat daran, dass eine Ausweitung stoppen zu können auch bedeutet, hinzunehmen, dass sich die Investition für einen anderen Ort entscheidet. Elena zeigt die Daten der dazwischenliegenden Sommer: reduzierte Lasten während zweier Spitzen und die Korrektur einer zu optimistischen Schätzung des Wasserbedarfs. Die Nachweise bleiben nebeneinander bestehen. Keiner hebt den anderen auf.

Die Gemeinde finanziert einen Teil der Kurse mit Einnahmen, die hinter den Versprechen zurückbleiben, und veröffentlicht die Kosten des entgangenen Projekts neben den geschützten Diensten. Irene billigt die Abrechnung und stimmt beim nächsten Haushalt gegen Elena. „Die Klausel hat funktioniert", sagt sie. „Der Verlust ebenfalls." Niemand macht aus einer dieser Tatsachen einen Freispruch, während die Stadt das Recht zur Korrektur und die Pflicht bewahrt, sich daran zu erinnern, worauf sie verzichtet hat.

Die Abrechnung reicht über den Campus hinaus bis zu der Lieferkette, die ihn am Laufen hält. Komponentenhersteller ändern Anforderungen, Netzbetreiber halten Verbindungen aufrecht, und Institutionen müssen wissen, welche Alternative besteht, wenn ein Dienst ausfällt. Diese Abhängigkeiten beeinflussen, welche Lasten reduziert werden können und wessen Arbeit weitergehen muss. Sie gehören in dasselbe Register wie die Arbeitsplätze, die nicht entstanden sind, und die Dienste, die über zwei Sommer geschützt wurden. Irenes Widerspruch steht in der genehmigten Abrechnung weiterhin neben Elenas Entscheidung.

KAPITEL 14

Die Welt, die sich teilt, um sich vernetzen zu können

Geopolitik zieht in die Küche ein

Geopolitik hält Einzug in den Alltag, wenn sich eine Lizenz ändert, ein Bauteil nicht eintrifft oder ein wesentlicher Dienst von Infrastrukturen abhängt, die andernorts kontrolliert werden. In dem für 2050 entworfenen Fall sind Mengen, Fristen, Kosten und Kapazitäten Szenarioparameter, keine beobachteten Marktwerte. Der Nutzen der Vernetzung bringt so ferne industrielle und rechtliche Beziehungen in den gewöhnlichen Tagesablauf.

Davide stellt das gleich zu Beginn des Tages fest. Ein Update des Cloud-Anbieters ist in der Region, von der aus einer seiner Partner arbeitet, nicht verfügbar, und der Software-Agent, der die Lieferungen koordiniert, wechselt in den eingeschränkten Betriebsmodus. Bestellungen und Zahlungen laufen weiter, doch die Termine müssen von Hand rekonstruiert werden. Die Partnerin ist Asha Said, Betriebsleiterin in Mombasa bei dem Unternehmen, das Lieferungen zwischen dem Hafen und den Lagerhäusern im Landesinneren organisiert, einschließlich der Abholungen und Transporte. Sie verwaltet nicht Davides Cloud. Sie verantwortet, was geschieht, wenn aus einem digitalen Termin eine Lieferung werden muss. Ein Fahrer muss eingeteilt und der Kunde benachrichtigt werden, bevor jemand den Empfang der Fracht quittiert. Wenn der Agent seine regionalen Funktionen verliert, muss sie eine Uhrzeit zusagen können, für die sie bereit ist einzustehen. Den Ruf des Systems zu schützen bringt kein Fahrzeug zum Kunden.

Davide eröffnet das Gespräch mit siebzehn verspäteten Aufträgen und der Marge, die das auffangen muss. Asha verwendet eine andere Maßeinheit. Über denselben Kanal, über den sie Abholungen bestätigt, empfängt sie Änderungen und meldet Zustellnachweise zurück. Doch der Kanal liefert keinen verlässlichen Status mehr. Ihre Mitarbeitenden können bereits eingegangene Aufträge lesen, wissen aber nicht, ob eine spätere Änderung angekommen ist. Zwei Fahrer haben unterschiedliche Anweisungen erhalten, und drei Kunden warten auf ein Zeitfenster, das niemand bestätigen darf. Für Davide ist die Störung ein Kostenposten. Für Asha bestimmt sie die gesamte Beziehung zu diesen Kunden.

„Wir können im eingeschränkten Betriebsmodus weiterarbeiten", sagt Davide. „Das ist das Resilienzverfahren." Asha fragt ihn, was dabei genau weiterlaufe. „Du erhältst den Auftrag und kannst sagen, der Dienst sei verfügbar. Ich muss entscheiden, ob ich ein Fahrzeug losschicke, obwohl ich weiß, dass sich die Adresse geändert haben könnte. Wenn du es Resilienz nennst, dass deine Seite weiterläuft, verschleiert das Wort die Stelle, an der das Risiko auf uns übergeht." Sie fragt ihn, wer für eine falsche Abholung einsteht und wer die Stillstandszeiten bezahlt.

Das manuelle Blatt, das Davide vorschlägt, enthält Empfänger, Menge und den letzten bekannten Zeitpunkt. Asha weigert sich, es als Kopie des Agenten zu verwenden, weil die Versionskennung und der Name der Person fehlen, die eine Änderung genehmigt hat. Auf dem Blatt lässt sich ein stornierter Auftrag nicht von einem lediglich verspäteten unterscheiden. Stattdessen akzeptiert sie einen engeren Umfang. Ihr Team ruft die bereits zugeteilten Kunden an und friert unbestätigte Änderungen ein. Jede Übergabe erhält eine Uhrzeit und einen Namen; der Kanal wird festgehalten, damit die Nachricht anschließend auffindbar bleibt. Die Arbeit wird langsamer. Zumindest erzeugt diese Verlangsamung keine zwei unvereinbaren Geschichten derselben Fracht.

Davide verweist auf den zertifizierten Ausweichanbieter in seiner Akte. Er glaubt, es genüge, den Agenten zu verlagern. Asha prüft den Vertrag und stellt fest, dass dieser Dienst für den Standort des

Partners nicht als Alternative verfügbar ist. Die Zertifizierung deckt Davides Umgebung ab; lokale Identitäten sowie Endgeräte und Verfahren bleiben außerhalb ihres Geltungsbereichs. Die Aktivierung würde eine neue Prüfung und mehrere Wochen erfordern, die ihnen die Störung nicht lässt. Die Alternative existiert in der Tabelle des Hauptkunden und bleibt genau dort unbrauchbar, wo sie den Kanal ersetzen müsste.

Dann öffnet Asha den Nachtrag, den ihr Unternehmen unterzeichnet hat. Die Gerichtsstandsklausel verweist auf den Hauptvertrag und einen vom Anbieter gewählten Gerichtsstand. Sie kam zusammen mit den Zugangsdaten als Voraussetzung für den Eintritt in das Netzwerk. Davide hatte Entgelt, Dienstgüte und Gutschrift ausgehandelt, während der Partner lediglich zum Beitritt aufgefordert worden war. Wird der Streit formell, trägt Asha sofort die Kosten in Form von Schichten und Kunden und kann die Verteilung des Schadens nur weit entfernt von dem Ort anfechten, an dem er eintritt. Die Unterschrift ist im Szenario gültig. Die Macht, mit der sie erlangt wurde, ist nicht gleich verteilt.

Asha beschließt, keine neuen Aufträge über den Kanal anzunehmen, bis für jeden offenen Auftrag eine überprüfbare Version vorliegt. Sie verliert Provisionen und weiß, dass ein Wettbewerber einen Teil der Abholungen übernehmen kann. Sie hält die Fahrzeuge jedoch für bereits bestätigte Lieferungen bereit und verhindert, dass die Fahrer die Kosten widersprüchlicher Anweisungen vorfinanzieren. An Davide schickt sie eine kurze Liste: täglichen Zugang zu einem exportierbaren lokalen Register; ausdrückliche Befugnis, das manuelle Verfahren zu aktivieren; direkte Benachrichtigung, wenn sich eine regionale Funktion ändert; eine geteilte Gutschrift, wenn die Nichtverfügbarkeit allein den Partner trifft.

Davide versucht, die Gutschrift im Hauptvertrag zu belassen. Asha lehnt ab. „Die Erstattung geht an dich, während die Stillstandszeiten hier anfallen. Wenn ich den Kanal wieder öffnen soll, muss ein Anteil dorthin fließen, wo der Schaden entsteht, und das Register muss auch ohne deinen Agenten lesbar sein." Davide wendet ein, der Anbieter erkenne keine Unterbrechung an, weil Bestellungen und Zahlungen weiterhin funktionierten. Asha schickt ihm den Verlauf der unbestätigten Änderungen zurück und fordert ihn auf zu entscheiden, welcher Kunde als Erster einen Termin erhalten solle, den niemand belegen könne.

Diese Wahl verändert die Verhandlung. Davide teilt den Kunden mit, dass neue Anfragen erst nach einer manuellen Prüfung angenommen werden, und verzichtet bei zwei dringenden Lieferungen auf seine Marge. Der Anbieter gestattet einen vorübergehenden Export des Registers, ohne eine Haftung anzuerkennen. Asha öffnet den Kanal wieder für Aufträge mit bestätigter Version und hält die übrigen weiter an. Während der Störung erhält sie keinen alternativen Dienst, erreicht aber eine Vereinbarung, wonach die Kontinuität am Punkt der Auslieferung gemessen und ihre Entscheidung, einen Auftrag zu stoppen, als Kontrolle statt als Nichterfüllung dokumentiert wird.

Als der Agent wieder vollständig funktioniert, schlägt Davide vor, den Vorfall abzuschließen. Asha knüpft den Abschluss an einen Test, bei dem ein Auftrag geändert, exportiert, an das lokale Verfahren übergeben und im Hauptsystem abgeglichen wird. Der Test zeigt eine Verzögerung von vierzig Minuten zwischen der zentralen Aktualisierung und dem Register, das dem Partner zur Verfügung steht. Daraufhin legen sie einen Grenzwert für die Verzögerung und eine automatische Benachrichtigung bei dessen Überschreitung fest. Eine erreichbare Kontaktperson muss dann reagieren. Davide stimmt außerdem zu, dass die für den Partner bestimmte Gutschrift nicht von der Entschädigung abhängt, die er vom Hauptanbieter erhält.

Im Bericht lässt Asha ihn die Formel „regionale Beschränkung" streichen. „Schreib, dass der alternative Anbieter für unseren Standort nicht verfügbar war, dass wir diese Klausel nicht ausgehandelt haben und dass ich die Abholungen ausgesetzt habe. Der Rest ist Geografie anstelle der beteiligten Parteien."

Sie beansprucht nicht, für ganz Mombasa zu sprechen, geschweige denn für einen einheitlichen Süden. Sie spricht für das

Unternehmen, das sie während der Störung leitet, und für den Vertrag, den sie ablehnen oder korrigieren können will. In der Akte stehen Name, Funktion, Interesse und Folge vor dem Etikett.

In den folgenden vierzehn Monaten fallen im Kanal dreimal bestimmte lokale Funktionen aus: Ein Patch kommt zu spät, ein Schlüssel ist ungültig, ein Register trifft verspätet ein. Asha führt die Daten von fünf Betreibern zusammen und macht Stillstandsstunden, entgangene Vergütung, Kraftstoff und ausgefallene Lieferungen sichtbar. In einer öffentlichen Sitzung verlangt der größte Kunde Vorrang für sein Volumen. Die kleineren Betreiber zeigen, dass die Wartezeit stets ihnen aufgebürdet wird. Die Behörde verlagert Mittel aus einem nie gestarteten Digitalplan in ein gemeinsames Register, in dem sich die Zeitfenster nach Schaden, Wartezeit und fehlenden alternativen Routen richten werden, nicht nur nach Volumen. „Die Kosten sind nicht verschwunden", sagt Asha. „Wir lassen sie jetzt nicht mehr dort liegen, wo sie anfallen."

Bei der Verlängerung nutzt Asha diese Akte, um einen vom Anbieter, von Davides Unternehmen und von Ashas Unternehmen unterzeichneten Nachtrag zu erreichen: direkte Mitteilung regionaler Änderungen, tägliche Kopie des Registers, Befugnis zum Aussetzen ungewisser Aufträge und eine Gutschrift für diejenigen, die Fahrzeuge und Schichten bezahlen. Davide verzichtet auf einen Teil des Rabatts. Diese Bedingungen über den Hauptvertrag zu ändern erfordert nun die Zustimmung von Ashas Unternehmen. Als ein neuer Patch Änderungen verzögert, trifft die Mitteilung ein, bevor widersprüchliche Anweisungen das Depot verlassen, und Asha friert die betroffenen Aufträge ein, lässt die überprüfbaren weiterlaufen und verwendet die Gutschrift zur Bezahlung der Schicht. Ein Kunde entscheidet sich dennoch für einen Wettbewerber. Die Störung tritt trotzdem ein, und der verlorene Auftrag bleibt verloren. Die Klausel verändert, wie Kosten und Befugnisse in diesem Fall verteilt werden.

Die Wartung entscheidet, wer weiter mitreden kann

Achtzehn Monate später ist in demselben Szenario das gemeinsame Register in Betrieb. Die einschneidende Störung ist vorbei. Geblieben ist die alltägliche Arbeit, die darüber entscheidet, ob die Korrektur Bestand hat. Die großen Kunden übermitteln Änderungen direkt aus ihren eigenen Systemen und sparen sich die Wartezeit. Drei kleinere Unternehmen telefonieren weiterhin, weil ihre Endgeräte das jüngste Update nicht bewältigen. Jeder Anruf wird von jemandem transkribiert. Die von einem Teil des Netzwerks errungene Kontinuität wird für einen anderen Teil zur Wartungsarbeit, und das Dashboard mit den geringeren Verzögerungen zeigt noch nicht, wer den Abend damit verbringt, die Aufträge abzugleichen.

Der Hauptanbieter bietet an, diese Mühe ohne Erhöhung des Entgelts zu beseitigen. Er werde das Register in seine eigene Plattform aufnehmen und dort auch Prioritäten und Benachrichtigungen integrieren. Im Gegenzug bleibe die Regel, nach der die Zeitfenster vergeben werden, innerhalb des Dienstes, und die vollständigen Betriebsdaten flössen wieder an die Zentrale. Eine Genossenschaft von Technikern in Mombasa schlägt ein kleineres Modul mit Schulungen vor Ort und einem täglichen Export vor. Im ersten Jahr kostet es mehr, optimiert die Routen nicht automatisch und erfordert zwei Personen in Bereitschaft.

Bei beiden Möglichkeiten erhalten einige Beteiligte Vorteile, während andere die Arbeit tragen sollen. Das Gremium muss kurzfristige Einsparungen gegen die Fähigkeiten abwägen, die es später behalten will, ohne lokale Herkunft als Garantie für Tugend zu behandeln.

Asha entscheidet nicht allein. Im Ausschuss sitzen Betreiber, Fahrer, kleine Transportunternehmen und zwei Kunden. Der größte Kunde fordert die kostenlose Integration und bietet Auftragsvolumen im Gegenzug für eine bevorzugte Spur. Ein Unternehmen mit vier Fahrzeugen bevorzugt das lokale Modul, kann sich aber keine wochenlange doppelte Erfassung leisten. Die Fahrer verlangen, dass Wartezeit bei einem widersprüchlichen Register nicht zu ihren

Lasten in die Leistungsbewertung eingeht. Die Diskussion bringt kein einheitliches territoriales Interesse hervor. Sie macht sichtbar, wer Geschwindigkeit kauft und wer die Kosten vorfinanzieren muss. Außerdem zeigt sie, wessen Stimme verloren geht, wenn die Regel wieder proprietär wird.

Der Ausschuss entscheidet sich für eine sechsmonatige Erprobung des lokalen Moduls mit begrenztem Umfang: Version des Auftrags, Befugnis zur Änderung, Wartezeit, Grund der Priorität und Export. Auf die Routenoptimierung verzichtet er vorerst und bezahlt Schulungsschichten zu zweit. Asha erreicht, dass bei jeder neuen Funktion auch angegeben wird, wer sie warten wird. Das kleinste Unternehmen erhält einen Sprachkanal, der denselben Eintrag erzeugt wie der digitale Zugang. Der Preis ist konkret. Zwei Wochen lang werden Bestätigungen langsamer, und ein Kunde verlagert einen Teil der Abholungen. Autonomie stellt sich nicht als Ersparnis ein, denn sie beginnt mit Zeit, die einem Dienst entzogen wird, der für jene mit mehr Mitteln bereits hinreichend gut funktionierte.

Die erste echte Bewährungsprobe kommt während einer Überlastung im Hafen. Der größte Kunde beruft sich außerhalb des Registers auf die versprochene bevorzugte Spur. Die Unternehmen mit nur einem Fahrzeug haben bereits eine Tour verloren. Die veröffentlichte Regel vergibt das Zeitfenster an die Partei, die am längsten wartet, den größten Schaden erleidet und keinen Ausweichweg besitzt.

Asha wendet diese Kriterien an und verweigert dem Kunden, der mehr Auftragsvolumen garantiert, den Vorrang. Sie verliert den dringenden Auftrag und erhält eine formelle Beschwerde. Das System schützt sie nicht vor der Folge, bewahrt aber die Reihenfolge der Warteschlange und den Grund der Entscheidung. Das Register nennt die Person, die für deren Überprüfung verantwortlich ist. Die vor Ort erworbene Mitsprache ist etwas wert, weil sie ein Ergebnis auch dann verändert, wenn dies Einnahmen kostet.

Eine Woche später beanstanden die Fahrer eine andere Angabe. Das Register zählt nur die Zeit nach der Bestätigung als Wartezeit, während ihnen die Kosten bereits bei den Anrufen entstehen, die nötig sind, um diese Bestätigung zu erhalten. Die Genossenschaft ändert die Berechnung und berechnet die offenen Prioritäten neu; die Begründung veröffentlicht sie. Zuvor waren die Fahrer die stumme Quelle einer Verzögerung. Ihr Einspruch korrigiert nun die Messgröße, nach der die Arbeit verteilt wird. Auch diese Fähigkeit hat ihren Preis, denn die Sitzungen werden Teil der bezahlten Schichten, und der gemeinsame Fonds finanziert die Wartung, statt Beteiligung und Unterstützung als kostenlos verfügbare Zeit zu behandeln.

Nach einem Jahr sind die Stunden ohne bestätigte Version zurückgegangen, doch nicht alle Beteiligten haben profitiert. Ein kleines Unternehmen gibt Lieferungen am selben Tag auf, weil der doppelte Kanal weiterhin zu teuer ist. Der Großkunde verfügt nach wie vor über mehr Alternativen als die anderen. In der Bilanz stehen endlich die Kosten für Schulung und Unterstützung. Endgeräte erscheinen neben diesen Ausgaben und den vermiedenen Verzögerungen. Asha kann Regeln und Verlauf exportieren, die Wartung des Moduls neu vergeben und eine Priorität ablehnen, ohne die Nachweise zu verlieren. Die Abhängigkeit bleibt, doch die Wartung liegt nicht mehr vollständig bei der Partei, die den ersten Vertrag vorgegeben hatte. Ashas Organisation behält den Verlauf und ein praktisch nutzbares Recht, die Funktionsweise der Vereinbarung anzufechten.

Die Infrastruktur hinter dem Vertrag

Von Ashas Schalter aus reicht die Lieferkette bis zu den Cloud-Diensten, von denen die örtlichen Abläufe abhängen. Eine nützliche Karte geht über Marktanteile hinaus, indem sie jeden Knoten mit der Funktion verknüpft, die er unterbrechen kann, mit dem Akteur, der ihn kontrolliert, mit bereits qualifizierten Ersatzlösungen und mit der Zeit, die zu deren Aktivierung erforderlich ist. Zwei Anbieter schaffen keine Resilienz, wenn sie vom selben Punkt abhängen oder die Alternative nicht dort erprobt wurde, wo sie arbeiten muss.

Halbleiter machen diese Wechselbeziehung sichtbar, doch „Chips" umfasst sehr unterschiedliche Klassen. Ein ausgereiftes Bauteil für ein Industriegerät hat nicht zwangsläufig dieselben Anbieter wie ein hoch entwickelter Beschleuniger. Auch die Qualifizierung von Ersatzlösungen kann unterschiedlich lange dauern, mit unterschiedlichen strategischen Folgen. Beide entstehen in einem Ökosystem aus Entwurf, Maschinen, Materialien, Fertigung, Gehäusemontage, Tests, Energie, Wasser und Fachwissen.[43]

Industriepolitik muss daher zwischen Volumen und Kritikalität unterscheiden: wo diversifiziert, Vorrat gehalten, ein Ersatz zertifiziert, neu konstruiert oder eine Abhängigkeit bewusst akzeptiert werden soll. Alles überall herzustellen wäre oft unmöglich. Einen Engpass zu ignorieren kann eine wesentliche Funktion zum Stillstand bringen.

Dieselbe Disziplin gilt für Kabel, Kabelanlandestationen, Internetknoten, Türme und Satelliten. Das weltweite Volumen beschreibt die Verwundbarkeit von Ashas Hafen nicht: Entscheidend sind Route, gemeinsam genutzte Anlandestelle, Reservekapazität, Endgeräte, Erkennungszeit und die zur Reparatur befugten Personen. Satelliten können zusätzliche Kontinuität schaffen und zugleich Abhängigkeiten von Betreibern und Bodeninfrastruktur einführen; „Weltraum" bezeichnet weder den Dienst noch seine Umlaufbahn oder die terrestrische Alternative. Ein Standard kann Interoperabilität, Sicherheit und Skalierbarkeit ermöglichen. Er verteilt auch Macht durch die Patente und Architekturen, die er begünstigt, und die Kosten der Kompatibilität. Mitsprache zu bewahren erfordert, an der Festlegung des Standards mitzuwirken und praktikable Umsetzungen zu unterstützen. Auch eine Regel muss anfechtbar bleiben, bevor sie zum einzigen Zugang wird.[16]

Die Cloud: vom Vertrag zum Praxistest

Kapitel 3 hat bereits den zusammengesetzten Charakter von Cloud-Diensten und APIs sowie des eingeschränkten Betriebsmodus gezeigt, statt sie als abstrakte Objekte zu behandeln. In dieser Lieferkette wird Abhängigkeit geopolitisch, wenn ein Streitfall eine Funktion unzugänglich macht, die die Organisation anderswo nicht betreiben kann. Ein internationaler Anbieter kann mehr Sicherheit und Elastizität bieten; Konzentration beweist keinen Missbrauch, und ein inländischer Standort garantiert keine Zuverlässigkeit.[44]

Vor der nächsten Vertragsverlängerung erprobt Davide eine begrenzte Migration: ein Lager, eine Auftragslinie und ein Kunde, der zwei Tage lang manuelle Aktualisierungen akzeptiert. Der Test muss einen Auftrag abschließen und einen Bericht erstellen, bevor er innerhalb der angegebenen Grenze zum Hauptdienst zurückkehrt. Asha ergänzt das neue Kriterium, dass die Erprobung den Punkt erreichen muss, an dem eine Änderung zu einem zugewiesenen Fahrzeug wird. Ein Ausstieg, der nur an Davides Standort funktioniert, ist für die Lieferkette keine Alternative.

Der Export enthält nicht alles, was das Team benötigt, denn Identitäten, Rollen und Ausnahmen verbleiben im Dienst. Drei Automatisierungen rufen proprietäre Warteschlangen auf, und Formeln sowie Filter folgen den Dateien nicht. Davide setzt eine Schwelle, die das Team verpflichtet, zum Ausgangssystem zurückzukehren und den Abbruchpunkt zu dokumentieren, wenn bis zum Nachmittag kein gültiges Etikett ausgegeben wird. Der Anbieter beobachtet, ohne die Konfiguration während des Tests zu korrigieren.

Nach den Parametern des Szenarios arbeiten vier Personen neun Tage lang – insgesamt sechsunddreißig Personentage – mit Beratungskosten von rund achtzehntausend Euro. Eine Lieferung startet mit sechsunddreißig Stunden Verspätung. Aufträge und Identitäten wieder abzugleichen und die Register miteinander in Einklang zu bringen dauert elf statt der in der Akte veranschlagten drei Stunden. Beim bisherigen Dienst zu bleiben, ohne etwas zu ändern, würde im ersten Jahr rund zweiunddreißigtausend Euro sparen; der Ausstieg würde sechs bis acht Wochen dauern und schätzungsweise zwischen einhundertzehntausend und einhundertfünfzigtausend Euro kosten, zuzüglich des möglichen Verlusts eines Kunden. Diese Werte trennen das Entgelt von den Kosten der Erprobung, ohne den Markt des Jahres 2050 vorauszusagen. Sie zeigen auch den künftigen Preis des Ausstiegs, den keiner dieser Beträge für sich allein erfasst.

Der geschädigte Kunde erhält eine Gutschrift und den zeitlichen Ablauf der Wiederherstellung. Das Team behält einen konkreten eingeschränkten Betriebsmodus bei – nummerierte wesentliche Aufträge, von Hand bestätigte Mengen, Aktualisierungen alle vier Stunden und eine einzige zur Abstimmung der Register befugte Person –, und die Vertragsverlängerung schreibt einen jährlichen Test von Identitäten, Konfigurationen, Automatisierungen und Registern vor. Im folgenden Jahr ändert sich eine Automatisierung, ohne dass das Ausstiegspaket aktualisiert wird, und das manuelle Verfahren verhindert zwei Fassungen der Lieferung. Der Anbieter korrigiert den Export und bestreitet dann die Gutschrift. Davide hält an der Forderung fest. Asha verlangt, dass das Protokoll die zentrale Wiederherstellung von der Fähigkeit des Partners unterscheidet, ein Fahrzeug zuzuweisen. Die wiederkehrende Erprobung kostet Zeit, verhindert aber, dass die Momentaufnahme des Vorjahres mit der gegenwärtigen Fähigkeit verwechselt wird.

US-amerikanische, chinesische und europäische Ansätze

Die Vereinigten Staaten, China und Europa bleiben Ausgangspunkte, keine einheitlichen Akteure des Jahres 2050. Die Konfiguration der Vereinigten Staaten verbindet Forschung und Kapital mit staatlichen Kapazitäten und großen Plattformen; sie kann Skalierung beschleunigen und private Infrastrukturen konzentrieren. Die chinesische Konfiguration richtet Planung und Fertigung gemeinsam auf industriepolitische Ziele aus. Sie kann Kontinuität bieten und verbindet Technologie und Daten mit politischer Kontrolle in

Formen, die Partner unterschiedlich bewerten. Die europäischen Konfigurationen setzen häufig auf Recht, Wettbewerb und Marktzugang; ihr Einfluss schwindet, wenn Forschung und Cloud-Infrastruktur Regeln und Beschaffung nicht stützen, wobei auch Industrie und Sicherheit nötig sind. Es sind bedingte Tendenzen, durchzogen von inneren Konflikten, keine automatischen Entwicklungspfade.

Die Karte endet nicht bei dieser Triade. Märkte und Fertigungszentren kontrollieren ebenso wie Finanzplätze und Regionalmächte unterschiedliche Knoten, neben energie- oder rohstoffreichen Ländern und technischen Bündnissen. Ein Akteur, der bei fortgeschrittener Rechentechnik am Rand steht, kann in Logistik, Gehäusemontage oder bei einem Standard eine zentrale Rolle spielen. Dieselben Akteure können bei Kabeln kooperieren und bei Chips konkurrieren, während ihre Positionen zu Daten wiederum anders ausfallen können. Deshalb dienen die Szenarien des Jahres 2050 dazu, Kosten und Handlungsspielräume zu vergleichen, nicht eine Rangliste aufzustellen.

In Ashas Depot wird die Multipolarität an den beiden Endgeräten auf dem Tresen greifbar. Eines empfängt internationale Aufträge; das andere öffnet das lokale Register. Beim Schichtwechsel überträgt ein Mitarbeiter einen Code, wartet auf die Bestätigung und nimmt den Fahrzeugschlüssel fest in die Hand. Die geopolitische Konfiguration ist hier wichtig, weil sie bestimmt, ob das Fahrzeug losfahren kann und wer die Wartezeit auffängt. Sie bestimmt auch, welche Regel der Mitarbeiter anfechten kann.

Bedingungen der Teilhabe im Globalen Süden

„Globaler Süden" ist eine unvollkommene Kurzform für unterschiedliche Gesellschaften, die nicht auf wirtschaftliche Funktionen oder eine kollektive Opferrolle reduziert werden dürfen. Afrika, Lateinamerika, Südasien und Südostasien sind ebenso weite Kategorien, innerhalb derer ein Gebiet für Materialien, Energie, Produktion, Logistik, Fachwissen oder institutionelle Innovation entscheidend sein kann. Jede Aussage muss das konkrete Projekt in seinem Land und seiner Lieferkette verorten.

Die nützliche Frage lautet, wer an der Festlegung von Bedingungen, Standards und Wertschöpfung beteiligt ist und welche Fähigkeiten die einzelnen Beteiligten am Ende des Vertrags behalten.

Einbindung und Unterordnung bestehen nebeneinander. Zahlungen und digitale Identität können ebenso wie Telemedizin und Bildung echte Lücken schließen, obwohl Archive und Besteuerung sowie Wartung und Standards von außenstehenden Akteuren abhängen. Der Nutzen bleibt jedoch unvollständig, wenn die empfangende Organisation nicht auch die Fähigkeit entwickelt, den Dienst zu steuern und zu ersetzen.

Am Abend, wenn die Verbindung abbricht, hinterlässt das Sprachverfahren dieselbe Spur wie das digitale. Der Fahrer muss nicht zwischen einer Abfahrt ohne Nachweis und dem Verzicht auf die Tour wählen. Die Fähigkeit, die am Ende des Vertrags erhalten bleibt, verkörpert sich in den Menschen, die weiterarbeiten können, ohne zu erfinden, was das System nicht zeigt.

Was bleibt, zeigt die Qualität einer Vereinbarung: von lokalem Fachwissen und Interoperabilität bis zu Raum für heimische Unternehmen und nachhaltigen Einnahmen, während Audits und Wartung erhalten bleiben und die Beteiligten bei Standards weiter mitsprechen können. Ein geschlossenes Paket kann schnell und günstig sein und zugleich zur Beschränkung werden, wenn die Gestaltung außerhalb lokaler Kontrolle bleibt und jedes Update Entscheidungen von anderswo mit sich bringt. Auch die wohlhabendsten Akteure haben ein Interesse an Partnern, die ihre Infrastruktur warten und innerhalb dieser Infrastruktur Neuerungen entwickeln können und genügend Befugnis besitzen, ihre Bedingungen anzufechten. Denn der Handlungsspielraum, den man anderen lässt, ist eine Frage der Gerechtigkeit und eine Voraussetzung gemeinsamer Resilienz.

Künstliche Intelligenz als strategische Infrastruktur

Sollten allgemein einsetzbare KI-Systeme in Forschung und Industrie ebenso wie in Verwaltung und Verteidigung Einzug halten, könnten sie zur strategischen Infrastruktur werden, weil sie bereits vorhandene Fähigkeiten vervielfachen. Modelle, Rechenleistung, Talente, Daten, Energie und Institutionen bringen gemeinsam das Ergebnis hervor. Ein Modell zu besitzen ist nicht gleichbedeutend damit, Macht auszuüben.

Auch hier brauchen Messgrößen klare Grenzen, denn Parameter und Rechenoperationen sagen selbst zusammen mit Investitionen nicht, wer Zugang hat und mit welcher Zuverlässigkeit, welchem Energieaufwand, welchem Fachwissen und welcher Konzentration in der Cloud. Jeder Vergleich muss Zeitraum, System, bediente Akteure und beobachtetes Ergebnis angeben.

Erstes Szenario, gesteuerte Interdependenz: Rivalisierende Akteure erhalten Handel und Forschung aufrecht, während sie kritische Knoten diversifizieren und Mindestvereinbarungen über zivile Infrastruktur und Sicherheit schließen. Der Nutzen besteht darin, Skaleneffekte mit weniger einzelnen Ansatzpunkten für Zwang zu bewahren; der Preis sind Doppelstrukturen und langsame Verhandlungen. Das funktioniert nur, wenn Überprüfung und Reaktion auf Verstöße glaubwürdig sind.

Zweites Szenario, wettbewerbliche Regionalisierung: Unterschiedliche Ökosysteme bauen teilweise inkompatible Cloud-Infrastrukturen und Standards auf, und auch ihre Lieferketten sind teilweise inkompatibel. Lokale Kontrolle und industrielle Fähigkeiten wachsen, doch Länder und Unternehmen, die in mehreren Räumen tätig sein müssen, stehen vor steigenden Preisen und Hürden sowie größeren Schwierigkeiten. Die in einem Block gewonnene Sicherheit kann an der Grenze zwischen den Blöcken eine neue Verwundbarkeit schaffen.

Drittes Szenario, wechselnde Bündnisse: Kein Block dominiert, und die Vereinbarungen ändern sich je nach Chips, Energie, Kabeln, Daten oder Modellen. Regionalmächte und Länder, die einzelne

Knoten kontrollieren, gewinnen Verhandlungsspielraum; die Alternativen nehmen zu, Regeln und Kontinuität werden jedoch instabiler. Ich nutze diese drei Szenarien, die keine einander ausschließenden Vorhersagen sind, um Entscheidungen zu prüfen; im Jahr 2050 könnten sie je nach Sektor und Zeitpunkt unterschiedlich miteinander verbunden sein.

Cybermacht, Sabotage und Krieg unterhalb der Schwelle

Strategischer Druck verursacht ohne Kriegserklärung Schäden: Sabotage, Erpressung, Diebstahl, manipulierte Register oder unterbrochene zivile Dienste. Die Urheber können Staaten oder Kriminelle sein, auch Mischformen aus beiden. Ein Katalog nützt wenig, wenn er nicht zu der Funktion führt, die geschützt werden muss. Für eine vernetzte Gesellschaft bedeutet nationale Sicherheit auch die Kontinuität von Krankenhäusern, Energie, Zahlungen, Logistik und Kommunikation durch Erkennung, Isolierung, manuelle Verfahren, Wiederherstellung und öffentliche Information. Die Zuordnung bleibt langsam und umstritten. Jeden Vorfall als unmittelbaren Beweis dafür zu behandeln, dass ein Gegner dahintersteht, kann eine Eskalation befeuern; auf vollkommene Gewissheit zu warten kann den Schaden unbeantwortet lassen. Die Reaktionen müssen daher von der technischen Eindämmung bis zu politischen Entscheidungen mit ausdrücklich ausgewiesenen Graden der Beweislage erfolgen. Unterdessen tragen die Bürger die Kosten zweier Risiken: der Unterbrechung und der zu ihrer Bekämpfung eingeführten Befugnisse. Die Dringlichkeit erschwert es, die in Kapitel 12 gezogenen Grenzen zu verteidigen. Zum Schutz erhobene Daten brauchen weiterhin eine Begründung, bevor sie erneut verwendet werden, und Profiling erfordert ein eigenes Mandat.[45]

Außergewöhnliche Befugnisse sollten einen Zweck, eine Aktivierungsschwelle, eine Dauer, eine Protokollierung, eine Aufsicht und ein überprüfbares Ende haben. Ich schlage diese Disziplin vor, ohne zu behaupten, dass solche Schutzvorkehrungen bereits einheitlich wären. Der internationale Konflikt liegt außerhalb von Davides Reichweite, doch er kann ein Offline-Register für die wesentlichen Vorgänge mit einem Kontaktverfahren und klaren Rollen aufrechterhalten. Wenn der Agent in den eingeschränkten Betriebsmodus wechselt, arbeitet das Team langsamer weiter, ohne Lieferungen zu erfinden. Zivile Resilienz ist auch diese bescheidene Fähigkeit, die vor der Krise verteilt wurde.

Zusammenarbeit über Grenzen hinweg

Eine einzige, einheitliche globale Autorität ist unwahrscheinlich; das Fehlen gemeinsamer Regeln wäre dennoch kostspielig. Infrastrukturen und Lieferketten überschreiten Grenzen und verbreiten Vorfälle und Inkompatibilitäten. Sektorale Vereinbarungen, die weder dieselben Beteiligten noch dieselbe Rechtskraft haben werden, können zivile Dienste schützen und die Kommunikation während Krisen aufrechterhalten und zugleich Sicherheits- oder Interoperabilitätsprüfungen oder Nutzungsgrenzen festlegen. Ihr Wert hängt davon ab, wie gut sie einem abgegrenzten Risiko begegnen. Jemand muss die Einhaltung prüfen, und für einen Verstoß muss eine Konsequenz vereinbart sein. Im multipolaren Szenario kooperieren Rivalen einer Lieferkette bei einem Kabel, militärische Partner verwenden unterschiedliche kommerzielle Standards, und technische Organisationen halten Kanäle offen, wenn Regierungen auseinanderliegen. Technische Fähigkeiten, Investitionen und Beschaffung verleihen Recht und Marktzugang Wirkung. Weniger mächtige Länder gewinnen Mitsprache, wenn sie Routen koordinieren und Ressourcen mit Fachwissen zusammenführen. Kooperation bemisst sich daran, ob zivile Dienste und Kommunikation einen Konflikt überstehen. Menschen müssen auch die Möglichkeit behalten, anzufechten, was im Namen dieser Zusammenarbeit getan wird.[45]

Autonomie innerhalb der Interdependenz

„Technologische Souveränität“ bezeichnet hier die relative Fähigkeit, Zusammenhänge zu verstehen, zu verhandeln, Abhängigkeiten zu ersetzen und den Betrieb innerhalb der Interdependenz fortzuführen, nicht eine imaginäre Autarkie. Sie wächst, wenn eine Abhängigkeit die Wahl eines Landes, einer Stadt oder eines Unternehmens nicht zunichtemacht.

Die Formel wird überprüfbar, indem kritische Knoten erfasst, Kompetenzen zum Verhandeln und zur Fortsetzung im eingeschränkten Betriebsmodus erhalten und Alternativen dort erprobt werden, wo sie funktionieren müssen. Davide wählt einen weniger günstigen Vertrag, in dem die Abhängigkeiten dokumentiert sind. Er setzt einen neuen Migrationstest an. Der Hauptanbieter bleibt. Marge, Schulung und Komplexität kaufen Zeit und Verhandlungsmacht, nicht Unabhängigkeit.

Zum Abschluss öffnet Asha die Schichtübersicht. Davide hat eine Linie gestoppt, Berater bezahlt und einen Kunden verloren; in Mombasa wären für einen Wechsel geschultes Personal und dazu bereite Kunden sowie Endgeräte und Verbindung erforderlich. „Wenn nur du dir den Test leisten kannst, haben wir dein Privileg beschrieben und keinen Ausstieg geschaffen.“ Davide dokumentiert Kosten, Fähigkeiten und Partner, die nicht allein migrieren können.[46]

Als der Dienst zurückkehrt, hat Asha die Informationen, die sie braucht, um ein Fahrzeug einzuteilen und dem Kunden eine Uhrzeit zu nennen, die sich auf einen bestätigten Auftrag stützt. Die Schichtübersicht zeigt weiterhin die Kosten des Weges dorthin. Ihr Unternehmen hat nun die Befugnis, eine ungewisse Abholung abzulehnen und das Register zu korrigieren, doch ein Partner, der sich die Migration nicht leisten kann, braucht weiterhin eine Antwort. Davide lässt diese Partner und ihre Kosten für die nächste Vertragsverlängerung in der Akte stehen.

KAPITEL 15

Die Toten, die nicht fortgehen

Seit dem Tod ihres Mannes ist etwas mehr als ein Jahr vergangen. Eines Abends sieht Teresa, als sie auf ihrem Telefon aufräumt, ein Angebot eines Dienstes, der ihn anhand von Nachrichten, Sprachnachrichten und Familienvideos rekonstruieren kann. Der Dienst verspricht ihr die Stimme ihres Mannes, seine Art zu schreiben, sogar den Rhythmus, mit dem er seine Sätze beendete. Ein Fingertipp genügt. Teresa verharrt reglos, den Finger in der Schwebe. Sie möchte ihn mehr als alles andere noch einmal hören. Gerade deshalb weiß sie nicht, ob diese Geste Trost bieten oder einen Ersatz schaffen würde.

Fotografien und Aufnahmen bewahren Spuren dessen, was geschehen ist. Eine Simulation nutzt diese Spuren, um neue Antworten in der Ich-Form zu erzeugen. Bei einer authentischen Datei, einem in ein Gedenkarchiv verwandelten Profil, einem antwortfähigen Modell und einer von Dritten eingesetzten Identitätsvortäuschung unterscheiden sich Zugang, Bearbeitung, Dauer, Löschung und Verantwortung. All das als „digitalen Nachlass" zu bezeichnen, verdeckt diese Unterschiede. Für Teresa lautet die Frage, wer befugt ist, diese Materialien in eine handlungsfähige Präsenz zu verwandeln, und aufgrund welchen Mandats dies geschieht. Die Genauigkeit der Rekonstruktion beantwortet diese Frage nicht.

Trauer, wenn nichts verschwindet

Trauer kann eine langsame Anpassung an die Abwesenheit einschließen, folgt aber keinem einheitlichen Weg. Für manche ist es ein Ritual, eine Stimme erneut zu hören; für andere reißt es eine Wunde wieder auf. Die ständige Verfügbarkeit verändert dennoch das Entscheidungsumfeld. Der Impuls kommt aus der Erinnerung und aus Empfehlungen, die ein Dienst gestaltet, dessen Benachrichtigungen und Verlängerungen die Entscheidung ebenfalls prägen. Der Nutzen muss ernst genommen werden. Eine Aufnahme kann ein Gedenken unterstützen, einer Familie helfen, eine Geschichte zu rekonstruieren, oder während eines begrenzten Zeitraums Trost spenden. Eine Simulation kann bewusst gewünscht sein. Doch ihre Wirkung hängt von der Person, der verstrichenen Zeit, der Art der Nutzung und der Möglichkeit ab, sie abzubrechen. Wir haben Grund, zu verhindern, dass eine Benutzeroberfläche Verletzlichkeit in automatische Zustimmung verwandelt, und dabei Raum für unterschiedliche Wege des Trauerns zu lassen.

Die Last der Hinterbliebenen

Wer zurückbleibt, muss auch Verwaltungsarbeit leisten: Konten schließen oder umwandeln, Dokumente wiederbeschaffen, unterscheiden, was aufbewahrt werden soll und was lebende Menschen betrifft, und entscheiden, wer Zugang erhält. Jedes undurchsichtige Verfahren bürdet der Familie im schlimmstmöglichen Moment den Aufwand auf, Verträge zu verstehen und Passwörter wiederzubeschaffen. Ein unbekanntes Format stellt eine weitere Hürde dar, selbst nachdem eine Datei wiedergefunden wurde.

Selbst scheinbar geringfügige Entscheidungen erhalten dann ein unverhältnismäßiges Gewicht. Ein doppelt vorhandenes Foto zu löschen, kann wie ein kleiner Verrat wirken; es zu behalten wie eine kleine Weigerung loszulassen. Beide Empfindungen können sich am selben Nachmittag abwechseln, ohne dass die eine Entscheidung deshalb richtig und die andere falsch wäre. Das Problem entsteht, wenn eine Benutzeroberfläche diese Ambivalenz in eine dringliche Abfolge unumkehrbarer Auswahlkästchen verwandelt oder das Ansammeln als automatische Form der Treue darstellt.

Ein trauernder Mensch braucht Zeit, um innezuhalten und Entscheidungen erneut zu prüfen, und jemanden, der praktische

Aufgaben übernehmen kann. Verwaltung muss von Erinnerung unterscheidbar bleiben. Eine Phase geschützter Aufbewahrung mit verständlichen Fristen und ohne kommerzielle Aufforderungen löst den Schmerz nicht, verhindert aber zumindest, dass jeder Klick sofort die Bedeutung eines Abschieds annehmen muss. Eine Entscheidung einer bevollmächtigten Person anzuvertrauen, verteilt die Last, ohne die Ambivalenz aufzulösen, und erlaubt, später zu entscheiden, nachdem sich die administrative Dringlichkeit vom emotionalen Augenblick getrennt hat. Auch dann bleibt es legitim, noch nicht zu wissen, was bewahrt werden soll.

Ich schlage vor, dass ein Mensch zu Lebzeiten eine bevollmächtigte Person für den digitalen Nachlass mit begrenzten, nachvollziehbaren und anfechtbaren Befugnissen bestimmen können sollte. Diese Person erhielte Befugnisse für bestimmte Handlungen, statt Eigentümerin eines ganzen Lebens zu werden: authentische Dateien exportieren, Dienste schließen, ein Gedenkarchiv aktivieren, eine Simulation ablehnen oder die Löschung verlangen. Wo der Wille der betroffenen Person, die Rechte Dritter und die geltenden Regeln miteinander in Konflikt geraten, muss das Verfahren angeben, wer entscheidet und wie sich die Entscheidung anfechten lässt, denn die Bedingungen der Plattform dürfen nicht die einzige verfügbare Orientierung sein.

Mit denen sprechen, die nicht mehr da sind

Teresa versucht, sich die erste Frage vorzustellen: was sie jetzt tun soll, ob sie sich richtig entscheidet, ob er das Leben gutheißen würde, das weitergeht. Der Dienst könnte plausible Worte zusammensetzen und sie sogar überraschen, könnte jedoch weder ihren Mann für diese Worte verantwortlich machen noch ihm die Freiheit zurückgeben, anders zu antworten, als sie erwartet hatte. Er ist nicht mehr da, um zu widersprechen und sich gemeinsam mit ihr zu verändern. Bei einem lebenden Menschen bleibt die Zustimmung revidierbar, während die Beziehung fortbesteht. Der Tod beendet die Freiheit der dargestellten Person, das Mandat einzuengen oder sich von einer

Aussage zu distanzieren. Er kann für die Nutzung seines eigenen Gesichts und seiner eigenen Stimme nicht einstehen. Teresas Bedürfnis verdient Gehör, beweist aber nicht, was ihr Mann gewollt hätte.

Eine zu Lebzeiten ausdrücklich erteilte Genehmigung für eine postmortale Nutzung sollte festlegen, welche Materialien für welche Rekonstruktion, von wem, für welches Publikum und wie lange verwendet werden dürfen; wer befugt ist, die Rekonstruktion zu aktivieren, auszusetzen oder abzuschalten; ob kommerzielle Anpassungen zulässig sind; und was geschieht, wenn der Dienst eingestellt wird. Solange die Person lebt, muss sie die Genehmigung ändern können.

Nach dem Vorschlag des Buches ist ein mutmaßlicher Wille als begrenzt und anfechtbar zu behandeln, denn der Zugang zu einer Datei oder die Tatsache, dass sie früher geteilt wurde, berechtigen ebenso wenig automatisch zu einer generativen Ich-Stimme wie Verwandtschaft oder Zuneigung. Die Ungewissheit kann rechtfertigen, das authentische Archiv geschützt aufzubewahren, während die Entscheidung geklärt wird, ohne der Plattform ein Mandat zur Aktivierung der Simulation zu erteilen.

Auch mit Zustimmung bleibt die Rekonstruktion eine Mutmaßung, denn das System verbindet unvollständige Spuren mit andernorts erlernten Regelmäßigkeiten und kann einen plausiblen Satz erzeugen, den die Person nie gesagt hätte. Die Benutzeroberfläche muss die Simulation durchgehend als solche kennzeichnen und authentische Zitate von generiertem Text unterscheiden. Auch die Herkunft der Materialien muss weiterhin zugänglich sein. Keine noch so flüssige Interaktion sollte eine Vorhersage in ein Zeugnis verwandeln. Die Wirkung auf die Nutzenden lässt sich nicht allein aus der Genauigkeit ableiten. Die hier zitierte ethische Literatur wirft Fragen zu Würde, Zustimmung und kommerzieller Kontrolle auf; sie belegt keinen therapeutischen Nutzen oder Schaden für einen bestimmten trauernden Menschen. Zu beobachten sind Nutzungshäufigkeit und -dauer, Augenblicke besonderer Verletzlichkeit ebenso wie kommerzieller Druck und die tatsächliche Möglichkeit, die Nutzung zu beenden. Wenn sich Anzeichen von Isolation, zwanghafter Nutzung oder zunehmendem Leiden zeigen, muss eine Anlaufstelle für menschliche Unterstützung erreichbar sein, ohne dass sich die Plattform als Therapeutin ausgibt. Eine begrenzte Präsenz kann trösten, eine andere kann einen Menschen festhalten, und die Bedürfnisse desselben Menschen können sich mit der Zeit verändern.[47]

Wem unsere Toten gehören

Das Geschäftsmodell kann Erinnerung und Zahlung miteinander verknüpfen. Um das zu verhindern, müssen das authentische Archiv und die Simulation voneinander trennbar bleiben, sodass jemand, der das Modell abschaltet, weiterhin Fotografien und Nachrichten exportieren kann. Auch Aufnahmen müssen in nutzbaren Formaten verfügbar bleiben. Eine Rechnung sollte weder die einzige Kopie löschen noch eine Entscheidung unumkehrbar machen. Die Nutzung der Stimme zu Verkaufszwecken erfordert eine gesonderte, zu Lebzeiten erteilte Genehmigung, ebenso Sponsoring und neue Kampagnen. Die Zustimmung zum Gedenken in der Familie ist keine kommerzielle Zustimmung.

Die Dateien eines Menschen enthalten auch das Leben anderer. Ein vollständiges Postfach herauszugeben legt Daten noch lebender Menschen offen, einschließlich ihrer Bilder und vertraulichen Mitteilungen. Es zu löschen kann wichtige Dokumente für die Familie vernichten.

Der Zugang sollte deshalb nach Art des Inhalts und Zweck abgestuft werden, wobei Informationen über Dritte geschwärzt und die vorgenommenen Handlungen nachvollziehbar protokolliert werden können. Es gibt keine einheitliche Antwort für jede Rechtsordnung und jeden Dienst. Der Besitz eines Geräts muss weiterhin von dem Vermögen unterschieden werden, das eine Person erbt. Beides darf nicht mit einem Mandat über die dargestellte Person verwechselt werden.

Enkelkinder und Vorfahren

Ein Archiv kann einen echten generationenübergreifenden Nutzen bieten. Ein Kind kann die eigene Geschichte besser verstehen, indem es die Stimme eines Großelternteils hört, den es nie kennengelernt hat, einen Brief liest oder sieht, wie dieser Mensch arbeitete. Familien haben schon immer durch Gegenstände und Erzählungen Kontinuität geschaffen. Digitale Materialien erweitern diese Möglichkeit. Es ist ein Unterschied, ob man einem Dokument begegnet oder eine Antwort erhält, die einem Vorfahren zugeschrieben wird. Nach dem Vorschlag des Buches sollte eine Simulation für einen minderjährigen Menschen als solche erkennbar sein, in Anwesenheit eines Erwachsenen genutzt werden, frei von emotionalen Lockmitteln und hinsichtlich der Materialien und der Dauer begrenzt sein. Sie sollte die Quelle einer authentischen Aussage anzeigen und kenntlich machen können, wann sie etwas generiert. Der Reichtum des Archivs berechtigt niemanden dazu, eine Beziehung zu erfinden, die der verstorbene Mensch nicht gewählt hat und die das Kind noch nicht beurteilen kann.[47]

Das Recht zu verschwinden

Angesichts des eigenen digitalen Todes wollen Menschen Gegensätzliches: Manche möchten Nachrichten hinterlassen oder eine begrenzte Form des Dialogs erlauben, während andere wollen, dass Konten und Modelle gelöscht werden. Der Konflikt entsteht, wenn der Wunsch der Hinterbliebenen auf den geäußerten Willen eines Menschen trifft, der nicht mehr lebt, um zu verhandeln.

Das geltende Recht bietet keine einheitliche Regel. Die DSGVO gilt nicht für die Daten verstorbener Personen und lässt Raum für nationale Regelungen. In Italien erlaubt Artikel 2-terdecies des italienischen Datenschutzgesetzbuchs bestimmten Personen, einige Rechte innerhalb festgelegter Grenzen auszuüben. Dieser Rahmen hebt die Unterschiede zwischen den Rechtsordnungen nicht auf und erteilt Erben oder Plattformen nicht automatisch ein Mandat über die Person. Hier schlage ich einen in der Würde begründeten

Schutz vor, beschreibe aber kein bereits bestehendes, einheitliches postmortales Recht. Ich würde jedem Menschen die Möglichkeit einer digitalen Verfügung geben, die Aufbewahrung von Gedenknutzung, Training und Simulation trennt und bestimmt, wer handeln darf. Sie würde Publikum und Dauer sowie die Vorkehrungen für Export und Abschaltung festlegen. Nutzungen außerhalb dieser Genehmigung wären untersagt. Der zu Lebzeiten geäußerte Wille sollte gegenüber kommerziellen Interessen Vorrang haben und gegenüber den Wünschen der Lebenden stark ins Gewicht fallen. Die Verfügung hat nur dann einen Wert, wenn der Dienst sie umsetzen kann und ein Rechtsbehelf besteht, falls er es nicht tut.[48]

Erinnerung ist kein Archiv

Erinnerung, Archiv und Simulation erfüllen unterschiedliche Funktionen. Die Erinnerung verändert sich mit den Menschen, die sich erinnern; ein Archiv bewahrt Spuren; eine Simulation erzeugt neue Kombinationen. Eine genaue Aufnahme kann die Erinnerung stützen und sie zugleich beherrschen, denn die Suche macht einige Spuren leichter auffindbar und wiederholbar, während andere im Schatten bleiben. Vergessen ist nicht immer besser, und Bewahren bedeutet nicht immer Fürsorge. Wie viel Material es gibt und wie Menschen darauf zugreifen, prägt die entstehende Erinnerung, ebenso die Form der Interaktion, ohne den erinnerten Menschen vollständig zu erfassen.

Das menschliche Gedächtnis wählt aus und verknüpft, statt gleichmäßig aufzuzeichnen, und mildert, was es bewahrt. Es kann das Geräusch eines Schlüssels im Schloss bewahren und das Datum eines entscheidenden Gesprächs verlieren. Eine Geste kann in der Erinnerung eher auftauchen als ein Gesicht. Diese Unvollkommenheit kann verletzen. Manche Erinnerungen kehren mit schmerzhafter Beharrlichkeit zurück, während jene, die von Unrecht profitiert haben, selektive Erinnerung dazu nutzen können, es auszulöschen.

Eine Aufnahme kann eine Erinnerung korrigieren und eine Stimme zurückbringen, die falsch in Erinnerung geblieben ist. Sie schützt auch Zeugnisse, die andere lieber verschwinden sähen. Doch Erinnern nimmt auch in der oft nicht bewussten Auswahl der Spuren Gestalt an, die in die Gegenwart gelangen, und in deren Intensität. Eine selektive Erinnerung kann zärtlich sein, weil sie einen Menschen nicht auf die Gesamtheit dessen festlegt, was er gesagt hat, und nicht beansprucht, jeden Widerspruch aufzulösen. Sie kann einen Fehler und eine fürsorgliche Handlung nebeneinander bestehen lassen, ohne eines zum endgültigen Beweis für das andere zu machen.

Die gestalterische Grenze betrifft die Macht, die daraus entsteht, alles rekonstruierbar zu machen. Suche und Rekonstruktion müssen den Kontext bewahren, Menschen aber Raum für Abstand und Schweigen lassen. Sie müssen verschiedenen Menschen erlauben, sich unterschiedlich zu erinnern, ohne denen, die das Archiv kontrollieren, die Befugnis zu übertragen, eine einzige authentische Version festzulegen. In kollektiven Archiven schützt das Bewahren Zeugnisse und Rechenschaftspflicht, während Löschen das Vergessen erzwingen kann. Zu den Risiken uneingeschränkter Dauerhaftigkeit gehören jedoch Konflikte, die außerhalb ihres Kontexts fortgesetzt werden, die Bloßstellung lebender Menschen und festgeschriebene Etiketten. Mandat, kuratorische Verantwortung, abgestufte Zugänge, Berichtigung und Überprüfungstermine machen diese Spannung beherrschbar, ohne vorzutäuschen, alles müsse bleiben oder verschwinden.

Offen bleibt die Frage des „barmherzigen Vergessens“. Barmherzigkeit berechtigt nicht dazu, Beweismittel zu vernichten oder sich der Rechenschaft zu entziehen. Ebenso wenig erlaubt sie, für andere zu entscheiden, was verschwinden soll. Erzwungenes Vergessen kann gerade jene schützen, die Macht besitzen.

Die Frage lautet, ob jede verbliebene Spur gleichermaßen jederzeit wieder auftauchen können und ebenso leicht zugänglich und durchsuchbar bleiben muss oder ob abgestufte Grenzen, Kontext und Überprüfung verhindern können, dass Bewahrung zu einer Strafe ohne Ende wird. Es gibt keine einheitliche Antwort. Deshalb braucht es Institutionen, deren Entscheidungen anfechtbar sind und die zwischen Zeugnis, privater Erinnerung, öffentlichem Interesse und dem Recht lebender Menschen unterscheiden können, nicht für immer durch eine Spur definiert zu werden.

Loslassen

Vor dem Startbildschirm versteht Teresa ihren Wunsch klarer, ohne ihn weniger stark zu empfinden. Sie kann sich eine Antwort wünschen, ohne ihrem Mann die Verantwortung dafür zuzuschreiben. Ein Archiv kann sie stützen, und eine genehmigte Simulation könnte andere stützen. Für Teresa gehört zur Freiheit, ablehnen zu können, bevor etwas aktiviert wird. Sie möchte das Archiv behalten, ohne dass man ihr Schuldgefühle macht oder sie beweisen muss, dass ihre Trauer überwunden ist.

Teresa schließt das Angebot, ohne es zu aktivieren. Sie hält das Telefon noch immer in der Hand und urteilt nicht über Menschen, die sich anders entscheiden würden. Sie kennt diesen Wunsch nur zu gut. Sie exportiert die authentischen Aufnahmen, während die Rekonstruktion deaktiviert bleibt, und hält in den Einstellungen fest, dass Archiv und Simulation für sie getrennt bleiben müssen. Sie hat die zulässigen Handlungen des Dienstes begrenzt, während ihre Trauer ungelöst bleibt und andere Menschen frei bleiben, anders zu entscheiden. Sie bewahrt die Spuren und lehnt neue Worte ab. Die Einstellungen verhindern auch, dass der Dienst das Schweigen ihres Mannes – oder ihr eigenes künftiges Schweigen – als Genehmigung behandelt.

Der Export endet in einem nach Datum geordneten Ordner, nicht in einem Gesicht, das sie begrüßt. Teresa öffnet die erste Datei. Ihr Mann nimmt in der Küche eine Sprachnotiz zur Erinnerung auf, und vor seiner Stimme hört sie den Wasserkocher beim Abschalten klicken, dann eine mit der Hüfte zugeschobene Schublade und das kurze Scharren eines Stuhls. Er sagt, man solle Brot kaufen, und nennt den falschen Namen des Ladens. Dann korrigiert er sich, lässt drei Sekunden Stille und beendet die Aufnahme. Im zweiten Video bleibt die Hälfte des Bildausschnitts auf den Tisch gerichtet. Er lacht außerhalb des Bildes, weil eine Schraube unter den Schrank gefallen ist. Als er wieder in die Nähe des Telefons kommt, hat er Staub am Ärmel und ist außer Atem. Nichts wurde nachbearbeitet, damit diese Spuren ihm ähnlicher werden.

Teresa hört auch eine Nachricht, die ihr im ersten Moment in ihrer Alltäglichkeit beinahe grausam vorkommt: „Ich komme zwanzig Minuten später." Im Hintergrund fährt ein Bus vorbei, und ein Windstoß trifft das Mikrofon. Sie weiß bereits, wie jener Abend endet; die Datei weiß es nicht. Die Nachricht stellt keine Fragen und misst nicht, wie lange Teresa mit der Handfläche auf dem kalten Tisch reglos verharrt. Stunden später erneut geöffnet, wiederholt sie dasselbe Zögern und dasselbe Geräusch, ohne sich ihrer Trauer anzupassen oder das Gespräch zu verlängern, indem sie die Pause in eine Einladung verwandelt. Diese Unveränderlichkeit erlaubt Teresa, sie als Spur anzunehmen und die Wiedergabe abzubrechen. Einige Aufnahmen tun ihr gut; eine andere bewirkt, dass sie sich schon nach wenigen Sekunden wieder verschließt. Sie sucht in der eigenen Geste keine Regel. Sie bewahrt beide Möglichkeiten: zu dieser Stimme zurückzukehren, wenn sie es möchte, und sie schweigen zu lassen, wenn die Gegenwart Raum verlangt.

Ihr Mann lebt in den Veränderungen fort, die er in Teresas Leben bewirkt hat. Sie verwendet einen Satz von ihm, ohne es zu bemerken, und erinnert sich an eine Geste, die er ihr beigebracht hat. Manche Entscheidungen erscheinen ihr möglich, weil sie ihn gekannt hat. Solche Kontinuitäten gehen durch das Leben der Menschen, die ihn geliebt haben, und verändern sich mit ihnen. Sie stellen weder einen unversehrten Gesprächspartner wieder her noch beseitigen sie seine Abwesenheit. Die Aufnahmen haben einen Platz in diesem Leben, können aber nicht bestimmen, wie sie sich morgen an ihn erinnern wird. Teresa behält die Dateien und lässt die Rekonstruktion deaktiviert. Dann schaltet sie den Bildschirm aus.

KAPITEL 16

Das Jahr 2050 gestalten

Teresas Freiheit hängt von einer konkreten Trennung ab: das Archiv zu bewahren, ohne die Simulation zu aktivieren. Ein Prinzip wird praktikabel, wenn es Eingang in eine Architektur findet. Dasselbe gilt für Beschaffung und für die Art, wie Dienste und Organisationen aufgebaut werden. Der folgende Lebenszyklus nutzt vier Instrumente, die dem jeweiligen Risiko angepasst sind: einen Prüfbogen vor dem Kauf, ein Register während der Nutzung, ein Verfahren für Störfälle und Rechtsschutz sowie einen regelmäßigen Ausstiegstest. Jedes dieser Instrumente hat eine verantwortliche Stelle, ein Datum, ein auslösendes Ereignis, aufbewahrte Nachweise und eine Folge.

Sie sind nicht auf einen einzigen Sektor beschränkt und führen nicht immer zur Einführung. Im Fall von Davide werden sie verständlich machen, warum ein leistungsfähiges Produkt ein begründetes Nein erhält, das für eine erneute Prüfung offenbleibt. Manche Maßnahmen sind schon heute möglich. Die Schwellen, die ich für das Jahr 2050 vorschlage, müssen noch in unterschiedlichen Rechtsordnungen erprobt werden.

Vor der Nutzung: Prüfbogen und Mandat

Der Prüfbogen ist kurz und geht dem Vertrag voraus. Er benennt das Problem, die vorgesehenen Nutznießer und die betroffene Entscheidung oder Dienstleistung. Er nennt den Anbieter und die Abhängigkeiten sowie die betroffenen Menschen und trennt klar zwischen erforderlichen und untersagten Daten. Neben dem Erfolgskriterium steht der Schaden, der nicht hinnehmbar wäre. Der

Prüfbogen hält fest, ob jemand die Nachvollziehbarkeit innerhalb der verfügbaren Zeit auch an einem Grenzfall überprüft hat. Er benennt, wer zur Aussetzung des Systems befugt ist und welcher eingeschränkte Betriebsmodus erhalten bleibt, und legt dann einen Überprüfungstermin sowie ein geplantes Enddatum fest. Die Dokumentation des Anbieters liefert Informationen für diese Antworten, kann sie aber nicht stellvertretend für die Organisation geben. Kann die Organisation den Prüfbogen nicht ausfüllen, fehlt ihr eine ausreichende Grundlage für den Kauf. Es geht darum, diese Entscheidungen zu treffen, bevor die reibungslose Vorführung das Produkt als unausweichlich erscheinen lässt.

Das Mandat verändert sich mit der ausgeübten Befugnis. In einer Stadt muss es benennen, wer zur Aussetzung des Systems befugt ist, welchen menschlichen Kanal es gibt und welches manuelle Verfahren greift. Die Umgebung zu beobachten berechtigt nicht dazu, Menschen zu identifizieren, wenn der Dienst ohne dies funktionieren kann. In einer Schule macht es den künstlichen Charakter des Systems, Käufe, Benachrichtigungen und emotionale Einflussmittel erkennbar. Diese Mittel dürfen weder die kommerzielle Bindung aufrechterhalten noch bestimmen, ob Materialien und Lernfortschritte erhalten bleiben. Im Gesundheitswesen trennt es administrative Automatisierung, überprüfbare Unterstützung und Entscheidungen mit weitreichenden Folgen. Ich schlage vor, die menschliche Verantwortung für Diagnose und Behandlung beizubehalten, einschließlich Entscheidungen über Priorität und Entlassung sowie der Mitteilung ernster Prognosen. Diese Verantwortung verlangt, dass eine fachkundige Person entscheiden und zuhören kann und innerhalb der Regeln des jeweiligen Kontexts die Möglichkeit hat, zu korrigieren und für das Ergebnis einzustehen.

Während der Nutzung: Register und Aufsicht

Das Register verfolgt, was das System tut und was es anderen aufbürdet. In einer Stadt vergleicht es Ergebnisse, Wartezeiten, Fehler,

Beschwerden und Unterbrechungen zwischen Gebieten und Gruppen; in einem Unternehmen erfasst es veränderte Aufgaben, Nutzen sowie Kosten in Form von Zeit, Schulung und Qualität; an der Universität unterscheidet es Qualifikationsnachweis und ausgeübte Kompetenz; in den Medien verbindet es Ursprung, generative Schritte und die redaktionell verantwortliche Person.

Die Aufsicht muss an der Aufgabe ausgerichtet werden und ist nicht schon dadurch gewährleistet, dass der Name eines Menschen genannt wird. Schwere und Geschwindigkeit des Schadens, Gleichzeitigkeit, Intransparenz und Reversibilität bestimmen die Arbeitslast und die Verteilung von Kontrolle und Befugnis. Die aufsichtführende Person muss rechtzeitig genug sehen und verstehen, um die Handlung zu stoppen und zu korrigieren. Andernfalls wird die Unterschrift zum Ritual. In den verschiedenen Bereichen verknüpft das Register Version, Kontext, Entscheidung, Abweichung und Gründe; es misst auch die neu entstehende Arbeit und zeigt, wer Urteilskraft aufbaut, statt nur vorgefertigte Antworten zu erhalten.

Wenn etwas abweicht: Störfall und Rechtsschutz

Das Störfallverfahren nennt seine Auslösebedingungen – schwerwiegender Fehler, Nutzung außerhalb des erklärten Zwecks, Nichtverfügbarkeit, Sicherheitsverletzung oder wiederholte Anträge auf Rechtsschutz – und legt fest, wer zum Stoppen des Systems befugt ist, welcher manuelle Dienst weiterläuft, wer benachrichtigt wird, welche Nachweise bewahrt werden, wie Daten und Entscheidungen korrigiert werden und wer den Neustart genehmigt. Ein Abschlussbericht ohne Befugnisse zur Aussetzung und Behebung oder zur Änderung der Regel bewahrt ein bürokratisches Gedächtnis, ohne Abhilfe zu schaffen.

Rechtsschutz gibt der betroffenen Person eine Stimme zurück. Das Verfahren muss den Eingang bestätigen, das Material bewahren, die Dringlichkeit einstufen, eine entscheidungsbefugte Person benennen, das Ergebnis mitteilen und eine erneute Prüfung ermöglichen. Die Abhilfe kann Entfernung, sichtbare Berichtigung, eine Verknüpfung der falschen Behauptung mit ihrer Widerlegung oder Schutz vor erneuter Verbreitung erfordern. Studierende sowie Patientinnen und Patienten, die eine Überprüfung verlangen, benötigen wie alle Bürger einen zugänglichen menschlichen Kanal zu jemandem, der befugt ist, das Ergebnis zu ändern. Ohne Befugnis und ohne eine dem Schaden angemessene Frist lassen ein Gespräch zum Zuhören und ein Formular das beanstandete System unverändert.

Kontinuität, wenn ein System abgeschaltet wird

Der Ausstiegstest ist nicht mit einer Exportklausel gleichzusetzen. Er muss zeigen, dass Daten, Register, Konfigurationen und Berechtigungen lesbar bleiben und die wesentliche Funktion außerhalb des Hauptdienstes rekonstruiert werden kann. Er muss auch den eingeschränkten Betriebsmodus, alternative Verfahren und den Schutz der von Ausschluss bedrohten Gruppen erproben. Während des Ausstiegs brauchen Nutzende und Beschäftigte weiterhin Unterstützung und jemanden, der für die Kontinuität verantwortlich ist. Die Organisation bleibt dafür verantwortlich, die eingekaufte Komplexität zu bewältigen, auch wenn sie das System einschränkt, ersetzt oder abschaltet.

Gemeinsam genutzte Labore können Prüfkapazität bereitstellen, wie in Lidias Vorschlag. Jeder Bericht muss weiterhin ein Ablaufdatum, eine Version, einen gültigen Anwendungsbereich und die Bedingungen enthalten, unter denen die Prüfung zu wiederholen ist; sonst wird das Labor zu einem weiteren rituellen Stempel. Neben diesen Schutzvorkehrungen kann ein Mensch eine Kontinuitätsakte führen, die die Wiederherstellung der Identität, einen alternativen Kontakt, Vollmachten und Fristen, wesentliche Dienste, widerrufliche Einwilligungen und Anweisungen zu Archiven und postmortaler Simulation umfasst. Zusätzlich zu öffentlichen Schutzvorkehrungen erfordert diese Aufgabe zugängliche Anlaufstellen, die die Fragen des Tests auf den konkreten Fall anwenden, ohne gerade den Menschen allein damit zu lassen, der am wenigsten Zeit oder Geld aufbringen oder die Fachsprache verstehen kann.

Sich gegen die Einführung entscheiden

Ich finde den 2050-Test besonders nützlich, wenn die Nachweise kein eindeutiges Ja oder Nein zulassen. Davide wendet ihn auf den Vorschlag eines operativen Zwillings für das Vertragswesen seines Unternehmens an. Der Bedarf ist real: Entwürfe stapeln sich, erfahrene Personen werden spät hinzugezogen, und der Anbieter verspricht, Angebote schneller vorzubereiten, indem er Anfragen und Präzedenzfälle zusammen mit Geschäftsbedingungen liest. Davide geht von zwei bereits feststehenden Tatsachen aus: Eine plausible Klausel war genehmigt worden, ohne dass jemand ihren Gedankengang nachvollzogen hatte, und die Automatisierung könnte die jüngere Kollegin um die Schritte bringen, die sie braucht, um fachkundig zu werden. Hier ist die Frage neu: Rechtfertigt der im Pilotprojekt sichtbar gewordene Nutzen die Aufsicht, die Schulungskosten und die Abhängigkeit beim Ausstieg?

In einer Sitzung definiert der Prüfbogen den Erfolg als schnellere Vorbereitung ohne späte Korrekturen, übersehene Ausnahmen oder Verpflichtungen, die niemand versteht. Er benennt die Daten und betroffenen Personen, die für die Beschaffung verantwortliche Person, die Stoppbefugnis, den manuellen Modus, den Überprüfungstermin und die Kosten der Stunden, die zur Steuerung des Vorhabens nötig sind. Diese Kosten werden nicht im allgemeinen Posten Innovation verborgen.

Für jede Klausel mit weitreichenden Folgen bleibt das Mandat im Modus Schlägt vor. Das Mandat des Zwillings umfasst den Vergleich von Präzedenzfällen und das Anzeigen von Abweichungen, um aus diesen Vergleichen Alternativen zu formulieren; es schließt die Auswahl des bindenden Ergebnisses oder den Versand der fertigen Fassung aus. Schichten, Preise, Personalbesetzung und vertragliche Verpflichtungen bleiben von der autonomen Ausführung ausgeschlossen. Der Anbieter nennt ihn ein teures Korrekturprogramm; Davide betrachtet dieses Fenster als den Punkt, an dem ein Mensch das Risiko noch erkennen und dafür einstehen kann.

Der Anbieter legt Ergebnisse aus Musterunterlagen vor, nicht aber aus den Ausnahmen, die zu den kostspieligsten Streitfällen des Unternehmens geführt haben. Davide verwendet deshalb abgeschlossene Fälle. In vielen erkennt das System ungewöhnliche Formulierungen und schlägt eine brauchbare Neufassung vor; in einem behandelt es einen Verzicht als Standard, der nur für einen Kunden in einer Notlage akzeptiert worden war. Die Nachweise sind vielversprechend und unvollständig. Während ein Kunde auf ein Angebot wartet, nimmt Davide die Kosten der Verzögerung in Kauf, ohne dass ein Dokument das System verlässt. Das Pilotprojekt wird im Schattenbetrieb an denselben Akten beginnen, die das Personal verwendet, das weiterhin jeden Schritt abzeichnen wird.

Die jüngere Kollegin macht Kosten sichtbar, die der ursprüngliche Prüfbogen beinahe übersehen hätte. Erhält sie sofort einen plausiblen Vorschlag, kann sie dessen Oberfläche kontrollieren, ohne zu lernen, warum eine Ausnahme gewährt worden war oder welcher Fehler eine Klausel verändert hatte. Die bereits gesammelte Erfahrung gibt ihr eine Methode: eine Hypothese formulieren, bevor sie Hilfe erhält, und anschließend ausgewählte Fälle rückwärts nachvollziehen. Mit wachsender Urteilskraft sollte die Beteiligung des Zwillings abnehmen. Im Pilotprojekt schützt Davide wöchentliche Stunden, in denen die Vorschläge mit den Personen rekonstruiert werden, die die Ausnahmen ausgehandelt hatten. Diese Stunden gehen von der versprochenen Einsparung ab. So wird der Nutzen daran gemessen, wer Kompetenz aufbaut und wer Gefahr läuft, nur vorgefertigte Schlussfolgerungen zu erhalten.

Der plausible Fehler ist schwerwiegend, wirkt aber nicht augenblicklich. Der Vorschlag ändert weder eigenständig einen Preis noch versendet er einen Auftrag, denn zwischen dem Fehler und seiner Folge steht noch eine Unterschrift. Dieses Fenster gibt einer aufsichtführenden Person Zeit, die Akte anzufordern und den Vorschlag zurückzuweisen, wobei die Gründe dokumentiert werden.

Davide überträgt die interne Prüfung einer anderen Person als jener, die das Angebot vorbereitet hat. Der Anbieter muss die maßgeblichen Eingaben, den Vorschlag, die angezeigte Version und den menschlichen Eingriff aufbewahren. Beharrt das System nach einer Korrektur weiter auf derselben Formulierung, wird der Fall an die verantwortliche Person weitergegeben, die befugt ist, das Pilotprojekt auszusetzen. Der Rechtsschutz bietet eine erreichbare Stelle, bevor eine Unterschrift einen Vorschlag in eine Verpflichtung verwandelt, ohne Unfehlbarkeit zu versprechen.

Danach folgt der Ausstiegstest. Der Vertrag enthält eine Exportklausel für Register und Daten, doch Davide verlangt vor der Aktivierung eine praktische Prüfung. Das Team liest die Register außerhalb des Dienstes und stellt fest, dass es weder die Konfigurationen rekonstruieren kann, die eine genehmigte Vorlage von einer vorübergehenden Ausnahme unterscheiden, noch die Berechtigungen, die den Zugriff jeder Rolle auf Vorschläge und ihre Befugnis zur Korrektur bestimmen. Davide macht das Scheitern zur aufschiebenden Bedingung: Solange das Team die Register nicht gemeinsam mit den zu ihrer Nutzung erforderlichen Konfigurationen und Berechtigungen exportieren und erneut öffnen kann, sieht der Zwilling keine echten Akten, und die neunzig Tage beginnen nicht. Im zweiten Test öffnet das Team eine Akte in einer getrennten Umgebung erneut und weist die Berechtigungen neu zu, während es ohne den Hauptdienst weiterarbeitet. Erst dann beginnt das Pilotprojekt im Schattenbetrieb.

Das vorläufige Urteil lautet Begrenzen und erproben. Das Pilotprojekt dauert neunzig Tage und läuft zunächst im Schattenbetrieb und anschließend, sofern der Vergleich keine kritischen Abweichungen zeigt, im Modus Schlägt vor. Für Schichten, Preise, Personalbesetzung oder vertragliche Verpflichtungen ist keine autonome Ausführung zulässig. Jede aufsichtführende Person betreut höchstens zwölf offene Vorgänge; diese Schwelle ist anhand der beobachteten Arbeitslast erneut zu prüfen.

Davide erfasst für jedes Angebot auch die Stunden, die für die Vorbereitung der Akte, die Prüfung des Vorschlags und die Rekonstruktion des Gedankengangs mit der jüngeren Kollegin aufgewendet werden. Der Nutzen wird nach dieser Arbeit berechnet. Verschwindet er, wenn die Aufsicht tatsächlich ausgeübt wird, kann das System leistungsfähig bleiben, ohne die richtige Wahl zu sein.

In der Mitte des Pilotprojekts wird ein Vorfall simuliert, bei dem der Zwilling eine für das Unternehmen günstige Klausel erneut verwendet, ohne die mit diesem Kunden vereinbarte Einschränkung zu übernehmen. Kein Vertrag wird versandt. Der Vorschlag ist plausibel, gut geschrieben und an der entscheidenden Stelle falsch. Um dies zu bemerken, muss die Leiterin des Vertragswesens die Akte erneut öffnen und ihren Verlauf prüfen. Sie muss die Ausnahme außerdem mit der Person besprechen, die sie ausgehandelt hat. Neben der Zeit für Rekonstruktion und Korrektur erfasst das Team auch die Zeit für die Kommunikation mit der wartenden Person.

Davide benennt die Leiterin des Vertragswesens als die Person mit der Befugnis, das Pilotprojekt auszusetzen, übernimmt die Verantwortung für die Entscheidung zur Fortsetzung und hält den 15. Oktober 2050 als Termin der abschließenden Überprüfung im Protokoll fest. Der Kunde erhält das Angebot später und betrachtet die Verzögerung nicht als moralischen Fortschritt.

In den folgenden Wochen schlägt der Zwilling solide Klauseln vor und verringert wiederholte Recherchen, doch jeder Vorteil verlangt die Lektüre der Akte und den Abgleich mit den Ausnahmen. Die Lernstunden müssen weiterhin geschützt werden. Die Prüfung bestätigt eine reale operative Fähigkeit und misst eine höhere Aufsichtsbelastung als veranschlagt.

Am 15. Oktober 2050 kommt der Anbieter mit verbesserten Bearbeitungszeiten zur Überprüfung und beantragt, vom Modus Schlägt vor zum automatischen Versand der Angebote überzugehen. Die Leiterin des Vertragswesens öffnet drei Akten. In zwei hat der Zwilling wiederkehrende Arbeit reduziert und die Präzedenzfälle geordnet; in der dritten hat er die zurückgewiesene Klausel mit anderen Worten erneut vorgeschlagen. Die jüngere Kollegin erkennt den Fehler, weil sie diesen Präzedenzfall während ihrer Lernzeit rekonstruiert hat. Das Protokoll trennt die brutto eingesparte Zeit von der Zeit, die für die Prüfung von Quellen, die Erörterung von Ausnahmen, die Pflege des Registers und die Ausbildung der Person aufgewendet wurde, die später selbst urteilen soll. Nach diesem Abzug bleibt ein Nutzen, doch er ist bescheiden und ungleich verteilt. Das System bleibt leistungsfähig und nützlich: Aus hilfreichen Ähnlichkeiten erzeugt es geordnete Entwürfe und beschleunigt einfache Schritte im Verfahren. Um es hier einzusetzen, muss das Unternehmen jedoch die Fachleute binden, die es entlasten wollte.

Der Ausstiegstest bringt einen zweiten Kostenblock mit sich. Register und Konfigurationen lassen sich übertragen, müssen aber überprüft werden; Berechtigungen und Ausnahmen erfordern Unterstützung, und ein Teil der Arbeit bleibt an das Format des Anbieters gebunden. Nichts davon macht den Vertrag unfair. Es macht eine Abhängigkeit sichtbar, die nur im Austausch gegen einen größeren Vorteil sinnvoll wäre.

Davide vergleicht das Pilotprojekt mit einer organisatorischen Alternative: einer Sammlung genehmigter Klauseln, bereits beim Öffnen der Akte gekennzeichneten Ausnahmen, der früheren Einbindung der fachkundigen Person und geschützten Stunden für die Rekonstruktion der Fälle. In diesem Ablauf schreiben die Menschen weiterhin die Angebote, und die Verzögerungen bleiben bestehen. Er verringert unnötige Schritte und bewahrt dabei die Lernmöglichkeiten. Er lässt sich auch mit geringerem Aufwand steuern.

Der Vergleich stellt zwei Architekturen für denselben Bedarf einander gegenüber. Im Vokabular des Tests lautet die Entscheidung nun Nicht delegieren. Davide lehnt den automatischen Versand und auch eine Verlängerung im Modus Schlägt vor ab. Er teilt mit, dass das Unternehmen den Zwilling nicht einführen wird, und verlangt die Einleitung des im Vertrag vorgesehenen Ausstiegsverfahrens. Der Anbieter erhält den geschuldeten Betrag. Bei einem anderen Verhältnis zwischen Nutzen und Kontrolle kann sich das Produkt als sinnvoll erweisen. Hier rechtfertigt der verbleibende Nutzen Aufsicht und Abhängigkeit nicht, wenn eine bessere organisatorische

Alternative besteht. Am 15. Oktober 2050 wird das Pilotprojekt beendet.

Bevor die Sitzung endet, verlangt der Vertriebsmitarbeiter eine kurze Begründung: unzureichende Leistung, Risiko oder Preis. Davide wählt keine dieser Bezeichnungen. Das Produkt hat mehrere Prüfungen bestanden, nicht aber die wirtschaftliche und organisatorische Schwelle dieses Prozesses bei diesem Volumen und mit dieser Aufsichtskapazität.

Die jüngere Kollegin fragt, ob die Lernstunden bestehen bleiben. Die Leiterin des Vertragswesens trägt sie für die folgenden acht Wochen in den Kalender ein, während der Vertriebsleiter seinen Widerspruch protokolliert. Das Diagramm mit den verbesserten Zeiten und die Tabelle der Fachkräftestunden bleiben beide wahr und für sich genommen unzureichend. Davide unterschreibt den Verzicht auf einen realen Nutzen und lässt die Akte offen: der noch zu überprüfende Ausstieg, geschützte Zeit und ein Termin, um den Umfang erneut infrage zu stellen. Die Ablehnung hinterlässt ein eigenes Projekt mit benannten Personen, die für seine Kosten und Folgen verantwortlich sind.

Die Kosten der Ablehnung und der erneuten Prüfung

Die Ablehnung entlastet niemanden. Der Anbieter leitet den Ausstieg ein und verlangt vom Unternehmen eine Beschreibung jeder strittigen Konfiguration. Die Leiterin des Vertragswesens lässt neue Angebote in der Warteschlange, während sie Berechtigungen und Ausnahmen erneut prüft; ein durch die Verzögerung verärgerter Kunde wechselt zu einem Wettbewerber. Davide schreibt den Verlust weder der Maschine noch dem Anbieter zu, denn er entsteht auch durch die Zeit, die das Unternehmen bewusst darauf verwendet hat, den Betrieb des Systems zu beenden, ohne unlesbare Akten zurückzulassen. Im Protokoll vom 16. Oktober vermerkt er den verlorenen Kunden neben den vermiedenen Risiken. Die Kosten des Neins gehen in dieselbe Rechnung ein, die zuvor den Nutzen des Jas verringert hatte.

Die organisatorische Alternative läuft schlechter an als eine Präsentation. Die Klauseln sind verstreut, manche Ausnahmen tragen unterschiedliche Namen, und die Fachleute erinnern sich an Abläufe, die nie schriftlich festgehalten wurden. Zwei Wochen lang unterbricht die Gruppe jeden Nachmittag die gewöhnliche Arbeit, sammelt die Fassungen, kennzeichnet beim Öffnen jeder Akte Preis, Haftung und Lieferung und verknüpft jede Ausnahme mit dem Fall, der sie gerechtfertigt hatte. Eine wöchentliche Besprechung weist sofort die benötigte fachkundige Person zu.

Das Unternehmen baut ein kleineres System mit schriftlichen Zugangsregeln und eigener Wartung auf. Es erfordert ebenso geschützte Stunden wie das abgelehnte System. Das Unternehmen kehrt damit nicht zu einer Arbeitsweise zurück, die sich auf informelles Gedächtnis stützt.

Der Vertriebsleiter stellt die Entscheidung infrage und verweist auf den verlorenen Kunden und die noch wartenden Angebote. Er weist auch auf die Stunden hin, die das Unternehmen nicht abrechnen kann. Die Schwelle hängt von diesem Arbeitsvolumen und den für die Aufsicht benötigten Fachleuten sowie von der Abhängigkeit beim Ausstieg ab. Das Pilotprojekt bietet keine Grundlage für die Aussage, Menschen seien immer besser. Ändern sich der Prozess oder die internen Fähigkeiten, wird der Vorschlag am 15. April 2051 erneut geprüft. Das Protokoll ordnet das Nein damit einer Person zu, die dafür einstehen muss.

In der dritten Woche geht eine dringende Anfrage mit einer Haftungsklausel ein, die nahezu mit jener identisch ist, die der Zwilling als Standard behandelt hatte. Die jüngere Kollegin findet die Ausnahme, weil sie nun beim Öffnen der Akte gekennzeichnet ist, und rekonstruiert gemeinsam mit der Leiterin des Vertragswesens das Telefongespräch, das zu dieser Ausnahme geführt hatte. Das Angebot wird spät versandt, aber ohne dieses Risiko zu übertragen. Zwei Tage später benötigt derselbe Ablauf bei einem gewöhnlichen Vertrag mehr Zeit, als der Zwilling gebraucht hätte, und schafft keinen zusätzlichen Wert. Beide Fälle bleiben nebeneinander bestehen.

Der erste zeigt, dass die Kompetenz gewachsen ist; der zweite verhindert, dass die Entscheidung nachträglich in einen Sieg umgedeutet wird.

Der Anbieter liefert den endgültigen Export und widerruft die Zugriffsberechtigungen; er bewahrt nur auf, was der Vertrag verlangt. Nachdem Davide eine zufällig ausgewählte Akte ohne Unterstützung erneut geöffnet hat, unterzeichnet er den Abschluss, zahlt den Restbetrag und übermittelt dem Anbieter den Fall mit der wiederholten Ausnahme. Das Unternehmen bleibt ohne die Automatisierung und mit einem Kunden weniger zurück, bewahrt jedoch eine breiter verteilte interne Kompetenz.

Bei der erneuten Prüfung am 15. April 2051 vergleicht Davide Wartezeiten, späte Korrekturen, Marge, Fachkräftestunden und Kompetenzaufbau. Die kostspieligen Korrekturen sind zurückgegangen, und die Kollegin bereitet einige Akten ohne Unterstützung vor, doch einfache Angebote bleiben langsamer und weniger rentabel.

Der Vertriebsleiter schlägt daraufhin einen auf die Suche nach Präzedenzfällen beschränkten Dienst vor, der weniger kostet und keinen Zugang zu offenen Akten hat. Davide genehmigt eine neue Erprobung im Schattenbetrieb anhand abgeschlossener Fälle, getrennt von jeder Kaufentscheidung und bewertet nach Aufsicht und Schulung. Die Frage erneut aufzugreifen erfordert eine Schwelle, für deren Anwendung jemand verantwortlich ist. Eine zweite Ablehnung muss möglich bleiben.

Die neue Erprobung gibt eine Entscheidung an die Menschen zurück, die mit ihr leben werden. Davide muss den Zeitaufwand rechtfertigen, und der Vertriebsleiter hat Gründe, infrage zu stellen, was das Unternehmen dafür erhält. Diesen Dissens offenzuhalten erfordert Nachweise, die erneut geprüft werden können, und einen praktischen Weg, die Vereinbarung zu ändern. Der Lebenszyklus gibt ihnen beides. Vorerst hat der vorgeschlagene Suchdienst nur Zugang zu abgeschlossenen Fällen. Das Unternehmen hat sich nicht zum Kauf verpflichtet.

EPILOG

An einem Dienstag im Juni 2051 sitzt Matteo in einem Zug, als die Behörde eine Warnung erhält, dass das Wasser in zwei Stadtvierteln verunreinigt ist. Das Monate zuvor entwickelte Verfahren weist sofort Unterlagen, Unterschrift, zugängliche Kanäle und den Zeitpunkt der Überprüfung zu. Eine jüngere Kollegin veröffentlicht die Meldung, ohne auf seine Rückkehr zu warten. Matteo liest die Mitteilung auf seinem Telefon und greift nicht ein, weil die Handlungsfähigkeit zum ersten Mal nicht von seiner Umsicht im Augenblick der Krise abhängt.

In Elenas Stadt kommt eine Aktualisierung des Anbieters an, bei der die automatische Identifizierung an den Außenzugängen standardmäßig aktiviert ist. Das Mandatsregister meldet die Abweichung vor der Inbetriebnahme und sperrt nur diese Funktion, während anonyme Zählungen und betriebliche Alarme weiterlaufen. Niemand muss die Monate zuvor festgelegte politische Grenze von Grund auf rekonstruieren, doch die Kontrolle kostet zwei Tage Handarbeit und verzögert die Öffnung eines neuen Zugangs.

Um elf Uhr wird die Warnung zum Wasser berichtigt, weil die erste Meldung eine Straße einbezogen hatte, die von einem anderen Netz versorgt wird. Die ursprüngliche Fassung bleibt neben der Berichtigung sichtbar, die Kioske erhalten die Aktualisierung, und die öffentliche Rufnummer registriert die Anrufe von Menschen, die bereits Wasser gekauft oder eine Schicht versäumt hatten. Das Verfahren macht den Fehler nachvollziehbar; es gibt die Zeit nicht zurück und verhindert nicht, dass jemand der Behörde vorwirft, Alarm ausgelöst zu haben.

Irene verlangt, dass die zwei wegen der blockierten Aktualisierung verlorenen Tage gemeinsam mit dem vermiedenen Risiko in der öffentlichen Übersicht erscheinen. Sie schlägt nicht vor, die Funktion zu akzeptieren, um Zeit zu sparen; sie beanstandet jedoch einen

Vertrag, der der Stadt die Kosten dafür aufbürdet, jede neue Voreinstellung zu entdecken. Elena bestellt den Anbieter ein und setzt eine Überprüfung der Leistungsbeschreibung an. Irene reicht erneut eine abweichende Stellungnahme ein, denn das Verfahren hat dem Dissens eine Form gegeben, ihn aber nicht gelöst.

An diesem Nachmittag erhält Sofia die Ergebnisse der ersten Einwände gegen den Bericht zur Anpassungsfähigkeit. Die Kategorie, die durch Sorgearbeit geprägte Lebenswege und Saisonarbeit benachteiligte, wurde entfernt, doch die menschlichen Überprüfungen dauern gerade bei den Menschen mehrere Tage länger, die bereits am längsten gewartet haben. Sofia öffnet die alte Analyse nicht erneut, sondern ändert die Bearbeitungsfrist und weist den ausgesetzten Fällen Personal zu. Die verbleibenden Kosten werden als Teil der Korrektur veröffentlicht. Die Änderung der Regel hat eine zweite Aufgabe hinterlassen: die Verzögerungen anzugehen, die sie verursacht hat.

Kurz darauf sieht Luca bei der Übergabe die Frage, die Teresa Monate zuvor gestellt hatte: „Wenn die Zahlen normal gewesen wären, hätten Sie mir dann trotzdem zugehört?" Sie ist zu einem Feld im Gespräch geworden, nicht zu einer automatischen Antwort. Eine junge Ärztin vermerkt, dass das Dashboard stabil ist, und fragt Teresa trotzdem, was sie hierhergebracht hat. Ihre Stimme gelangt in den Fall, bevor dieser geschlossen wird, auch wenn der Besuch keine neue Diagnose ergibt.

An diesem Abend schickt Amir einem Mitschüler ein Lied mit einem falschen Akkord und seinem Atem dicht am Mikrofon. Der Assistent bietet an, die Aufnahme zu bereinigen, doch Amir findet ein Wort und behält die erste Aufnahme. Der Mitschüler lacht an der ernsten Stelle und bittet dann darum, es noch einmal zu hören. Amir ärgert sich und versucht sich zu erklären, während er im Gespräch bleibt. Gegenseitigkeit kostet mehr als vollkommene Verfügbarkeit.

An diesem Dienstag hat niemand die Zukunft gerettet. Die Warnung hat Menschen erschreckt, die nicht in Gefahr waren, der Zugang blieb geschlossen, die Bewerbungen mussten warten, und Teresa ging ohne Lösung nach Hause. Frühere Entscheidungen haben Fähigkeiten hinterlassen: eine Kollegin, die handelt, eine Aktualisierung, die blockiert wird, eine Regel, die korrigiert wird, eine Frage, die den Schichtwechsel überdauert. Benannte Personen haben Termine, an denen sie wieder aufgreifen sollen, was nicht funktioniert hat.

Was wir nicht delegieren

Diese Entscheidungen bringen Werkzeuge mit fähigen Menschen zusammen. Maschinen ordnen, melden, vergleichen und schlagen vor. Die Frage ist, welche Beziehung wir zu dem aufbauen wollen, was sie leisten können, und welcher Teil der Entscheidung bei denen bleiben muss, die dafür einstehen können. Das Menschliche über das zu definieren, was eine Maschine noch nicht kann, wäre fragil. Systeme verfehlen den Kontext und missverstehen eine Ausnahme. Sie verwechseln auch eine Korrelation mit einem Grund. Einige Grenzen werden zurückgehen, andere sich verändern. Wenn wir die Würde an die Leistung knüpften, bei der wir noch einen Vorsprung hätten, müssten wir zurückweichen, sobald eine Maschine besser wird, und würden langsamere, weniger produktive oder weniger selbstständige Menschen nach demselben Maßstab messen.

Eine Maschine wird Ironie möglicherweise besser erkennen und Ausnahmen besser rekonstruieren können. Vielleicht unterscheidet sie auch einen Alarm genauer als zuvor von einer harmlosen Abweichung. Das müssen wir nicht leugnen, um eine Grenze zu verteidigen, denn Fähigkeit und Zuverlässigkeit verleihen für sich genommen keine Befugnis. Die Frage bleibt, wer ihr die Macht zum Handeln anvertrauen darf, zu welchem Zweck, mit welchen Folgen und für wie lange. Ich behalte unserer Spezies keinen Katalog von Tätigkeiten vor und fordere Menschen nicht auf, Hilfe abzulehnen. Maschinen bereiten Entwürfe vor und dienen als Gedächtnisstütze oder führen begrenzte Aufgaben aus, zu denen Berechnungen und Vergleiche gehören. Ich möchte, dass die Zuweisung von Macht während dieser gesamten Unterstützung sichtbar bleibt. Jemand muss die Befugnis behalten, einen Einwand anzuhören und das Ergebnis zu ändern, und bereit sein, den betroffenen Menschen die Gründe dafür zu erläutern.

Verantwortung verbindet einen Namen über den gesamten Handlungsverlauf hinweg mit den Folgen. Im Fall von Matteo begründet die Freigabe eine Verantwortung, die nach der Veröffentlichung fortbesteht. Jemand muss die Fassungen aufbewahren und die Befugnis zur Aussetzung des Inhalts behalten, verbunden mit der Pflicht, zu berichtigen, was die Öffentlichkeit erreicht hat. So ist „Das System hat entschieden" keine Rechtfertigung mehr.

Gegenseitigkeit betrifft eine Beziehung zwischen Menschen, die frei sind, einander zu überraschen und zu widersprechen und sich dann zur Rückkehr zu entscheiden.

Die Freiheit, sich zu ändern, bringt die Zeit ins Spiel, denn eine Entscheidung bleibt menschlich, wenn sie berichtigt werden kann und die Person nicht an das bindet, was das System gestern erschlossen hat. Teresa behält das Archiv und lehnt die Simulation ab; dabei bewahrt sie die Möglichkeit, sich neu zu entscheiden, ohne die Unterstützung zu verlieren. Widerruf, Berichtigung, erneute Prüfung und Ausstieg müssen praktisch möglich und nicht nur in der Benutzeroberfläche sichtbar sein.

Präsenz bleibt notwendig, wenn es keine Lösung gibt. Luca kann präzise Instrumente einsetzen, ohne zuzulassen, dass ein Dashboard Teresas Frage abschließt. Dennoch muss er die Unsicherheit erklären, ihr zuhören und für die Fürsorge verantwortlich bleiben, auch wenn kein Ergebnis die Grenze beseitigt. Technologie kann diese Präsenz unterstützen; sie sollte nicht zum Vorwand werden, sie zurückzuziehen.

Verantwortung, Gegenseitigkeit, die Freiheit, sich zu ändern, und Präsenz sind fragile Praktiken, die Menschen und Institutionen verraten; Maschinen können sie unterstützen. Was wir nicht delegieren, ist die Aufgabe, ihre konkreten Bedingungen zu erhalten.

Zurück im Zug an jenem Morgen lässt Matteo die Meldung in den Händen seiner Kollegin, weil das Verfahren ihr die Befugnis zu handeln gibt und sie für das verantwortlich macht, was folgt. Später an diesem Vormittag wird die Berichtigung weitere Arbeit erfordern. Für die Bewohner der zu Unrecht aufgeführten Straße lautet die praktische Frage, ob jemand Anrufe unter der öffentlichen Rufnummer entgegennimmt und mit dem, was sie sagen, etwas anfängt.

ANHANG

Lesehilfen

Diese Seiten machen die Methode der Erzählung zum Nachschlagen zugänglich. Die Übersicht unterscheidet die drei kontrollierten Vokabulare. Die Zusammenfassung bündelt die sieben Fragen des 2050-Tests, und der Fall Davide zeigt, wie bei einer Entscheidung ein realer Nutzen anerkannt und dennoch beschlossen werden kann, nicht zu delegieren. Das Glossar der Grundbegriffe definiert die Konzepte, die nötig sind, um einzelne Kapitel erneut aufzuschlagen, ohne aus dem Anhang ein zweites Buch zu machen.

Der Test vergibt keine Punktzahl und zertifiziert kein Produkt. Für jede Frage hält er eine Einstufung der Antwort fest – Ausreichend, Ungeklärt, Blockierend – und führt zu einer organisatorischen Entscheidung – Fortfahren, Begrenzen und erproben, Nicht delegieren oder Stoppen. Eine als Blockierend eingestufte Bedingung wird nicht durch andere Vorteile aufgewogen. Ändern sich Modell, Daten, Anbieter, Nutzungsumfang, Aufgabe oder verantwortliche Personen, muss der Test erneut durchgeführt werden.

Die Einträge unterscheiden bei Bedarf dokumentierte historische und technische Fakten von den im Jahr 2050 angesiedelten erzählerischen Szenarien und den eigenständigen Vorschlägen des Buches.

Die vollständigen Fassungen des ausfüllbaren Prüfbogens, des erweiterten Prüfprotokolls mit zwei Systemen, der gesamten Fallakte zu Davide und des Glossars sind auf der Seite Online-Ressourcen verfügbar, auf die am Ende des Anhangs verwiesen wird.

Die drei Vokabulare im Überblick

Die drei Listen beantworten unterschiedliche Fragen. Der Modus beschreibt die vom System ausgeübte Befugnis; die Einstufung der Antwort ordnet jede Frage des Tests ein; die organisatorische Entscheidung legt fest, was insgesamt genehmigt wird. Sie werden nicht addiert und lassen sich nicht automatisch ineinander überführen.

Ebene	Vokabular und Bedeutung	Anwendungsregel
Modus des Systems	**Unterstützt** – bereitet Elemente vor, ordnet sie oder macht sie sichtbar, ohne das Ergebnis auszuwählen. **Schlägt vor** – empfiehlt eine Option, die eine fachkundige Person ändern oder ablehnen kann. **Entscheidet** – wählt innerhalb des Mandats ein Ergebnis aus. **Führt aus** – wirkt auf einen Dienst, die Welt oder Rechte ein.	Beschreibt die in einer Aufgabe und einer Phase ausgeübte Befugnis. Der Modus kann sich innerhalb desselben Systems ändern.
Einstufung der Antwort	**Ausreichend** – trägt eine Entscheidung nur für die schriftlich festgelegte Version, das festgelegte Datum und den festgelegten Geltungsbereich. **Ungeklärt** – verlangt Nachweise, eine verantwortliche Person und eine Frist. **Blockierend** – verhindert die Delegation oder zwingt dazu, die Nutzung einzuschränken oder zu stoppen, solange sich die betreffende Bedingung nicht ändert.	Die Einstufung gilt für jede der sieben Antworten.
Organisatorische Entscheidung	**Fortfahren** – den schriftlich festgehaltenen Geltungsbereich genehmigen. **Begrenzen und erproben** – eine abgegrenzte, reversible und stoppbare Erprobung genehmigen. **Nicht delegieren** – diese Befugnis im aktuellen Kontext nicht übertragen; die Alternative und ihre Kosten dokumentieren und eine Überprüfung ansetzen. **Stoppen** – eine bereits aktive Genehmigung beenden.	Hält die Gesamtentscheidung fest. Sie ergibt sich weder automatisch aus dem Modus noch aus der Zahl der Fragen, deren Antwort als Ausreichend eingestuft ist.

Schritt	Was beobachtbar bleiben muss
1. Test	Zweck, Mandat, Nachweis, Verteilung, Schaden, Rechtsschutz und Ausstieg; Nachweise und nicht kompensierbare Bedingungen.
2. Mandat	Aufgaben, Modi, Daten, Personen, Orte, Dauer, Volumen, Register, Verbote, Schwellenwerte und Befugnis zum Stoppen.
3. Überwachung während des gesamten Lebenszyklus	Version, Nutzen, Ausnahmen, Aufsichtsaufwand, Störfälle, Rechtsschutzgesuche, verbleibende Kompetenz und Ausstiegstest.
4. Begrenzen, aussteigen oder stoppen	Das Mandat eingrenzen, in den eingeschränkten Betriebsmodus wechseln, das System ersetzen oder stoppen, wenn die Bedingungen nicht mehr erfüllt sind.

Die sieben Fragen des 2050-Tests

Füllen Sie den Test anhand datierter Fakten aus und geben Sie für jede Antwort die Dokumente, die Version und den Geltungsbereich der Nachweise an. Ausreichend trägt eine Entscheidung nur innerhalb des schriftlich festgelegten Geltungsbereichs. Ungeklärt verlangt Nachweise, eine verantwortliche Person und eine Frist. Blockierend schränkt die Delegation ein oder stoppt sie. Vorteile und Leistungswerte gleichen das Fehlen von Rechtsschutz, Ausstieg oder einer Befugnis zum Stoppen nicht aus.

1. **Zweck** — Welches beobachtbare Problem wird für wen angegangen, und woran wird eine Verbesserung gemessen? Welche weniger eingreifende Alternative und welche Kosten des Nichthandelns wurden verglichen?
2. **Mandat** — In welchem Modus arbeitet das System bei der jeweiligen Aufgabe: Unterstützt, Schlägt vor, Entscheidet oder Führt aus? Welche Daten, Personen und Orte sowie welche Dauer und welches Volumen begrenzen seine Befugnis? Welche Handlungen sind verboten, und wer kann es stoppen?
3. **Nachweis** — Welche Quellen, Daten, im jeweiligen Kontext gemessenen Leistungswerte, Grenzen und Versagensfälle stützen die

Entscheidung? Wurde die Nachvollziehbarkeit in der verfügbaren Zeit an einem Regelfall und einem Grenzfall überprüft?

4. **Verteilung** — Wer erhält Vorteile, Zeit oder Macht, und wer trägt Arbeitsaufwand, Risiko, materielle Kosten, Schulungsaufwand oder die Hürden einer Anfechtung? Wer trägt die Kosten während der Korrektur und wenn die Delegation gar nicht erst zustande kommt?
5. **Schaden** — Welches plausible Versagen kann eintreten, wie schwerwiegend wären seine Folgen, inwieweit ließen sie sich rückgängig machen und wie viel Zeit vergeht, bevor eine Korrektur schwierig wird? Welche Schwelle ist nicht hinnehmbar, und welche Abhilfe bleibt möglich?
6. **Rechtsschutz** — Erhält die vom Ergebnis betroffene Person eine verständliche Mitteilung, und kann sie auf die Informationen zugreifen, die sich berichtigen lassen? Erreicht sie rechtzeitig eine fachkundige Person, die den Fall prüft und befugt ist, das Ergebnis auszusetzen oder zu ändern und die Gründe mitzuteilen?
7. **Ausstieg** — Kann das System so gestoppt oder ersetzt werden, dass Daten, Rechte und wesentliche Dienste erhalten bleiben? Sind Konfigurationen, Berechtigungen und Register wiederverwendbar? Wurde der eingeschränkte Betriebsmodus erprobt? Wann fand der letzte praktische Test statt, und wer trägt die Kosten dafür?

Unterstützt ist nicht gleichbedeutend mit Fortfahren. Ausreichend ist nicht gleichbedeutend mit einem positiven Urteil. Nach den sieben Fragen muss die Gesamtentscheidung den genehmigten Geltungsbereich, die verbotenen Handlungen, die vor dem Start zu erfüllenden Bedingungen, die Stoppschwellen, die verantwortliche Person, den Überprüfungstermin und die weiterhin verfügbare Alternative nennen.

Wann eine Antwort ausreicht und wann sie blockiert

Zweck — Ausreichend, wenn der Bedarf beobachtbar ist, die Begünstigten benannt sind, ein Kriterium für Verbesserungen schriftlich festgelegt ist und die am wenigsten eingreifende Alternative und die Kosten des Nichthandelns verglichen wurden. Blockierend, wenn das einzige erklärte Ziel darin besteht, „KI einzusetzen" oder eine Einsparung zu erzielen, deren Kosten Menschen tragen, die nicht widersprechen können.

Mandat — Ausreichend, wenn der Modus (Unterstützt, Schlägt vor, Entscheidet, Führt aus) mit Grenzen, einer verantwortlichen Person und einem Eskalationsweg schriftlich festgelegt ist und die Person, die Ergebnisse überprüft, über die Zeit, das Fachwissen und die Befugnis verfügt, sie aufzuheben. Blockierend, wenn ein als „Unterstützung" bezeichnetes System im Modus Entscheidet oder Führt aus arbeitet, weil niemand seine Ergebnisse rechtzeitig aufheben kann.

Nachweis — Ausreichend, wenn die Leistung im Nutzungskontext gemessen wurde, bekannte Grenzen dokumentiert sind und die vom Ergebnis betroffene Person eine Erklärung erhalten kann, die ausreicht, um es zu prüfen und anzufechten. Blockierend, wenn die Leistung im jeweiligen Kontext unbekannt ist oder das Ergebnis der betroffenen Person nicht erklärt werden kann. Um diese Nachweise zu gewinnen, kann die Beobachtung anhand abgeschlossener oder synthetischer Fälle ohne Außenwirkung genehmigt werden; sie ist keine Delegation.

Verteilung — Ausreichend, wenn die Rechnung zeigt, wer bei Zeit, Arbeit, Risiko und Macht gewinnt und wer den Preis zahlt, einschließlich der Ausgeschlossenen oder unzureichend Repräsentierten, und wenn die Kosten der Steuerung mitgezählt werden. Blockierend, wenn der Gewinn der Organisation zufällt und das Risiko auf die am wenigsten Geschützten verlagert wird, ohne Ausgleich und ohne Möglichkeit zum Widerspruch.

Schaden — Ausreichend, wenn plausible Versagensfälle samt Schwere, Ausmaß, Reversibilität und Zeit bis zum Schaden aufgeführt sind und Warnung, Abschaltung und Eindämmung greifen, bevor Schaden entsteht. Blockierend, wenn das System schneller handelt, als Menschen es verstehen oder stoppen können, oder wenn sich ein plausibles Versagen innerhalb des genehmigten Geltungsbereichs nicht eindämmen ließe, bevor es für die betroffene Person unumkehrbar würde.

Rechtsschutz — Ausreichend, wenn die Person erfährt, dass ein System beteiligt war und was geschehen ist, die Gründe erhält, innerhalb einer festgelegten Zeit eine fachkundige prüfende Person mit der Befugnis erreicht, das Ergebnis zu ändern, und Korrekturen die vorgelagerten Daten oder das vorgelagerte Verfahren erreichen. Blockierend, wenn die Überprüfung automatisiert ist, das Ergebnis bloß wiederholt oder nicht die Befugnis hat, es zu ändern.

Ausstieg — Ausreichend, wenn das System gestoppt, eine Entscheidung rückgängig gemacht, der Anbieter gewechselt oder eine Alternative gewählt werden kann, Portabilität und Interoperabilität gegeben sind und der Ausstiegsplan nach einem festgelegten Zeitplan erprobt wird. Blockierend, wenn die Weigerung, das System zu nutzen, zum Verlust von Arbeit, medizinischer Versorgung, Bildung oder einem wesentlichen Dienst führt, ohne dass eine verhältnismäßige Alternative besteht.

Ungeklärt ist alles dazwischen: Die Antwort liegt vor, aber ein Teil fehlt, und für diesen fehlenden Teil sind eine verantwortliche Person und eine Frist benannt.

Die Entscheidungsregel

Einstufung der Antwort	Vor der Nutzung	Während der Nutzung
Mindestens eine Antwort Blockierend	Nicht delegieren	Stoppen
Keine Antwort Blockierend, mindestens eine Ungeklärt	Begrenzen und erproben; reversible Auswirkungen, eine verantwortliche Person, Nachweise, eine Frist und ein Stoppmechanismus müssen bereits schriftlich festgelegt sein.	Begrenzen und erproben; reversible Auswirkungen, eine verantwortliche Person, Nachweise, eine Frist und ein Stoppmechanismus müssen bereits schriftlich festgelegt sein.
Alle Antworten Ausreichend	Fortfahren erlaubt, mit Bedingungen und einem Überprüfungstermin; eine begründete Entscheidung Nicht delegieren bleibt möglich	Fortfahren erlaubt, Überprüfungstermin beibehalten

Wenn Gesundheit, Freiheit, Einkommen, Bildung, Identität, wesentliche Dienste oder Sicherheit auf dem Spiel stehen, zählt eine als Ungeklärt eingestufte Antwort bei Mandat, Schaden, Rechtsschutz oder Ausstieg als Blockierend.

Der Prüfbogen mit den Mindestangaben

System: Name: ______________________________
Anbieter: ______________________________
Version: ______________________________
Prüfdatum: ______________________________
Nutzungsumfang: ______________________________
Beantragter Modus: (Modi können je nach Aufgabe kombiniert werden)
☐ Unterstützt ☐ Schlägt vor ☐ Entscheidet ☐ Führt aus
verantwortliche Person: ______________________________
Eskalationsweg: ______________________________

Zweck · Nachweise und Bedingungen: ______________________________
____
____
Einstufung: ☐ Ausreichend ☐ Ungeklärt ☐ Blockierend
Ungeklärt: verantwortliche Person / Prüfung / Frist: __________
Blockierend: Abhilfe / zu ändernde Bedingung / erneute Prüfung: __________

Mandat · Nachweise und Bedingungen: ______________________________
____
____
Einstufung: ☐ Ausreichend ☐ Ungeklärt ☐ Blockierend
Ungeklärt: verantwortliche Person / Prüfung / Frist: __________
Blockierend: Abhilfe / zu ändernde Bedingung / erneute Prüfung: __________

Nachweis · Nachweise und Bedingungen: ______________________________
____
____
Einstufung: ☐ Ausreichend ☐ Ungeklärt ☐ Blockierend
Ungeklärt: verantwortliche Person / Prüfung / Frist: __________
Blockierend: Abhilfe / zu ändernde Bedingung / erneute Prüfung: __________

Verteilung · Nachweise und Bedingungen: ______________________________
____
____
Einstufung: ☐ Ausreichend ☐ Ungeklärt ☐ Blockierend
Ungeklärt: verantwortliche Person / Prüfung / Frist: __________
Blockierend: Abhilfe / zu ändernde Bedingung / erneute Prüfung: __________

Schaden · Nachweise und Bedingungen: ____________________

____

____

Einstufung: ☐ Ausreichend ☐ Ungeklärt ☐ Blockierend
Ungeklärt: verantwortliche Person / Prüfung / Frist: ____________
Blockierend: Abhilfe / zu ändernde Bedingung / erneute Prüfung: ________

Rechtsschutz · Nachweise und Bedingungen: ____________________

____

____

Einstufung: ☐ Ausreichend ☐ Ungeklärt ☐ Blockierend
Ungeklärt: verantwortliche Person / Prüfung / Frist: ____________
Blockierend: Abhilfe / zu ändernde Bedingung / erneute Prüfung: ________

Ausstieg · Nachweise und Bedingungen: ____________________

____

____

Einstufung: ☐ Ausreichend ☐ Ungeklärt ☐ Blockierend
Ungeklärt: verantwortliche Person / Prüfung / Frist: ____________
Blockierend: Abhilfe / zu ändernde Bedingung / erneute Prüfung: ________
Kosten der Nicht-Einführung: Wer wartet: ____________
wie lange: ____________________
mit welchem Schaden: ____________________
Einstufung: ☐ A ☐ U ☐ B
Diese Einstufung gilt für die Schätzung und geht in Zweck, Verteilung und Schaden ein; sie ist keine achte Frage.
Zeit bis zum Schaden (geschätzt): ____________
Zeit bis zum Eingreifen (gemessen): ____________
☐ Zeit bis zum Eingreifen ist kürzer als Zeit bis zum Schaden ☐ nicht gemessen
Entscheidung:
☐ Fortfahren ☐ Begrenzen und erproben ☐ Nicht delegieren ☐ Stoppen
Bedingungen und Stoppmechanismus: ____________________

____

____

Überprüfungstermin: ____________________
Lebenszyklus: ☐ Register geführt ☐ Arbeitsstunden für die Aufsicht gesichert
☐ Ausstieg erprobt am: ____________________
Wechselkosten (Zeit, Geld): ____________________
Portabilitätstest durchgeführt am: ____________________
Anteil der Aufgabe, der weiterhin von Hand ausgeführt wird: ________

Vollständiges Arbeitsheft, Prüfprotokoll und Fallakte:
www.corneritaliano.com/de/2050/ressourcen

Kompaktes Beispiel: Davide, 15. Oktober 2050, und der weitere Verlauf

Zweck — Rückstand und Vorbereitungszeit verringern, ohne dass mehr Ausnahmen übersehen, Korrekturen zu spät vorgenommen oder Verpflichtungen eingegangen werden, deren Tragweite nicht verstanden wurde.

Mandat — Im Modus Schlägt vor vergleicht das System Präzedenzfälle, zeigt Abweichungen an und formuliert anschließend Alternativen. Es versendet und unterzeichnet nicht. Preise, Personal und vertragliche Verpflichtungen bleiben ausgeschlossen.

Nachweis — Über neunzig Tage hinweg lieferte das System zunächst im Schattenbetrieb und anschließend im Modus Schlägt vor nützliche Präzedenzfälle. Im entscheidenden Fall trat ein plausibler Fehler auf, und der Nutzen war bescheiden und ungleich verteilt.

Blockierende Bedingung — Konfigurationen und Berechtigungen ließen sich außerhalb des Dienstes nicht rekonstruieren. Das Pilotprojekt begann erst nach bestandenem Ausstiegstest.

Entscheidung — Nicht delegieren, 15. Oktober 2050.

Kosten — Angebote, die in der Warteschlange blieben, nicht abrechenbare Stunden, eine geringere Marge und ein verlorener Kunde. Im Gegenzug genehmigte Klauseln und geschützte Stunden zur Rekonstruktion der Fälle.

Überprüfung — 15. April 2051: neue Erprobung im Schattenbetrieb anhand abgeschlossener Fälle, getrennt von der Beschaffung und weiterhin widerruflich.

Glossar der Grundbegriffe

Diese Auswahl enthält die Begriffe, die der Methode und den eigenständigen Vorschlägen des Buches zugrunde liegen. Die Definitionen verdeutlichen die Bedeutung, in der die Wörter auf diesen Seiten verwendet werden; sie ersetzen keine Standards, Vorschriften oder Fachhandbücher. Das vollständige Glossar steht in den Online-Ressourcen zur Verfügung.

Künstliche Intelligenz (KI) — Gesamtheit von Techniken, die es einem System ermöglichen, Aufgaben auszuführen, die mit menschlichen Fähigkeiten in Verbindung gebracht werden, etwa zu erkennen, vorherzusagen, zu übersetzen, zu empfehlen oder zu erzeugen. Eine überzeugende Leistung beweist für sich genommen kein Bewusstsein und belegt nicht, dass das System über Erleben oder Verständnis verfügt.

Nicht erfasstes Intervall — Zeitlicher Freiraum, in dem ein Mensch zögern oder sich widersprechen und sich verändern kann, ohne dass jede Veränderung sofort ein operatives Profil erzeugt. Dieser Raum ist mit der Anwesenheit von Technologie vereinbar, bietet aber keine Garantie für Freiheit. Für eine kontinuierliche Datenerhebung braucht es einen klar definierten Schaden, einen verhältnismäßigen Zweck und ein überprüfbares Ablaufdatum.

Verifizierbarer digitaler Nachweis — Bescheinigung aus einschlägigen Attributen, die von einer verantwortlichen Stelle ausgestellt wird. Sie ist so geschützt, dass eine prüfende Stelle ihre Herkunft und Integrität kontrollieren kann. Die technische Überprüfung macht eine falsche Angabe nicht wahr. Entscheidend sind die Vertrauenswürdigkeit der ausstellenden Stelle, die Verfahren, der Status des Nachweises sowie die Möglichkeit, ihn zu berichtigen oder zu widerrufen.

Selektive Offenlegung — Offenlegung ausschließlich der benötigten Attribute eines verifizierbaren digitalen Nachweises, während die übrigen verborgen bleiben. Sie verringert die Preisgabe überflüssiger Informationen, stellt für sich allein jedoch weder Anonymität sicher noch verhindert sie die Verknüpfung verschiedener Interaktionen.

Minimierung des Nachweises — Gestaltungsvorschlag des Buches, nur das nachzuweisen, was eine Entscheidung erfordert, ohne die gesamte Biografie einer Person offenzulegen. Der Vorschlag überträgt den Grundsatz der Verhältnismäßigkeit auf die Gestaltung digitaler Prüfverfahren. Siehe auch: Verifizierbarer digitaler Nachweis; Selektive Offenlegung; 2050-Test.

Epistemische Erschöpfung — Zustand, in dem der Aufwand, eine Schlussfolgerung nachzuvollziehen, so groß wird, dass eine Person ein revidierbares Urteil aussetzt oder auf Teilhabe verzichtet. Sie unterscheidet sich von Leichtgläubigkeit oder Desinteresse. Auch Schnittstellen, der Zugang zu Quellen, die verfügbare Zeit und die Fähigkeit von Institutionen, eine Überprüfung praktisch durchführbar zu machen, prägen sie.

Operativer Zwilling — Ein in diesem Buch vorgeschlagener Software-Agent, der an eine mandatgebende Person und ein beobachtbares Mandat gebunden ist. Er arbeitet im Modus Unterstützt, Schlägt vor, Entscheidet oder Führt aus ausschließlich in einem ausdrücklich festgelegten Rahmen: Aufgaben, Daten, Dauer, Schwellenwerte und Befugnis zum Stoppen. Als Tutor-Zwilling macht er die Arbeitsschritte und etwaige Fehler ebenso wie mögliche Alternativen sichtbar, damit die Kompetenz wachsen und der Bedarf an Hilfe sinken kann. Fähigkeit und Zuverlässigkeit bleiben voneinander und von der Befugnis getrennt.

2050-Test — Vom Buch vorgeschlagene nichtkompensatorische Entscheidungsmethode. Sie ordnet in dieser Reihenfolge Zweck / Mandat / Nachweis / Verteilung / Schaden / Rechtsschutz / Ausstieg. Als Einstufung der Antwort wird jeweils Ausreichend / Ungeklärt / Blockierend festgehalten. Daraus ergibt sich eine organisatorische Entscheidung: Fortfahren / Begrenzen und erproben / Nicht delegieren / Stoppen. Der Test vergibt keine Punktzahl und zertifiziert kein Produkt. Eine als Blockierend eingestufte Bedingung wird nicht durch die übrigen Vorteile aufgewogen.

Operatives Mandat — Schriftlich festgelegter Rahmen, der eine mandatgebende Person mit einem Modus verbindet – Unterstützt / Schlägt vor / Entscheidet / Führt aus – und Aufgaben, Daten, betroffene Personen, Orte, Dauer, Volumen, Register, Schwellenwerte, verbotene Handlungen und die Befugnis zum Stoppen präzisiert. Ändern sich Modell, Daten, Anbieter, Nutzungsumfang, Aufgabe oder verantwortliche Personen, muss das Mandat eingegrenzt oder erneut geprüft werden. Die technische Fähigkeit allein legt diesen Rahmen nicht fest.

Authentisches Archiv, Gedenkarchiv, postmortale Simulation und Identitätsvortäuschung — Das Archiv bewahrt ursprüngliche Spuren auf. Das Gedenkarchiv ordnet sie, ohne so zu sprechen, als wäre es die verstorbene Person. Die generative Simulation erzeugt auf Grundlage der Daten neue Antworten oder Darstellungen, während die Identitätsvortäuschung sie irreführend so darstellt, als stammten sie von der realen Person. Das Eigentum an den Dateien ist nicht gleichbedeutend mit einem Mandat, eine Stimme in der ersten Person zu erzeugen. Ein Verwandtschaftsverhältnis oder eine Zahlung sind es ebenso wenig.

Überprüfte Nachvollziehbarkeit — Fähigkeit einer Person oder unabhängigen Stelle, zu rekonstruieren, warum ein System ein Ergebnis hervorgebracht hat, und das System sowohl an einem Regelfall als auch an einem Grenzfall zu prüfen. Die Überprüfung muss nutzbar sein, bevor die Folge eintritt. Eine allgemeine Erklärung oder eine formal vollständige Fallakte belegt diese Fähigkeit nicht. Lässt sich das Ergebnis durch die Überprüfung nicht ändern oder stoppen, muss das Mandat eingegrenzt werden.

Strukturelle Intransparenz — Form der Intransparenz, die entsteht, wenn viele Komponenten, Aktualisierungen, Software-Agenten und Organisationen so zusammenwirken, dass niemand rechtzeitig über das Gesamtbild verfügt, um das Ergebnis zu kontrollieren. Den Quellcode offenzulegen, kann helfen, ohne das Problem zu lösen. Siehe auch: Überprüfte Nachvollziehbarkeit; Zeit bis zum Schaden und Kontrollfenster; Aufsichtsbudget.

Fähigkeit, Zuverlässigkeit und Befugnis — Drei unterschiedliche Fragen: was ein System kann, wie konstant es diese Leistung unter realen Bedingungen erbringt und was es im Namen einer Person tun darf. Fähigkeit und Zuverlässigkeit begründen für sich genommen keine Befugnis und erzwingen weder die Einführung noch die vollständige Delegation.

Menschliche Aufsicht — Sie ist nur dann wirksam, wenn eine identifizierbare Person über Nachweise in lesbarer Form, Zeit, Kompetenz und die Befugnis verfügt, die Handlung zu ändern oder zu stoppen. Die Übergabe muss mit den Gründen und der anschließenden Überprüfung dokumentiert bleiben. Die formale Anwesenheit oder Unterschrift einer Bedienperson reicht nicht aus.

Wirksamer Rechtsbehelf — Konkrete Möglichkeit, eine verständliche Mitteilung zu erhalten und die einschlägigen Angaben zu erkennen und zu berichtigen. Eine Person muss ohne Hindernisse eine Stelle erreichen können, die die Wirkung aussetzen und den Fall wiederaufnehmen kann. Diese Stelle muss innerhalb einer dem möglichen Schaden angemessenen Frist ein begründetes Ergebnis mitteilen.

Restschaden und operative Fallakte — Eine ehrliche Anwendung des Tests verspricht nicht, dass keinerlei Schaden entsteht. Die Akte behält ihren Wert, wenn sie ursprüngliche Quellen von menschlichen Anmerkungen und erzeugten Zusammenfassungen unterscheidet. Sie muss offenlegen, was nicht rekonstruierbar ist, und die Nachweise mit Abhilfemaßnahmen und Beschränkungen verknüpfen. Sie dient dazu, Lernen und Korrekturen zu unterstützen. Eine Fallakte kann nicht belegen, dass die Kontrolle vollkommen ist.

Zeit bis zum Schaden und Kontrollfenster — Die Zeit bis zum Schaden trennt den Fehler von seiner Folge. Das Kontrollfenster ist die tatsächlich verfügbare Zeit, um einen Fehler zu erkennen, den Vorgang zu rekonstruieren und einzugreifen. Aufsicht ist nur dann wirksam, wenn die notwendigen Schritte in dieses Fenster passen. Andernfalls besteht sie nur dem Namen nach.

Aufsichtsbudget — Verhältnis zwischen Umfang und Geschwindigkeit der zu kontrollierenden Entscheidungen und den verfügbaren personellen Ressourcen, um sie aufmerksam zu prüfen. Übersteigt die Belastung dauerhaft die Prüfkapazität, wird menschliches Eingreifen zu einer verspäteten Unterschrift. Siehe auch: Menschliche Aufsicht; Überprüfte Nachvollziehbarkeit; Eingeschränkter Betriebsmodus.

Kontinuität, eingeschränkter Betriebsmodus und verbleibende Kompetenz — Kontinuität erhält eine wesentliche Funktion aufrecht und erfasst auch die auf Nutzende und Personal verlagerten Kosten. Der eingeschränkte Betriebsmodus bietet während eines Ausfalls bewusst einen engeren Dienst mit klar benannten Grenzen. Die verbleibende Kompetenz umfasst das lokale Wissen und die lokale Befugnis, die nötig sind, um ihn zu aktivieren und Ausnahmen zu bearbeiten. Sie ermöglicht es dem Personal auch, die geleistete Arbeit bei der Rückkehr des Systems abzugleichen.

Ausstiegstest — Praktische Prüfung vor der Einführung und anschließend in regelmäßigen Abständen, ob sich Daten, Register, Konfigurationen und Berechtigungen exportieren und rekonstruieren lassen, ob sie im eingeschränkten Betriebsmodus nutzbar sind und ob der Betrieb ohne den Hauptanbieter wieder aufgenommen werden kann. Die Organisation muss die Arbeit wieder aufnehmen, dabei Verluste protokollieren und anschließend ohne verborgene Abhängigkeit zurückkehren können. Eine Portabilitätsklausel allein belegt diese Fähigkeit nicht.

Herkunft von Inhalten — Überprüfbare Angaben zu Erfassung, Herkunft, Bearbeitungsschritten und Freigaben eines Inhalts. Diese Aufzeichnungen verteilen Verantwortung und helfen, eine technische Entstehungsgeschichte zu rekonstruieren. Sie belegen für sich genommen keine Aufrichtigkeit und stellen weder den Kontext noch die Wahrheit des Inhalts fest. Unvollständige Metadaten machen ein Dokument nicht automatisch falsch.

Lebende Lizenz — Vorschlag des Buches für die Nutzung einer Stimme, eines Bildes oder eines Werks in generativen Systemen: nach Zweck und Dauer begrenzte Einwilligung, Rückverfolgbarkeit der Nutzungen, gegebenenfalls Vergütung, Widerrufsmöglichkeit und Umgang mit abgeleiteten Werken. Sie bezeichnet keine einheitliche Lizenz, die im geltenden Recht bereits anerkannt wäre. Siehe auch: Herkunft von Inhalten; Operatives Mandat; 2050-Test.

Online-Ressourcen

Die Website von Corner Italiano bündelt die erweiterten und aktualisierbaren Fassungen der im Buch vorgestellten Werkzeuge: den ausfüllbaren Prüfbogen des 2050-Tests; das erweiterte Prüfprotokoll mit zwei Systemen; das vollständige Protokoll zum Fall Davide und zu seiner Wiederaufnahme; das vollständige Glossar; die kompakte Chronologie; die Themenübersicht; die Links zu den dokumentarischen Quellen. Rufen Sie die Materialien unter folgender Adresse auf oder laden Sie sie herunter:

https://www.corneritaliano.com/de/2050/ressourcen/

Wenn Sie diese Ausgabe zitieren oder überprüfen möchten, verwenden Sie die zum Buch gehörende archivierte Fassung. Spätere Fassungen sind gesondert gekennzeichnet, damit Aktualisierungen den ursprünglichen Inhalt nicht überschreiben.

Endnoten

Diese Anmerkungen verknüpfen Tatsachenpassagen mit identifizierbaren Quellen und, soweit verfügbar, mit bestimmten Seiten, Abschnitten oder Rechtsvorschriften. Hochgestellte Zahlen in den Kapiteln führen zur entsprechenden Anmerkung; eine wiederholte Zahl verweist auf dieselbe Anmerkung. Autorennamen, Kurztitel und Daten identifizieren Einträge in der Dokumentarischen Bibliografie. Eine Anmerkung stützt die Aussage, der sie zugeordnet ist, nicht jede Beobachtung in deren Umfeld. Fiktive Szenen und die vom Autor vorgeschlagenen Schwellen bleiben von empirischen Befunden und geltendem Recht getrennt.

Kapitel 1

1. Turing (1950), Abschn. 1–2, legt das Imitationsspiel dar und untersucht es. Der auf den 31. August 1955 datierte und 2006 im AI Magazine nachgedruckte Vorschlag von McCarthy et al. (2006), S. 12, schlägt eine Studie für den Sommer 1956 vor und formuliert die Vermutung, Intelligenz lasse sich so genau beschreiben, dass sie simuliert werden kann. Die Deutung dieser Episoden im Text stammt vom Autor.

2. Weizenbaum (1966), S. 36–37, beschreibt die schlüsselwortbasierten Transformationen von ELIZA und gibt ein Beispielgespräch wieder; S. 42–43 behandeln das Psychotherapeuten-Skript und die Deutung durch den menschlichen Gesprächsteilnehmer. Dies sind Belege zum historischen Programm, keine Behauptung, heutige Sprachmodelle nutzten den Mechanismus von ELIZA.

3. Zu einer konkreten institutionellen Geschichte siehe Howe (2007), „History of AI at Edinburgh“, zum Lighthill-Bericht von 1973, seinen Folgen für die Finanzierung und dem späteren Alvey-Programm sowie „Nature of AI“ zu spezialisierten Wissenssystemen. McDermott et al. (1985), S. 122 und 124–126, dokumentieren zeitgenössische Bedenken hinsichtlich Erwartungen, Finanzierung und eines möglichen „KI-Winters“. Diese Darstellungen betreffen unterschiedliche Episoden; keine von ihnen stützt eine Erklärung sämtlicher KI-Abschwünge durch eine einzige Ursache.

4. Zum historischen Hintergrund lernender Modelle siehe Rosenblatt (1958); Minsky and Papert (1987), erstmals 1969 erschienen; und Rumelhart, Hinton, and Williams (1986). Diese Quellen betreffen unterschiedliche Beiträge zur Forschung an neuronalen Netzen, keine gemeinsame kausale Erklärung der KI-Winter.
5. Krizhevsky, Sutskever, and Hinton (2012), Abschn. 1, 3 und 6, berichten über die Architektur des Faltungsnetzes, die GPU-Implementierung und die ImageNet-Ergebnisse. Vaswani et al. (2017), Abschn. 3–4, beschreiben die aufmerksamkeitsbasierte Architektur des Transformers und vergleichen ihre Rechen- und Trainingseigenschaften mit rekurrenten und faltungsbasierten Alternativen. Dies sind aufgabenspezifische Ergebnisse, keine Belege für allgemeines Verständnis.
6. OpenAI (2022) bezeichnet die Veröffentlichung als Forschungsvorschau. Der Abschnitt „Methods“ beschreibt überwachtes Fine-Tuning und bestärkendes Lernen aus menschlichem Feedback; „Limitations“ räumt plausible, aber falsche Antworten sowie eine Empfindlichkeit gegenüber der Formulierung von Eingaben ein. Dies ist die Darstellung des Entwicklers zu dieser Veröffentlichung, keine unabhängige Bewertung aller Sprachmodelle.
7. Turpin et al. (2023), Abschn. 2–4, testen GPT-3.5 und Claude 1.0 mit bestimmten verzerrenden Prompts. Ihre Experimente zeigen, dass Chain-of-Thought-Erklärungen Faktoren auslassen können, die die Antwort beeinflusst haben. Dies stützt die Prüfung von Erklärungen anhand externer Belege; es belegt nicht, dass jede Erklärung oder jedes spätere Modell die tatsächlichen Einflussfaktoren unzutreffend wiedergibt.

Kapitel 2

8. W3C (2025c), Abschn. 1.1–1.2 und 5.1, erläutert Rollen und Vertrauen. W3C (2025b), Abschn. 2.1–2.2 und 4.4, sowie W3C (2025a), Abschn. 3–5, spezifizieren alternative Nachweismechanismen. OpenID Foundation (2025a) und OpenID Foundation (2025b), jeweils Abschn. 3, beschreiben Abläufe der Ausstellung und Präsentation. Eine gültige kryptografische Prüfung belegt für sich genommen weder Wahrheit noch legitime Befugnis oder Fairness.

9. Temoshok et al. (2025), Abschnitt „Digital Identity Model", unterscheiden Identitätsprüfung, Authentifizierung und Föderation. Das nicht föderierte Modell beschreibt die Autorisierung als nachfolgende Entscheidung der vertrauenden Partei. Die Terminologie dient hier der begrifflichen Klarheit und soll nicht nahelegen, dass diese Leitlinien überall verbindlich sind.

10. W3C (2025c), Abschn. 4.10, beschreibt den Status eines digitalen Nachweises. Einen Widerrufsstatus zu veröffentlichen ist etwas anderes, als automatisch alle zu benachrichtigen, die sich zuvor auf einen Nachweis gestützt haben.

11. W3C (2025c), Abschn. 5.7 und 8.4–8.9, behandelt abgeleitete Nachweise, Korrelationsrisiken, abstrakte Aussagen und Datenminimierung. Ob diese Möglichkeiten unterstützt werden, hängt vom Format des digitalen Nachweises und vom Nachweismechanismus ab.

12. Yaga et al. (2018), Abschn. 3.5–3.7, beschreiben Register und die Struktur von Blockchains. Abschn. 7.1, S. 34–35, schränkt Aussagen über Unveränderlichkeit ein; Abschn. 7.3, S. 36, erläutert, dass ein Register nicht selbst feststellen kann, ob Eingaben von Sensoren oder Menschen realen Ereignissen entsprechen. Die hier vorgeschlagene Wahl von Governance und Architektur stammt vom Autor.

13. Datenminimierung, selektive Offenlegung und europäische digitale Identität. Artikel 5 Absatz 1 Buchstabe c DSGVO verlangt, dass Daten dem Zweck angemessen und erheblich sowie auf das notwendige Maß beschränkt sind; die Verordnung über die europäische digitale Identität regelt freiwillige Wallets und die selektive Offenlegung. Der europäische Rahmen für die digitale Identität schafft die Grundlage für nationale Wallets und ihre schrittweise Einführung. Das offizielle Architecture and Reference Framework erreichte am 23. Juli 2026, vor dem Redaktionsschluss dieses Buches, Version 3.0.0 und wird durch Durchführungsrechtsakte, Spezifikationen und Referenzimplementierungen ergänzt. Zur rechtlichen Unterscheidung zwischen Nutzerkontrolle, selektiver Offenlegung und Umsetzung siehe Verordnung (EU) 2024/1183, Erwägungsgründe 3 und 14–15 sowie die Bestimmungen, die Artikel 5a in die Verordnung (EU) Nr. 910/2014 einfügen. Zentrale Quellen: Regulation (EU) 2016/679

(GDPR); Regulation (EU) 2024/1183 on European digital identity; European Commission (2026b); Temoshok et al. (2025).

Kapitel 3

14. Die britische CMA dokumentiert in CMA (2025), Rn. 23–28, technische Hindernisse beim Wechsel des Cloud-Anbieters, darunter die Anpassung von Anwendungen und die Übertragung von Kompetenzen. Diese Belege fließen in die Erörterung der Abhängigkeit ein. Sofias Prüfung und die vorgeschlagenen institutionellen Ausstiegstests sind das veranschaulichende Szenario und die Empfehlungen des Autors.
15. Zu den Sicherheitspraktiken, die dieser Erörterung zugrunde liegen, siehe ENISA (2025), Version 1.2, Abschn. 10.3–10.8, S. 61–62, und ENISA (2026), S. 11–12. Die Beispiele veranschaulichen Governance-Grundsätze, statt einen einheitlichen Compliance-Standard zu begründen.
16. Zu Risiken gemeinsam genutzter Trassen, getrennten Anlandepunkten, Erprobung und Reservekapazitäten siehe ITU and ICPC (2026), Working Group 2, Recommendation 11 und Abschn. 11.1, S. 89–91. Redundanz verringert bestimmte Ausfallrisiken; sie gewährleistet nicht bei jedem Ereignis einen unterbrechungsfreien Dienst.

Erstes Zwischenspiel

17. Die sieben Fragen und Entscheidungsschwellen des 2050-Tests bilden den vom Autor vorgeschlagenen deliberativen Rahmen. Zu einem etablierten Ansatz des Risikomanagements über den KI-Lebenszyklus hinweg siehe NIST (2023a), Abschn. 5, S. 20–33. Dort werden die Aktivitäten unter Govern, Map, Measure und Manage geordnet. Dieser einordnende Vergleich belegt weder die Gültigkeit des Tests noch impliziert er eine Billigung durch NIST. Zentrale Quellen: NIST (2023a); International Organization for Standardization and International Electrotechnical Commission (2023), ISO/IEC 42001; Government of Canada (2019), Directive on Automated Decision-Making, mit dem zugehörigen Algorithmic Impact Assessment; AI Act, Art. 14.

Kapitel 4

18. Zur aufgabenbezogenen Analyse der Automatisierung und zur Unterscheidung zwischen Substitution und Komplementarität siehe Autor (2015), S. 3–30. Autors historische Analyse bietet einen Rahmen, um Veränderungen innerhalb von Berufen zu untersuchen; die in diesem Kapitel im Jahr 2050 angesiedelten Situationen sind Szenarien, keine durch diese Studie belegten Prognosen.

19. Die Auswirkungen von Unterstützung müssen nicht in eine einzige Richtung weisen. Brynjolfsson, Li, and Raymond (2025), Abschn. I, berichten über Produktivitätsgewinne und Hinweise auf Lernen bei Beschäftigten im Kundensupport eines Unternehmens, wobei weniger erfahrene und weniger qualifizierte Beschäftigte stärker profitierten. Die Studie belegt keine gesamtwirtschaftlichen Auswirkungen auf Löhne oder Beschäftigung. Die hier erörterten Verteilungsrisiken und Verantwortlichkeiten sind daher als kontextabhängig zu verstehen.

20. Automatisierte Entscheidungen und Wandel der Arbeit. Artikel 22 DSGVO betrifft ausschließlich auf einer automatisierten Verarbeitung beruhende Entscheidungen mit rechtlicher oder ähnlich erheblicher Wirkung. Mit Stand vom 30. Juli 2026 sind die ursprünglichen Vorschriften zu verbotenen Praktiken, die Pflichten zur KI-Kompetenz und die Vorschriften für KI-Modelle mit allgemeinem Verwendungszweck anwendbar, vorbehaltlich ihres Geltungsbereichs und ihrer Übergangsbestimmungen. Die Änderung vom Juli 2026 fasst Artikel 4 als Pflicht zur Unterstützung der Entwicklung von KI-Kompetenz neu, ohne ein bestimmtes Niveau für jede einzelne Person zu gewährleisten. Für GPAI-Modelle gelten die Pflichten nach Artikel 53 seit dem 2. August 2025; der endgültige Kodex vom 10. Juli 2025 ist die aktuelle Fassung, und nach dem von der Kommission angegebenen Zeitplan gelten die Durchsetzungsbefugnisse der Kommission ab dem 2. August 2026; Anbieter von Modellen, die vor dem 2. August 2025 in Verkehr gebracht wurden, haben bis zum 2. August 2027 Zeit, die Anforderungen zu erfüllen. Die Richtlinie über Plattformarbeit muss bis zum 2. Dezember 2026 umgesetzt werden; diese Frist war zum Zeitpunkt der Abfassung noch nicht abgelaufen. Der ILO-Index von 2025 misst die berufliche Exposition und nennt als wahrscheinlichstes Ergebnis den Wandel von Berufsrollen; er ist keine Prognose über wegfallende Arbeitsplätze. Die in diesem Buch gewählte Schwelle ist

bewusst weiter gefasst. Genaue Rechtsfundstellen: DSGVO, Art. 22 Abs. 1–4; SCHUFA, Rn. 43–55 und 60–73; KI-Verordnung, Art. 4, Art. 53, Art. 111 Abs. 3 und Art. 113; Verordnung (EU) 2026/1744, Art. 1 Nr. 5 und 40; Richtlinie über Plattformarbeit, Art. 29 Abs. 1. Zentrale Quellen: Regulation (EU) 2024/1689 (AI Act); European Commission (n.d.-c); European Commission (2025); Regulation (EU) 2016/679 (GDPR); Article 29 Working Party (2018) (vom EDPB gebilligt); SCHUFA, Case C-634/21; Directive (EU) 2024/2831 on platform work; Gmyrek et al. (2025).

Kapitel 5

21. Biometrie im städtischen Raum und Bildung. Das EU-Recht verbietet oder beschränkt bestimmte biometrische Anwendungen, insbesondere bei Strafverfolgungsmaßnahmen, schreibt aber kein einheitliches Verbot jeder Form der Gesichtserkennung im städtischen Raum fest. Die Formulierung in Kapitel 5 ist eine vom Autor vorgeschlagene politische Schwelle. Zu den einschlägigen Verboten und Ausnahmen siehe KI-Verordnung, Art. 5 Abs. 1 Buchst. e–h und Art. 5 Abs. 2–7, sowie EDPB (2023), Version 2.0, Abschn. 3, S. 13–28. Für die Bildung empfiehlt die UNESCO eine menschenzentrierte Governance, Datenschutz, pädagogische Validierung und altersgerechte Ansätze; die künftigen Institutionen in Kapitel 6 sind Szenarien, keine Prognosen. Zentrale Quellen: Regulation (EU) 2024/1689 (AI Act); European Commission (n.d.-a); EDPB (2023); Miao and Holmes (2023).

Kapitel 6

22. Zum Unterschied zwischen unterstützter Leistung und Lernen siehe Bastani et al. (2025), „Main Results", Tabelle 1, und „Discussion". In einer randomisierten Mathematikstudie an einer türkischen weiterführenden Schule verbesserte ein uneingeschränktes GPT-basiertes Werkzeug die Leistung beim Üben, verringerte aber die spätere Leistung ohne Unterstützung. Beim Tutor, der mit Hinweisen arbeitete, zeigte sich in diesem Experiment nicht dieselbe Verringerung der späteren Leistung ohne Unterstützung. Die Befunde betreffen ein bestimmtes Umfeld und eine bestimmte Werkzeuggestaltung, nicht jeden Einsatz von KI in der Bildung.

Kapitel 7

23. Zum Hintergrund menschlicher Faktoren bei übermäßigem Vertrauen, versagender Überwachung, Arbeitsbelastung und organisatorischem Missbrauch der Automatisierung siehe Parasuraman and Riley (1997), S. 230–253. Das hier entwickelte Aufsichtsbudget ist der Vorschlag des Autors, diese Probleme zu strukturieren, kein durch diesen Artikel bereitgestelltes validiertes Messinstrument.

24. Zu einer etablierten Darstellung verschiedener Quellen algorithmischer Intransparenz siehe Burrell (2016). Burrell unterscheidet Geheimhaltung, technische Kenntnisse sowie die Eigenschaften und die Größenordnung maschinellen Lernens. Die in diesem Kapitel verwendeten Unterscheidungen zwischen vertraglicher, modellbedingter und struktureller Intransparenz sind nicht mit ihrer Systematik identisch.

Kapitel 8

25. KI im Gesundheitswesen und psychische Gesundheit. Die KI-Verordnung und die Verordnungen über Medizinprodukte und In-vitro-Diagnostika greifen je nach Funktion, Zweckbestimmung und Klassifizierung ineinander. Nach MDCG (2025), MDCG 2019-11 rev.1, Abschn. 1, S. 4, hängt die Einordnung von Software als Medizinprodukt von ihrer erklärten Zweckbestimmung ab und nicht davon, ob sie auf einem Gerät, in der Cloud oder auf einer anderen Plattform betrieben wird. Der gemeinsame Leitfaden von AIB and MDCG (2025), AIB 2025-1/MDCG 2025-6, Frage 4, S. 6, stellt außerdem klar, dass die Einstufung als Hochrisiko-KI-System nach der KI-Verordnung für sich allein die MDR- oder IVDR-Klasse der Software nicht verändert. Diese Leitfäden schaffen selbst kein verbindliches Recht; die gesetzlichen Definitionen und Klassifizierungsregeln stehen in der MDR, Art. 2 Nr. 1 und 12 sowie Anhang VIII, Regel 11, in der IVDR, Art. 2 Nr. 2 und 12 sowie Anhang VIII, und in der KI-Verordnung, Art. 6. Die klinische Verantwortung hängt auch vom nationalen Berufsrecht ab; die in diesem Buch vorgeschlagene Nichtdelegierbarkeit wird nicht als einheitlich geltende Regel dargestellt. Die WHO fordert eine Bewertung von Risiken und Nutzen, Datenqualität, Transparenz, Überwachung und Rechenschaftspflicht über den gesamten

Lebenszyklus hinweg. WHO (2023) ist ein Überblick, ausdrücklich weder ein Leitfaden noch ein regulatorischer Rahmen oder eine politische Vorgabe. WHO (2024) erörtert Anwendungen für Patienten und deren Risiken in Abschn. 2.2, S. 12–15, lehnt es in Abschn. 5.2, S. 46–47, ab, Sicherheit oder Wirksamkeit vorauszusetzen, und behandelt Verantwortlichkeiten nach der Einführung in Abschn. 6.2–6.3, S. 54–55. Der Bericht von 2026 über den Vorbereitungsstand in der EU und das Diskussionspapier zur evidenzinformierten Politik befassen sich mit Systemen und Governance, nicht mit therapeutischer Wirksamkeit. Institutionelle Leitlinien können daher keine Ergebnisnachweise für eine bestimmte Intervention ersetzen. Zentrale Quellen: Regulation (EU) 2024/1689 (AI Act); Regulation (EU) 2017/745 on medical devices; Regulation (EU) 2017/746 on in vitro diagnostic medical devices; MDCG (2025); AIB and MDCG (2025); WHO (2021); WHO (2023); WHO (2024); WHO Regional Office for Europe (2026); WHO (2026).

26. Belege für dialogbasierte Selbsthilfe gelten jeweils für das untersuchte System. Fitzpatrick, Darcy, and Vierhile (2017), „Methods" („Woebot"), „Results" und „Discussion" („Limitations"), testeten einen strukturierten Chatbot bei 70 Erwachsenen im Alter von 18–28 Jahren über zwei Wochen im Vergleich zu einem Informations-E-Book. Depressive Symptome besserten sich im Vergleich zur Kontrollgruppe; Angstsymptome besserten sich unter den Teilnehmenden, die die Studie abschlossen, in beiden Gruppen. Die Studie hatte keine spätere Nachbeobachtung und untersuchte ein Entscheidungsbaumsystem, keinen offenen generativen Begleiter. Eine Person aus dem Autorenteam hatte das Entwicklerunternehmen gegründet; dieses finanzielle Interesse wurde offengelegt. Die Befunde validieren keine autonome Krisenerkennung.

Kapitel 9

27. C2PA (n.d.), Version 2.2, Abschn. 2 und 7.1.1, unterscheidet überprüfbare Herkunft von Urteilen darüber, ob Inhalte wahr sind. Nachweise können Prüfungen des aufgezeichneten Ursprungs und dokumentierter Änderungen unterstützen; sie belegen nicht die Wahrheit dessen, was ein Bild oder eine Aussage darstellt. Ihr Fehlen beweist ebenso wenig für sich genommen eine Fälschung.

28. Synthetische Inhalte. Ab dem 2. August 2026 wird Artikel 50 Absätze 1, 2, 4 und 5 der KI-Verordnung Transparenzpflichten für bestimmte Interaktionen und Kategorien synthetischer Inhalte oder Deepfakes vorsehen, vorbehaltlich der dort genannten Ausnahmen und Übergangsregelungen; siehe European Commission (n.d.-b). Anbieter von Systemen, die synthetische Audio-, Bild-, Video- oder Textinhalte erzeugen und vor diesem Datum in Verkehr gebracht wurden, müssen nach Artikel 111 Absatz 4 der KI-Verordnung, eingefügt durch Verordnung (EU) 2026/1744, Art. 1 Nr. 39 Buchst. b, bis zum 2. Dezember 2026 die erforderlichen Schritte zur Einhaltung von Artikel 50 Absatz 2 unternehmen. Der endgültige EU-Kodex vom 10. Juni 2026, European Commission (2026a), ist freiwillig und gibt Orientierung für Markierung und Kennzeichnung. Die Stellungnahme der Kommission vom 8. Juli 2026 und die Bewertung des AI Board vom 9. Juli betrachten ihn als geeignetes Instrument zur Förderung der Einhaltung, doch die Teilnahme allein belegt nicht die Einhaltung von Artikel 50. Weder Markierung noch Herkunft von Inhalten sind mit Wahrheit gleichzusetzen oder schaffen ein universelles Verfahren zur Anfechtung von Inhalten. Chesney and Citron (2019), Abschn. II.B.2.i, S. 1785–1786, „The Liar's Dividend: Beware the Cry of Deep-Fake News". Der Begriff beschreibt den Vorteil, der entsteht, wenn die Möglichkeit gefälschter Belege es leichter macht, echte Belege abzutun.
29. Brady et al. (2017), S. 7313–7318, stellen einen Zusammenhang zwischen moralisch-emotionaler Sprache und einer stärkeren Verbreitung politischer Botschaften fest, insbesondere innerhalb ideologischer Gruppen. Dieser Beobachtungsbefund stützt die Sorge über die emotional aufgeladene Verbreitung; er belegt nicht, dass jede Plattform Wut belohnt oder dass ein bestimmter Ranking-Algorithmus den beobachteten Effekt verursacht hat.

Kapitel 10

30. Urheberrecht und Training. Die DSM-Richtlinie unterscheidet die Ausnahme für wissenschaftliche Forschung in Artikel 3 von der weiter gefassten Ausnahme für Text- und Data-Mining in Artikel 4, die einem angemessenen Rechtevorbehalt nach Artikel 4 Absatz 3 unterliegt; seit dem 2. August 2025 gelten nach Artikel 53 Absatz 1 Buchstaben c und d der KI-Verordnung für Anbieter von KI-Modellen mit allgemeinem Verwendungszweck Pflichten, zu denen eine Strategie zur Einhaltung

des Urheberrechts der Union und eine hinreichend detaillierte Zusammenfassung der für das Training des Modells verwendeten Inhalte gehören, vorbehaltlich der Übergangsregelung in Artikel 111 Absatz 3 für Modelle, die vor dem 2. August 2025 in Verkehr gebracht wurden. Lizenzen, Einwilligung, Ausnahmen und Rechtsstreitigkeiten bleiben von Fall zu Fall verschieden; Stil wird nicht als einheitliches Eigentumsrecht behandelt. Zentrale Quellen: Regulation (EU) 2024/1689 (AI Act); AI Act, Art. 53; Directive (EU) 2019/790 (DSM Directive).

31. Doshi and Hauser (2024), „Results", „Similarity of stories" und „Discussion". In einem randomisierten Kurzgeschichtenexperiment verbesserten KI-generierte Ideen die Bewertungen einzelner Geschichten und erhöhten zugleich deren Ähnlichkeit untereinander. Der Befund veranschaulicht unter den Bedingungen dieser Versuchsanordnung ein Spannungsverhältnis zwischen individueller Unterstützung und kollektiver Vielfalt; er ist keine Prognose, dass sämtliche kreative Arbeit homogen werden wird.

Kapitel 11

32. Minderjährige, Einsamkeit und künstliche Begleiter. Artikel 5 Absatz 1 Buchstaben a und b der KI-Verordnung betrifft bestimmte schädliche Manipulationen und die Ausnutzung von Verletzlichkeiten, einschließlich altersbedingter Verletzlichkeit. Artikel 28 des Digital Services Act betrifft Privatsphäre, Sicherheit, Schutz und profilbasierte Werbung für Minderjährige auf den erfassten Online-Plattformen. Diese Bestimmungen begründen keine einheitliche Regel für jede Form simulierter Intimität. WHO (2025b), Abschn. „Introduction" und „Mental health determinants", liefert Hintergrundinformationen zur Verletzlichkeit; der Bericht der Commission on Social Connection, WHO (2025a), behandelt Einsamkeit und Isolation als Probleme der öffentlichen Gesundheit. UNICEF Innocenti (2025), S. 19–20, erörtert auf künstliche Begleiter zugeschnittene Schutzvorkehrungen und die Weitervermittlung an Hilfeangebote. UNICEF (2026), Abschn. 1–2, S. 3–4, und Abschn. 4, S. 11–12, benennt Risiken und Regulierungslücken und fordert weitere Forschung zu Nutzen und Schäden. Es handelt sich um eine politische Analyse, keine klinische Studie. Die Untersuchung der FTC (2025) nach Section 6(b) belegt die Aufmerksamkeit der Regulierungsbehörde; für sich allein weist sie

keine klinischen Auswirkungen nach. Bindung, Abhängigkeit und die Verdrängung menschlicher Beziehungen werden in den zitierten Leitfäden als Risiken erörtert. Sie sollten nicht als unvermeidliche Ergebnisse oder als für jedes System und jede Bevölkerungsgruppe nachgewiesene Kausalwirkungen dargestellt werden. Die Grenze für Liebe, Exklusivität, Eifersucht und Verlassenwerden ist ein Vorschlag des Autors. Zentrale Quellen: Regulation (EU) 2024/1689 (AI Act); Regulation (EU) 2022/2065 (Digital Services Act); AI Act, Art. 5; WHO (2025b); WHO (2025a); UNICEF Innocenti (2025); UNICEF (2026); FTC (2025).

33. De Freitas et al. (2026) berichten über momentane Verringerungen der Einsamkeit; der veröffentlichte Abstract beschreibt eine einwöchige Längsschnittstudie. Dies sind Belege für kurzfristige Erleichterung in den untersuchten Umfeldern, nicht für eine Behandlung von Angst oder Trauer oder einen dauerhaften Ersatz menschlicher Beziehungen.

Kapitel 12

34. Schwartz et al. (2022), Abschn. 2.1.2, 2.3 und 2.4, erörtern systemische, statistische und menschliche Quellen von Verzerrungen in soziotechnischen Systemen. Die Darstellung erläutert, warum Datenqualität allein nicht jedes Problem lösen kann und warum die Bewertung das Einsatzumfeld einbeziehen muss. Das Ranglistenbeispiel in diesem Kapitel dient der Veranschaulichung; es ist kein von NIST dokumentierter Fall.

35. Profiling, Anfechtung, menschliches Eingreifen und Fairness-Audits. Information, Berichtigung, Widerspruch und menschliches Eingreifen haben nach der DSGVO, Art. 13–16, Art. 21 und Art. 22, unterschiedliche Rechtsgrundlagen und Anwendungsbereiche; das Kapitel fasst sie ausdrücklich in einem vorgeschlagenen zivilgesellschaftlichen Mindeststandard zusammen. Die Verordnung (EU) 2026/1744, Art. 1 Nr. 6 und Art. 1 Nr. 9 Buchst. b, fügte Artikel 4a ein und strich Artikel 10 Absatz 5 der KI-Verordnung. Artikel 4a erlaubt ausnahmsweise und im unbedingt erforderlichen Umfang die Verarbeitung besonderer Kategorien personenbezogener Daten, um Verzerrungen zu erkennen und zu korrigieren: Absatz 1 gilt für Anbieter von Hochrisiko-KI-Systemen im Zusammenhang mit Artikel 10 Absatz 2 Buchstaben f und g; Absatz 2 wendet dieselben

Bedingungen und Schutzvorkehrungen auf Anbieter und Betreiber anderer KI-Systeme und Modelle sowie auf Betreiber von Hochrisiko-KI-Systemen an, wenn Verzerrungen voraussichtlich die Gesundheit oder Sicherheit beeinträchtigen, Grundrechte negativ beeinflussen oder zu unionsrechtlich verbotener Diskriminierung führen. Absatz 2 begründet keine Pflicht, diese Tätigkeit durchzuführen. Dies ist keine allgemeine Erlaubnis für Fairness-Audits. Die Schutzvorkehrungen sind in Artikel 4a Absatz 1 Buchstaben a–f aufgeführt; der Satz, der eine Pflicht ausschließt, gehört ausdrücklich zu Artikel 4a Absatz 2. Zentrale Quellen: Regulation (EU) 2016/679 (GDPR); Article 29 Working Party (2018); SCHUFA, Case C-634/21; Regulation (EU) 2024/1689 (AI Act); Regulation (EU) 2026/1744, Art. 1 Nr. 6 und 9.

Kapitel 13

36. Lebenszyklusgrenzen. ISO (2006a) und ISO (2006b) unterscheiden Ziel und Untersuchungsrahmen, Sachbilanz, Wirkungsabschätzung und Auswertung; siehe die offiziellen Zusammenfassungen beider Normen. Das Kapitel nutzt diese Unterscheidung, um zu fragen, was ein Vergleich umfasst. Es stellt das fiktive kommunale Projekt nicht als abgeschlossene ISO-konforme Ökobilanz dar. Funktionelle Einheit, alternative Dienstleistung, geografische Grenze und Unsicherheit müssten festgelegt werden, bevor ein solcher Vergleich vorgenommen werden könnte.

37. Strom, Kontinuität und Flexibilität. IEA (2025a), Abschn. 2.1.2, S. 51–54, unterscheidet den Bedarf von Geräten und Infrastruktur; Abschn. 2.5–2.6, S. 75–108, untersuchen Strombeschaffung, Netzengpässe sowie standortbezogene und betriebliche Flexibilität. Shehabi et al. (2024) liefern Schätzungen und Szenarien für die Vereinigten Staaten bis 2028. Diese Quellen beschreiben Infrastruktur und bedingte Projektionen, nicht die betrieblichen Anforderungen von Elenas fiktivem Campus.

38. Potenzielle Vorteile für das Energiesystem. IEA (2025a), Abschn. 3.4, S. 122–134, untersucht Anwendungen in Stromsystemen und Netzen; Kasten 5.4, S. 242–244, erörtert wasserbezogene Anwendungen und Belastungen. Dies sind kontextabhängige Möglichkeiten. Die im kommunalen Szenario verlangten Prioritäten bei den Dienstleistungen und gemessenen Vorteile sind die vom Autor vorgeschlagenen Bedingungen, keine Befunde über eine tatsächliche Stadt.

39. Effizienz und Gesamtnachfrage. IEA (2025a), Abschn. 5.8.3, S. 251–252, erörtert Rebound-Effekte und die Unsicherheit über ihr Ausmaß. Ein geringerer Ressourceneinsatz pro Aufgabe kann bei steigender Nachfrage mit einem höheren Gesamtverbrauch einhergehen. Dies ist ein bedingter Mechanismus, keine Behauptung, dass jede Effizienzverbesserung den Verbrauch erhöhen müsse.
40. Materialien und Elektroschrott. IEA (2025b), Abschnitte zum Ausblick für wichtige Mineralien und zu Innovationen in Bergbau, Raffination und Recycling, sowie USGS (2026) liefern Hintergrundinformationen zu mineralischen Lieferketten. Baldé et al. (2024), „Executive Summary", S. 12–19, und Kapitel 3, 4, 6 und 8 behandeln kurze Produktlebensdauern, Reparaturhindernisse, grenzüberschreitende Ströme, Materialrückgewinnung und Umweltauswirkungen. Diese globalen Berichte bescheinigen weder die Arbeitsbedingungen eines bestimmten Lieferanten noch beziffern sie den KI-Anteil am Elektroschrott. Die Beschaffungshierarchie im Kapitel ist eine Empfehlung des Autors.
41. Wasser, Grenzen und Szenariomengen. USGS (2019), Einträge zu water withdrawal, consumptive use, interbasin transfer und return flow, unterscheidet Wasser, das einer Quelle entnommen wird, von Wasser, das für die unmittelbare Nutzung nicht mehr verfügbar ist. USGS zählt Überleitungen zwischen Einzugsgebieten nicht zum Wasserverbrauch; der Ort der Rückflüsse bleibt daher eine gesonderte Frage. IEA (2025a), Kasten 5.4, S. 242–244, unterscheidet Kühlwasser von Wasser, das mit Stromerzeugung und Herstellung verbunden ist. Die nachfolgenden Campuszahlen, einschließlich saisonaler Wassermengen, elektrischer Last und Beschäftigung, sind konstruierte Szenarioparameter, keine Beobachtungen, Benchmarks oder Prognosen. ISO (2006a) und ISO (2006b) liefern methodischen Hintergrund, um den Umfang und die Grenzen eines Vergleichs auszuweisen; sie validieren diese fiktiven Mengen nicht.
42. Orbitales Rechnen: berichtete Ereignisse, Vorschläge und Einschränkungen. Starcloud (n.d.), Abschnitt „What is Starcloud-1", berichtet über einen Start im November 2025. Axiom Space (n.d.), Abschnitt „Launched the first dedicated data center nodes to low-Earth orbit", berichtet über zwei Knoten, die am 11. Januar 2026 gestartet wurden. Beides sind Unternehmensdarstellungen der eigenen

Tätigkeiten. Beals (2025), Abschnitt „Future directions", beschreibt zwei für Anfang 2027 geplante Prototypen, keine abgeschlossene Mission. Diese Berichte über Ereignisse und Planungen stammen aus der Zeit vor dem Redaktionsschluss des Manuskripts am 30. Juli 2026. Der auf CORDIS bereitgestellte und am 14. Januar 2026 aktualisierte periodische Bericht des ASCEND-Konsortiums, European Commission, CORDIS (2026), stellt Machbarkeitsergebnisse vor und fordert weitere Untersuchungen. Zu technischen Einschränkungen siehe Turyshev (2026), Preprint-Version 1, Abschn. IV–IX, sowie Al Ahmad, Memon, and Pecht (2026), Abschn. 3–8. Die erste Arbeit entwickelt Wettbewerbsfähigkeitsmodelle; die zweite analysiert Zuverlässigkeit und Risiken über den Lebenszyklus, statt eine vergleichende ökologische Lebenszyklusanalyse zu liefern. Wilson et al. (2023), S. 1002–1008, legen einen Rahmen zur Nachhaltigkeitsbewertung dar, der anhand des Konzepts einer Mondmission veranschaulicht wird. Murphy et al. (2023), S. 1 und 4–5, berichten über mit Raumfahrzeugen in Verbindung stehende Metalle, die in stratosphärischen Aerosolpartikeln gemessen wurden, lassen die weiterreichenden Folgen jedoch offen. Diese Quellen stützen die Untersuchung verlagerter Einschränkungen und der Auswirkungen über die gesamte Lebensdauer. Sie belegen weder die kommerzielle noch die ökologische Überlegenheit eines künftigen orbitalen Rechenzentrums, und der Vorschlag der Stadt für 2050 bleibt fiktiv.

Kapitel 14

43. Lieferketten und Halbleiter. Zu Spezialisierung und wechselseitiger Abhängigkeit siehe NIST (2023b), S. 4–6, und GAO (2022), S. 3–6 und Abb. 1. UNCTAD (2025) liefert den breiteren entwicklungspolitischen Kontext. Die endgültige Regelung vom 15. Januar 2026, BIS (2026c), Abschn. II–IV und § 742.6(b)(10)(iii), führt eine an Bedingungen geknüpfte Einzelfallprüfung für bestimmte Güter für fortgeschrittene Rechenanwendungen ein, die aus den Vereinigten Staaten nach China oder Macau ausgeführt werden, nicht für sämtliche Halbleiter. Die Aprilregelung, BIS (2026a), S. 17851–17852, veröffentlicht am 9. April und wirksam seit dem 7. April, verlängert den festgelegten Status bestimmter Authorized IC Designers und die Antragsfristen bis zum 31. Dezember 2026; siehe ECCN

3A090.a, Note 1(a)(2)–(3). BIS (2026b), der Leitfaden vom 31. Mai, erläutert bereits bestehende Kontrollen hinsichtlich Unternehmen mit Hauptsitz in Country Group D:5 oder Macau. Diese Instrumente betreffen unterschiedliche Anforderungen. Die Veröffentlichung zu Chips Act 2.0 vom 3. Juni 2026, European Commission (2026c), ist ein Vorschlag, der vom bestehenden European Chips Act zu unterscheiden ist; siehe European Commission (n.d.-d). Die Beschreibungen der Regulierung entsprechen dem Stand zum Redaktionsschluss am 30. Juli 2026; die Anwendbarkeit hängt von der Transaktion und den dann geltenden Regeln ab.

44. Kabel, Cloud und Cybersicherheit. CMA (2025), Rn. 23–28 und 36–40, benennt Wechselhindernisse und nachteilige Auswirkungen auf den Wettbewerb im Vereinigten Königreich und empfiehlt SMS-Untersuchungen. CMA (2026a), Rn. 33–37 und 44–47, erörtert die Überwachung von Zusagen zu Gebühren für ausgehende Datentransfers und Interoperabilität sowie weitere Maßnahmen; die SMS-Untersuchung zu Microsofts Unternehmenssoftware, CMA (2026b), begann am 14. Mai. Die Einleitung ist keine Einstufung. ITU and ICPC (2026), S. 2, bestätigen die Genehmigung der erläuternden Berichte am 10. Juli; Working Group 2, Recommendation 11 und Abschn. 11.1, S. 89–91, behandeln Trassen, gemeinsam genutzte Anlandungen, Erprobung und Kapazität. ENISA (2025), Version 1.2, deckt Juli 2024 bis Juni 2025 ab; Abschn. 6–9 und 10.3–10.8 bilden eine Grundlage für die Erörterung von Akteuren und Resilienz. ENISA (2026), S. 11–15, enthält weitere Empfehlungen und ersetzt keinen Jahresbericht. Der verabschiedete Bericht der OEWG der Vereinten Nationen ist Anhang I von A/75/816, United Nations General Assembly (2021), insbesondere Rn. 18–19, 24–31 und 41–48. Diese Quellen stützen den gegenwartsbezogenen Hintergrund. Die Konfigurationen des Kapitels für 2050 sind bedingte Szenarien des Autors. Die Statusbeschreibungen beziehen sich auf den Redaktionsschluss am 30. Juli 2026.

45. ENISA (2025), Version 1.2, Abschn. 6–9, unterscheidet cyberkriminelle, staatlich ausgerichtete und andere Bedrohungsakteure. United Nations General Assembly (2021), A/75/816, Anhang I, der verabschiedete Bericht der UN-OEWG, Rn. 18–19, 24–31 und 41–48, behandelt zivile Infrastruktur,

verantwortliches staatliches Verhalten und Vertrauensbildung. Diese Dokumente liefern Hintergrundinformationen für die vom Autor vorgeschlagenen Schutzvorkehrungen und Kooperationsszenarien; der UN-Bericht begründet keinen neuen verbindlichen Vertrag.

46. Mombasa und der Nordkorridor. NCTTCA (n.d.-a) und NCTTCA (n.d.-b), einleitende Absätze, beschreiben das regionale Hinterland des Hafens und die multimodale Route, die Mombasa mit den Binnenstaaten der Region der Großen Seen verbindet. Der geografische Rahmen ist faktisch; Asha, ihr Unternehmen, der Ausfall und die betrieblichen Mengenangaben sind Bestandteile des Szenarios für 2050. Es werden keine aktuellen Statistiken zu Kapazität, Entfernungen oder Transitzeiten verwendet.

Kapitel 15

47. Hollanek and Nowaczyk-Basińska (2024), Abschn. 3, 4.3, 5.2–5.3 und 6.3, verwenden spekulative Gestaltungsszenarien, um Einwilligung, Transparenz und die Stilllegung simulierter Verstorbener zu untersuchen. Ihre Arbeit ist eine ethische Analyse, keine Studie zu klinischen Ergebnissen. Sie empfehlen den Zugang ausschließlich für Erwachsene; die in diesem Buch vorgeschlagene Möglichkeit einer beaufsichtigten Nutzung durch Minderjährige ist eine andere normative Position und wird nicht als klinisch validiert dargestellt.

48. Daten verstorbener Personen, Trauer und digitales Jenseits. Erwägungsgrund 27 DSGVO besagt, dass die Verordnung nicht für die personenbezogenen Daten Verstorbener gilt, und lässt nationale Regelungen zu. In Italien erlaubt Artikel 2-terdecies Absätze 1–5 des gesetzesvertretenden Dekrets Nr. 196/2003 (Datenschutzkodex) bestimmten Personen, die Rechte nach Art. 15–22 DSGVO hinsichtlich Verstorbener innerhalb festgelegter Grenzen auszuüben. Die italienische Datenschutzbehörde gibt die Bestimmung in den Anmerkungen zu ihrem Leitfaden zum digitalen Erbe wieder. Öhman and Floridi (2018), S. 318–320, bieten ethische Überlegungen zum Umgang mit digitalen Hinterlassenschaften. Hollanek and Nowaczyk-Basińska (2024), Abschn. 3, 4.3, 5.2–5.3 und 6.3, nutzen Design Fiction, um Einwilligung, Transparenz und die Stilllegung simulierter Verstorbener zu untersuchen. Keine der beiden Arbeiten liefert Belege für klinische Ergebnisse bei einer bestimmten trauernden Person. Der Vorschlag des Buches für postmortales Vergessen bleibt ein Vorschlag.

Zentrale Quellen: Regulation (EU) 2016/679 (GDPR); Garante (n.d.), Art. 2-terdecies; Öhman and Floridi (2018); Hollanek and Nowaczyk-Basińska (2024).

Dokumentarische Bibliografie

Diese Bibliografie weist die in den Anmerkungen zitierten Quellen nach, alphabetisch nach Autoren geordnet. Die Einträge unterscheiden Forschungsartikel, institutionelle Leitlinien, technische Standards, Rechtsvorschriften, Vorschläge, Preprints und Unternehmensankündigungen, soweit diese Unterscheidung für ihre Beweiskraft von Bedeutung ist. Band der Zeitschrift, Seitenbereich oder Artikelnummer, Version und stabiler DOI oder offizielle URL werden angegeben, sofern sie überprüft wurden. Veröffentlichungsdaten werden von Ereignisdaten und Überarbeitungen unterschieden. Undatierte oder sich verändernde Webseiten wurden vor dem Redaktionsschluss geprüft. Die weiterführende Literatur bietet zusätzliche Perspektiven und dient nicht als Beleg für Aussagen, sofern ein Werk nicht auch in den Anmerkungen zitiert wird.

Al Ahmad, Mahmoud, Qurban Memon und Michael Pecht. 2026. „Reliability and Risk in Space-Based Data Centers: A Lifecycle Assessment of Orbital Cloud Infrastructure“. *Applied Sciences* 16 (11): 5247. https://doi.org/10.3390/app16115247.

Article 29 Data Protection Working Party (Article 29 Working Party). 2018. *Guidelines on Automated Individual Decision-Making and Profiling for the Purposes of Regulation 2016/679*. WP251 rev.01. Am 25. Mai 2018 vom Europäischen Datenschutzausschuss gebilligt. https://www.edpb.europa.eu/documents/guideline/automated-decision-making-and-profiling_en.

Artificial Intelligence Board (AIB) und Medical Device Coordination Group (MDCG). 2025. *Interplay between the Medical Devices Regulation, the In Vitro Diagnostic Medical Devices Regulation and the Artificial Intelligence Act*. AIB 2025-1; MDCG 2025-6. https://health.ec.europa.eu/document/download/b78a17d7-e3cd-4943-851d-e02a2f22bbb4_en.

Autor, David H. 2015. „Why Are There Still So Many Jobs? The History and Future of Workplace Automation". *Journal of Economic Perspectives* 29 (3): 3–30. https://doi.org/10.1257/jep.29.3.3.

Axiom Space. n.d. „Orbital Data Centers". https://www.axiomspace.com/orbital-data-center.

Baldé, Cornelis P., Ruediger Kuehr, Tales Yamamoto, Rosie McDonald, Elena D'Angelo, Shahana Althaf, Garam Bel, et al. 2024. *The Global E-Waste Monitor 2024*. 2. Aufl. International Telecommunication Union und United Nations Institute for Training and Research. https://ewastemonitor.info/the-global-e-waste-monitor-2024/.

Bastani, Hamsa, Osbert Bastani, Alp Sungu, Haosen Ge, Özge Kabakcı und Rei Mariman. 2025. „Generative AI without Guardrails Can Harm Learning: Evidence from High School Mathematics". *Proceedings of the National Academy of Sciences* 122 (26): e2422633122. https://doi.org/10.1073/pnas.2422633122.

Beals, Travis. 2025. „Exploring a Space-Based, Scalable AI Infrastructure System Design". 4. November 2025. Google Research. https://research.google/blog/exploring-a-space-based-scalable-ai-infrastructure-system-design/.

Brady, William J., Julian A. Wills, John T. Jost, Joshua A. Tucker und Jay J. Van Bavel. 2017. „Emotion Shapes the Diffusion of Moralized Content in Social Networks". *Proceedings of the National Academy of Sciences* 114 (28): 7313–7318. https://doi.org/10.1073/pnas.1618923114.

Brynjolfsson, Erik, Danielle Li und Lindsey Raymond. 2025. „Generative AI at Work". *Quarterly Journal of Economics* 140 (2): 889–942. https://doi.org/10.1093/qje/qjae044.

Burrell, Jenna. 2016. „How the Machine ‚Thinks': Understanding Opacity in Machine Learning Algorithms". *Big Data & Society* 3 (1). https://doi.org/10.1177/2053951715622512.

Chesney, Bobby und Danielle Citron. 2019. „Deep Fakes: A Looming Challenge for Privacy, Democracy, and National Security". *California Law Review* 107 (6): 1753–1819. https://doi.org/10.15779/Z38RV0D15J.

Coalition for Content Provenance and Authenticity (C2PA). n.d. *C2PA and Content Credentials Explainer*. Version 2.2.

https://spec.c2pa.org/specifications/specifications/2.2/explainer/Explainer.html.

Competition and Markets Authority (CMA). 2025. *Cloud Services Market Investigation: Summary of Final Decision*. 31. Juli 2025. https://assets.publishing.service.gov.uk/media/688b20e6ff8c05468cb7b120/summary_of_final_decision.pdf.

Competition and Markets Authority (CMA). 2026a. *Actions on Cloud and Business Software through the UK Digital Markets Competition Regime*. 31. März 2026. https://assets.publishing.service.gov.uk/media/69cbb8d52d120d9d5ec0f311/Actions_on_cloud_and_business_software_through_the_UK_digital_markets_competition_regime.pdf.

Competition and Markets Authority (CMA). 2026b. *Microsoft's Business Software Ecosystem*. 14. Mai 2026. Einleitung der SMS-Untersuchung. https://www.gov.uk/cma-cases/microsofts-business-software-ecosystem.

Court of Justice of the European Union. 2023. *OQ v. Land Hessen (SCHUFA Holding)*. Rechtssache C-634/21, ECLI:EU:C:2023:957, 7. Dezember 2023. CELEX 62021CJ0634. https://eur-lex.europa.eu/legal-content/EN/TXT/?uri=CELEX:62021CJ0634.

De Freitas, Julian, Zeliha Oğuz-Uğuralp, Ahmet Kaan Uğuralp und Stefano Puntoni. 2026. „AI Companions Reduce Loneliness". *Journal of Consumer Research* 52 (6): 1126–1148. https://doi.org/10.1093/jcr/ucaf040.

Doshi, Anil R. und Oliver P. Hauser. 2024. „Generative AI Enhances Individual Creativity but Reduces the Collective Diversity of Novel Content". *Science Advances* 10 (28): eadn5290. https://doi.org/10.1126/sciadv.adn5290.

European Commission. 2025. „General-Purpose AI Code of Practice Now Available". 10. Juli 2025. Bekanntmachung der Veröffentlichung des endgültigen freiwilligen Kodex zur Unterstützung der Einhaltung der KI-Verordnung. https://digital-strategy.ec.europa.eu/en/news/general-purpose-ai-code-practice-now-available.

European Commission. 2026a. *Code of Practice on Transparency of AI-Generated Content*. Endgültiger Kodex veröffentlicht am 10. Juni 2026; Stellungnahme der Kommission vom 8. Juli 2026; Bewertung der Angemessenheit durch das AI Board vom 9. Juli 2026. https://digital-strategy.ec.europa.eu/en/library/commission-opinion-assessment-code-practice-transparency-ai-generated-content; https://digital-strategy.ec.europa.eu/en/news/commission-publishes-code-practice-marking-and-labelling-ai-generated-content.

European Commission. 2026b. *The European Digital Identity Wallet Architecture and Reference Framework*. Version 3.0.0. Technische Spezifikation und Versionshinweise, 23. Juli 2026. Offizielles Repository der EU Digital Identity Wallet. Version 3.0.0 löste Version 2.9.0 vom 21. Mai 2026 ab. https://github.com/eu-digital-identity-wallet/eudi-doc-architecture-and-reference-framework/releases/tag/v3.0.0.

European Commission. 2026c. „Proposal for the Chips Act 2.0". 3. Juni 2026. https://digital-strategy.ec.europa.eu/en/library/proposal-chips-act-20.

European Commission. n.d.-a. „Article 5: Prohibited AI Practices". AI Act Service Desk. Erläuterndes Informationsangebot, das die KI-Verordnung wiedergibt; zusammen mit der Verordnung (EU) 2026/1744 und deren gestaffelten Anwendungsfristen zu lesen. https://ai-act-service-desk.ec.europa.eu/en/ai-act/article-5.

European Commission. n.d.-b. „Article 50: Transparency Obligations for Providers and Deployers of Certain AI Systems". AI Act Service Desk. Erläuterndes Informationsangebot, das die KI-Verordnung wiedergibt; zusammen mit der Verordnung (EU) 2026/1744 zu lesen. https://ai-act-service-desk.ec.europa.eu/en/ai-act/article-50.

European Commission. n.d.-c. „Article 53: Obligations for Providers of General-Purpose AI Models". AI Act Service Desk. Erläuterndes Informationsangebot, das Artikel 53 der Verordnung (EU) 2024/1689 wiedergibt. https://ai-act-service-desk.ec.europa.eu/en/ai-act/article-53.

European Commission. n.d.-d. „European Chips Act". https://digital-strategy.ec.europa.eu/en/policies/european-chips-act.

European Commission, CORDIS. 2026. „Advanced Space Cloud for European Net Zero Emissions and Data Sovereignty (ASCEND),

Grant Agreement 101082517: Periodic Reporting". 14. Januar 2026. https://cordis.europa.eu/project/id/101082517/reporting.

European Data Protection Board (EDPB). 2023. *Guidelines 05/2022 on the Use of Facial Recognition Technology in the Area of Law Enforcement*. Version 2.0, 26. April 2023. https://www.edpb.europa.eu/system/files/2023-05/edpb_guidelines_202304_frtlawenforcement_v2_en.pdf.

European Parliament and Council of the European Union. 2016. Regulation (EU) 2016/679 of 27 April 2016 on the Protection of Natural Persons with Regard to the Processing of Personal Data and on the Free Movement of Such Data, and Repealing Directive 95/46/EC (General Data Protection Regulation). *Official Journal of the European Union* L 119 (4. Mai 2016): 1–88. CELEX 32016R0679. https://eur-lex.europa.eu/eli/reg/2016/679/oj/eng.

European Parliament and Council of the European Union. 2017a. Regulation (EU) 2017/745 of 5 April 2017 on medical devices. *Official Journal of the European Union* L 117 (5. Mai 2017): 1–175. In geänderter Fassung. CELEX 32017R0745. https://eur-lex.europa.eu/eli/reg/2017/745/oj.

European Parliament and Council of the European Union. 2017b. Regulation (EU) 2017/746 of 5 April 2017 on in vitro diagnostic medical devices. *Official Journal of the European Union* L 117 (5. Mai 2017): 176–332. In geänderter Fassung. CELEX 32017R0746. https://eur-lex.europa.eu/legal-content/EN/TXT/?uri=CELEX:32017R0746.

European Parliament and Council of the European Union. 2019. Directive (EU) 2019/790 of 17 April 2019 on copyright and related rights in the Digital Single Market. *Official Journal of the European Union* L 130 (17. Mai 2019): 92–125. CELEX 32019L0790. https://eur-lex.europa.eu/eli/dir/2019/790/oj/eng.

European Parliament and Council of the European Union. 2022. Regulation (EU) 2022/2065 of 19 October 2022 on a Single Market for Digital Services (Digital Services Act). *Official Journal of the European Union* L 277 (27. Oktober 2022): 1–102. CELEX 32022R2065. https://eur-lex.europa.eu/legal-content/EN/TXT/?uri=CELEX:32022R2065.

European Parliament and Council of the European Union. 2024a. Directive (EU) 2024/2831 of 23 October 2024 on improving working conditions in platform work. *Official Journal of the European Union* L, 2024/2831 (11. November 2024). Artikel 29 Absatz 1 legt den 2. Dezember 2026 als Umsetzungsfrist fest. CELEX 32024L2831. https://eur-lex.europa.eu/legal-content/EN/TXT/?uri=CELEX:32024L2831.

European Parliament and Council of the European Union. 2024b. Regulation (EU) 2024/1183 of 11 April 2024 amending Regulation (EU) No 910/2014 as regards establishing the European Digital Identity Framework. *Official Journal of the European Union* L, 2024/1183 (30. April 2024). CELEX 32024R1183. https://eur-lex.europa.eu/legal-content/EN/TXT/HTML/?uri=CELEX:32024R1183.

European Parliament and Council of the European Union. 2024c. Regulation (EU) 2024/1689 of 13 June 2024 laying down harmonised rules on artificial intelligence (Artificial Intelligence Act). *Official Journal of the European Union* L, 2024/1689 (12. Juli 2024). In der durch die Verordnung (EU) 2026/1744 geänderten Fassung. CELEX 32024R1689. https://eur-lex.europa.eu/legal-content/EN/TXT/?uri=CELEX:32024R1689.

European Parliament and Council of the European Union. 2026. Regulation (EU) 2026/1744 of 8 July 2026 amending Regulations (EU) 2024/1689, (EU) 2018/1139 and (EU) 2023/1230 as regards the simplification of the implementation of harmonised rules on artificial intelligence (Digital Omnibus on AI). *Official Journal of the European Union* L, 2026/1744 (24. Juli 2026). Am 27. Juli 2026 in Kraft getreten. CELEX 32026R1744. https://eur-lex.europa.eu/legal-content/EN/TXT/?uri=CELEX:32026R1744.

European Union Agency for Cybersecurity (ENISA). 2025. *ENISA Threat Landscape 2025*. Version 1.2, aktualisiert am 9. Januar 2026. https://doi.org/10.2824/1946374.

European Union Agency for Cybersecurity (ENISA). 2026. *ENISA's View on Cybersecurity in the Frontier AI Era*. 7. Juli 2026. https://doi.org/10.2824/9549088.

Fitzpatrick, Kathleen Kara, Alison Darcy und Molly Vierhile. 2017. „Delivering Cognitive Behavior Therapy to Young Adults with Symptoms of Depression and Anxiety Using a Fully Automated Conversational Agent (Woebot): A Randomized Controlled Trial". *JMIR Mental Health* 4 (2): e19. https://doi.org/10.2196/mental.7785.

Garante per la protezione dei dati personali (Garante). n.d. „Eredità digitale [Digitales Erbe]". Institutioneller Leitfaden, der Artikel 2-terdecies Absätze 1–5 des gesetzesvertretenden Dekrets Nr. 196/2003 wiedergibt. https://www.garanteprivacy.it/temi/internet-e-nuove-tecnologie/eredita-digitale.

Gmyrek, Paweł, Janine Berg, Karol Kamiński, Filip Konopczyński, Agnieszka Ładna, Balint Nafradi, Konrad Rosłaniec und Marek Troszyński. 2025. *Generative AI and Jobs: A Refined Global Index of Occupational Exposure*. ILO Working Paper 140. https://doi.org/10.54394/HETP0387.

Government of Canada. 2019. *Directive on Automated Decision-Making*. In geänderter Fassung. https://www.tbs-sct.canada.ca/pol/doc-eng.aspx?id=32592.

Hollanek, Tomasz und Katarzyna Nowaczyk-Basińska. 2024. „Griefbots, Deadbots, Postmortem Avatars: On Responsible Applications of Generative AI in the Digital Afterlife Industry". *Philosophy & Technology* 37: 63. https://doi.org/10.1007/s13347-024-00744-w.

Howe, Jim. 2007. „Artificial Intelligence at Edinburgh University: A Perspective". Juni 2007. School of Informatics, University of Edinburgh. https://www.inf.ed.ac.uk/about/AIhistory.html.

International Energy Agency (IEA). 2025a. *Energy and AI*. https://www.iea.org/reports/energy-and-ai.

International Energy Agency (IEA). 2025b. *Global Critical Minerals Outlook 2025*. https://www.iea.org/reports/global-critical-minerals-outlook-2025.

International Organization for Standardization (ISO). 2006a. *Environmental Management: Life Cycle Assessment, Principles and Framework*. ISO 14040:2006. https://www.iso.org/standard/37456.html.

International Organization for Standardization (ISO). 2006b. *Environmental Management: Life Cycle Assessment, Requirements and*

Guidelines. ISO 14044:2006. https://www.iso.org/standard/38498.html.

International Organization for Standardization und International Electrotechnical Commission. 2023. *Information Technology: Artificial Intelligence, Management System*. ISO/IEC 42001:2023. https://www.iso.org/standard/42001.

International Telecommunication Union (ITU), in Zusammenarbeit mit dem International Cable Protection Committee (ICPC). 2026. *International Advisory Body on Submarine Cable Resilience: Report of the Working Groups 2026*. ISBN 978-92-61-40561-8. https://www.itu.int/dms_pub/itu-s/opb/iab/S-IAB-WG-2026-PDF-E.pdf.

Krizhevsky, Alex, Ilya Sutskever und Geoffrey E. Hinton. 2012. „ImageNet Classification with Deep Convolutional Neural Networks". *Advances in Neural Information Processing Systems* 25. https://papers.nips.cc/paper_files/paper/2012/hash/c399862d3b9d6b76c8436e924a68c45b-Abstract.html.

McCarthy, John, Marvin L. Minsky, Nathaniel Rochester und Claude E. Shannon. 2006. „A Proposal for the Dartmouth Summer Research Project on Artificial Intelligence, August 31, 1955". *AI Magazine* 27 (4): 12–14. https://doi.org/10.1609/aimag.v27i4.1904. Ursprünglicher Vorschlag vom 31. August 1955; Auszug 2006 erneut veröffentlicht.

McDermott, Drew, M. Mitchell Waldrop, B. Chandrasekaran, John McDermott und Roger Schank. 1985. „The Dark Ages of AI: A Panel Discussion at AAAI-84". *AI Magazine* 6 (3): 122–134. https://doi.org/10.1609/aimag.v6i3.494.

Medical Device Coordination Group (MDCG). 2025. *Guidance on Qualification and Classification of Software in Regulation (EU) 2017/745, MDR, and Regulation (EU) 2017/746, IVDR*. 17. Juni 2025. MDCG 2019-11 rev.1. https://health.ec.europa.eu/document/download/b45335c5-1679-4c71-a91c-fc7a4d37f12b_en.

Miao, Fengchun und Wayne Holmes. 2023. *Guidance for Generative AI in Education and Research*. UNESCO. https://unesdoc.unesco.org/ark:/48223/pf0000386693.

Minsky, Marvin und Seymour A. Papert. 1987. *Perceptrons: An Introduction to Computational Geometry*. Erweiterte Ausgabe. MIT Press. Erstveröffentlichung 1969. https://mitpress.mit.edu/9780262631112/perceptrons/.

Murphy, Daniel M., Maya Abou-Ghanem, Daniel J. Cziczo, Karl D. Froyd, Justin Jacquot, Michael J. Lawler, Christopher Maloney, et al. 2023. „Metals from Spacecraft Reentry in Stratospheric Aerosol Particles". *Proceedings of the National Academy of Sciences* 120 (43): e2313374120. https://doi.org/10.1073/pnas.2313374120.

National Institute of Standards and Technology (NIST). 2023a. *Artificial Intelligence Risk Management Framework (AI RMF 1.0)*. Januar 2023. NIST AI 100-1. https://doi.org/10.6028/NIST.AI.100-1.

National Institute of Standards and Technology (NIST), CHIPS for America. 2023b. *Vision for Success: Facilities for Semiconductor Materials and Manufacturing Equipment*. 23. Juni 2023. https://www.nist.gov/document/vision-success-facilities-semiconductor-materials-and-manufacturing-equipment.

Northern Corridor Transit and Transport Coordination Authority (NCTTCA). n.d.-a. „Port of Mombasa". https://www.ttcanc.org/corridor-infrastructure/port-of-mombasa/.

Northern Corridor Transit and Transport Coordination Authority (NCTTCA). n.d.-b. „Who We Are". https://www.ttcanc.org/about-us/who-we-are/.

Öhman, Carl und Luciano Floridi. 2018. „An Ethical Framework for the Digital Afterlife Industry". *Nature Human Behaviour* 2: 318–320. https://doi.org/10.1038/s41562-018-0335-2.

OpenAI. 2022. „Introducing ChatGPT". 30. November 2022. https://openai.com/index/chatgpt/.

OpenID Foundation, Digital Credentials Protocols Working Group. 2025a. *OpenID for Verifiable Credential Issuance 1.0*. Endgültige Spezifikation, 16. September 2025. https://openid.net/specs/openid-4-verifiable-credential-issuance-1_0.html.

OpenID Foundation, Digital Credentials Protocols Working Group. 2025b. *OpenID for Verifiable Presentations 1.0*. Endgültige Spezifikation, 9. Juli 2025. https://openid.net/specs/openid-4-verifiable-presentations-1_0.html.

Parasuraman, Raja und Victor Riley. 1997. „Humans and Automation: Use, Misuse, Disuse, Abuse". *Human Factors* 39 (2): 230–253. https://doi.org/10.1518/001872097778543886.

Rosenblatt, Frank. 1958. „The Perceptron: A Probabilistic Model for Information Storage and Organization in the Brain". *Psychological Review* 65 (6): 386–408. https://doi.org/10.1037/h0042519.

Rumelhart, David E., Geoffrey E. Hinton und Ronald J. Williams. 1986. „Learning Representations by Back-Propagating Errors". *Nature* 323 (6088): 533–536. https://doi.org/10.1038/323533a0.

Schwartz, Reva, Apostol Vassilev, Kristen Greene, Lori Perine, Andrew Burt und Patrick Hall. 2022. *Towards a Standard for Identifying and Managing Bias in Artificial Intelligence*. NIST Special Publication 1270. National Institute of Standards and Technology. Korrigiert am 24. März 2022. https://doi.org/10.6028/NIST.SP.1270.

Shehabi, Arman, Sarah Josephine Smith, Alex Hubbard, Alexander Newkirk, Nuoa Lei, Md AbuBakar Siddik, Billie Holecek, Jonathan G. Koomey, Eric R. Masanet und Dale A. Sartor. 2024. *2024 United States Data Center Energy Usage Report*. Lawrence Berkeley National Laboratory. https://doi.org/10.71468/P1WC7Q.

Starcloud. n.d. „Starcloud-1". https://www.starcloud.com/starcloud-1.

Temoshok, David, Diana Proud-Madruga, Yee-Yin Choong, Ryan Galluzzo, Sarbari Gupta, Connie LaSalle, Naomi Lefkovitz und Andrew Regenscheid. 2025. *Digital Identity Guidelines*. NIST Special Publication 800-63-4. National Institute of Standards and Technology. Juli 2025. https://doi.org/10.6028/NIST.SP.800-63-4.

Turing, Alan M. 1950. „Computing Machinery and Intelligence". *Mind* 59 (236): 433–460. https://doi.org/10.1093/mind/LIX.236.433.

Turpin, Miles, Julian Michael, Ethan Perez und Samuel R. Bowman. 2023. „Language Models Don't Always Say What They Think: Unfaithful Explanations in Chain-of-Thought Prompting". Konferenzbeitrag für NeurIPS 2023, Autorenmanuskript, arXiv:2305.04388v2. https://arxiv.org/abs/2305.04388v2.

Turyshev, Slava G. 2026. *Orbital Data Centers: Spacecraft Constraints and Economic Viability*. Preprint, arXiv:2604.27197v1, 29. April 2026. https://doi.org/10.48550/arXiv.2604.27197.

U.S. Bureau of Industry and Security (BIS). 2026a. „Extension of Authorized Integrated Circuit (IC) Designer Status and Application Deadline to Become an Approved IC Designer". Endgültige Regelung, wirksam seit dem 7. April 2026. *Federal Register* 91 (9. April 2026): 17851–17852. https://www.govinfo.gov/content/pkg/FR-2026-04-09/html/2026-06851.htm.

U.S. Bureau of Industry and Security (BIS). 2026b. *Guidance Regarding Enforcement of License Requirements for Advanced Computing Items for Entities Headquartered in Country Group D:5 and Macau*. 31. Mai 2026. https://www.bis.gov/media/documents/bis-guidance-may-31-2026.pdf.

U.S. Bureau of Industry and Security (BIS). 2026c. „Revision to License Review Policy for Advanced Computing Commodities". Endgültige Regelung. *Federal Register* 91 (15. Januar 2026): 1684. https://www.federalregister.gov/documents/2026/01/15/2026-00789/revision-to-license-review-policy-for-advanced-computing-commodities.

U.S. Federal Trade Commission (FTC). 2025. „FTC Launches Inquiry into AI Chatbots Acting as Companions". September 2025. https://www.ftc.gov/news-events/news/press-releases/2025/09/ftc-launches-inquiry-ai-chatbots-acting-companions.

U.S. Geological Survey (USGS). 2019. „Water-Use Terminology". 27. Februar 2019. https://www.usgs.gov/mission-areas/water-resources/science/water-use-terminology.

U.S. Geological Survey (USGS). 2026. *Mineral Commodity Summaries 2026*. https://doi.org/10.3133/mcs2026.

U.S. Government Accountability Office (GAO). 2022. *Semiconductor Supply Chain: Policy Considerations from Selected Experts for Reducing Risks and Mitigating Shortages*. 26. Juli 2022. GAO-22-105923. https://www.gao.gov/products/gao-22-105923.

UN Trade and Development (UNCTAD). 2025. *Technology and Innovation Report 2025: Inclusive Artificial Intelligence for Development*. United Nations. https://unctad.org/publication/technology-and-innovation-report-2025.

United Nations Children's Fund (UNICEF). 2026. *When AI Becomes a Friend: Child Rights Risks, Harms, and Regulatory Responses to AI Chatbots and Companions*. Juni 2026. Kurzpapier zur Politikberatung. https://www.unicef.org/documents/when-ai-becomes-friend-child-rights-risks.

United Nations Children's Fund (UNICEF), Innocenti. 2025. *Guidance on AI and Children*. Version 3.0. https://www.unicef.org/innocenti/reports/policy-guidance-ai-children.

United Nations General Assembly. 2021. *Developments in the Field of Information and Telecommunications in the Context of International Security: Note by the Secretary-General*. 18. März 2021. A/75/816, Anhang I, Final Substantive Report of the Open-ended Working Group. https://docs.un.org/en/A/75/816.

Vaswani, Ashish, Noam Shazeer, Niki Parmar, Jakob Uszkoreit, Llion Jones, Aidan N. Gomez, Łukasz Kaiser und Illia Polosukhin. 2017. „Attention Is All You Need". *Advances in Neural Information Processing Systems* 30. https://papers.nips.cc/paper_files/paper/2017/hash/3f5ee243547dee91fbd053c1c4a845aa-Abstract.html.

Weizenbaum, Joseph. 1966. „ELIZA, a Computer Program for the Study of Natural Language Communication between Man and Machine". *Communications of the ACM* 9 (1): 36–45. https://doi.org/10.1145/365153.365168.

Wilson, Andrew R., Massimiliano Vasile, Christie Maddock und Keith Baker. 2023. „Implementing Life Cycle Sustainability Assessment for Improved Space Mission Design". *Integrated Environmental Assessment and Management* 19 (4): 1002–1022. https://doi.org/10.1002/ieam.4722.

World Health Organization (WHO). 2021. *Ethics and Governance of Artificial Intelligence for Health: WHO Guidance*. World Health Organization. https://www.who.int/publications/i/item/9789240029200.

World Health Organization (WHO). 2023. *Regulatory Considerations on Artificial Intelligence for Health*. World Health Organization. https://www.who.int/publications/i/item/9789240078871.

World Health Organization (WHO).. 2024. *Ethics and Governance of Artificial Intelligence for Health: Guidance on Large Multi-Modal Models*. World Health Organization. https://www.who.int/publications/i/item/9789240084759.

World Health Organization (WHO). 2025a. *From Loneliness to Social Connection: Charting a Path to Healthier Societies*. Bericht der WHO-Kommission für soziale Verbundenheit. https://www.who.int/groups/commission-on-social-connection/report.

World Health Organization (WHO). 2025b. „Mental Health of Adolescents". 1. September 2025. https://www.who.int/news-room/fact-sheets/detail/adolescent-mental-health.

World Health Organization (WHO). 2026. *Artificial Intelligence and Evidence-Informed Policy: Emerging Challenges and Opportunities: Discussion Paper*. B09667. https://www.who.int/publications/i/item/B09667.

World Health Organization (WHO), Regional Office for Europe. 2026. *Artificial Intelligence Is Reshaping Health Systems: State of Readiness across the European Union*. WHO/EURO:2026-12707-52481-81471. https://www.who.int/europe/publications/i/item/WHO-EURO-2026-12707-52481-81471.

World Wide Web Consortium (W3C), Verifiable Credentials Working Group. 2025a. *Securing Verifiable Credentials Using JOSE and COSE*. W3C-Empfehlung, 15. Mai 2025. https://www.w3.org/TR/2025/REC-vc-jose-cose-20250515/.

World Wide Web Consortium (W3C), Verifiable Credentials Working Group. 2025b. *Verifiable Credential Data Integrity 1.0*. W3C-Empfehlung, 15. Mai 2025. https://www.w3.org/TR/2025/REC-vc-data-integrity-20250515/.

World Wide Web Consortium (W3C), Verifiable Credentials Working Group. 2025c. *Verifiable Credentials Data Model v2.0*. W3C-Empfehlung, 15. Mai 2025. https://www.w3.org/TR/2025/REC-vc-data-model-2.0-20250515/.

Yaga, Dylan, Peter Mell, Nik Roby und Karen Scarfone. 2018. *Blockchain Technology Overview*. NIST Interagency/Internal Report 8202.

National Institute of Standards and Technology. Oktober 2018. https://doi.org/10.6028/NIST.IR.8202.

Weiterführende Literatur

Diese Werke erweitern die historische, politische und philosophische Perspektive des Buches. Sofern sie nicht auch in der dokumentarischen Bibliografie aufgeführt sind, dienen sie nicht als Quellen für dessen faktische oder rechtliche Aussagen.

Bostrom, Nick. 2014. *Superintelligence: Paths, Dangers, Strategies*. Oxford University Press.

Christian, Brian. 2020. *The Alignment Problem: Machine Learning and Human Values*. W. W. Norton & Company.

Crawford, Kate. 2021. *Atlas of AI: Power, Politics, and the Planetary Costs of Artificial Intelligence*. Yale University Press.

Eubanks, Virginia. 2018. *Automating Inequality: How High-Tech Tools Profile, Police, and Punish the Poor*. St. Martin's Press.

Floridi, Luciano. 2014. *The Fourth Revolution: How the Infosphere Is Reshaping Human Reality*. Oxford University Press.

IBM. n.d. „Deep Blue". IBM History. https://www.ibm.com/history/deep-blue.

O'Neil, Cathy. 2016. *Weapons of Math Destruction: How Big Data Increases Inequality and Threatens Democracy*. Crown.

Russell, Stuart. 2019. *Human Compatible: Artificial Intelligence and the Problem of Control*. Viking.

Zuboff, Shoshana. 2019. *The Age of Surveillance Capitalism: The Fight for a Human Future at the New Frontier of Power*. PublicAffairs.

DER AUTOR, DER VERLAG UND DIE ONLINE-RESSOURCEN

ERGÄNZENDE RESSOURCEN ZU 2050

Hier finden Sie den ausfüllbaren Prüfbogen zum 2050-Test, das erweiterte Prüfprotokoll mit zwei Systemen, die vollständige Akte zum Fall Davide, das vollständige Glossar, die wesentliche Zeitleiste, die Themenkarte sowie Links zu den dokumentarischen Quellen.

www.corneritaliano.com/de/2050/ressourcen

DER AUTOR UND DER VERLAG

Marco De Prosperis ist der Autor von 2050 KI und was uns menschlich macht.

Um mehr über das Buch und den Autor zu erfahren und weitere Veröffentlichungen von Corner Italiano LLC zu entdecken, scannen Sie den QR-Code oder besuchen Sie die offizielle Website:

www.corneritaliano.com/de

Corner Italiano LLC

www.ingramcontent.com/pod-product-compliance
Lightning Source LLC
LaVergne TN
LVHW100201061126
851857LV00010B/362
* 9 7 9 8 9 9 7 2 5 6 6 7 8 *